表面与界面物理

金克新　王拴虎　编著

国防工业出版社

·北京·

内容简介

本书以西北工业大学物理科学与技术学院“表面物理”课程讲义为蓝本，参考了国内外优秀表界面物理教材编写而成。全书包括表面物理和界面物理两部分内容，主要从原子结构、动力学、热力学、电子学4个方面分别论述了表面振动、表面扩散、表面吸附与脱附动力学、热力学表面能、表面吸附与偏析，以及表面氧化、表面与界面电子学、表面电子态、表面电导及其相关理论。书中部分图附有彩图二维码，读者使用智能手机“扫一扫”功能即可查看。

本书可以作为高等学校材料物理学科相关专业的教材或教学参考书，也可供从事表界面材料研究的技术人员学习和参考。

图书在版编目（CIP）数据

表面与界面物理 / 金克新，王拴虎编著. — 北京：国防工业出版社，2025. 4. — ISBN 978 - 7 - 118 - 13543 - 5

Ⅰ. O485

中国国家版本馆 CIP 数据核字第 2025RB2366 号

※

国防工業出版社 出版发行

（北京市海淀区紫竹院南路 23 号　邮政编码 100048）

北京虎彩文化传播有限公司印刷

新华书店经售

*

开本 787 × 1092　1/16　**印张** 11　**字数** 249 千字

2025 年 4 月第 1 版第 1 次印刷　**印数** 1—1200 册　**定价** 48. 00 元

国防书店：（010）88540777　书店传真：（010）88540776

发行业务：（010）88540717　发行传真：（010）88540762

前　言

表面与界面物理是表面科学的重要组成部分，也是凝聚态物理重要的研究方向之一，它涉及化学、材料学和生物学等多学科，是当前信息科学、新材料技术和生命科学发展的重要基础理论。随着新体系的不断涌现、体系结构的尺度和维度向着更小的方向发展，表面与界面物理研究的重要性日益突出，并持续蓬勃发展。表面（surface）是指凝聚相与气体或真空之间的分界面，界面（interface）一般是指凝聚相与凝聚相之间的分界面，也可以是不同物质之间，或者是同一物质不同聚集状态之间的过渡区。这里的凝聚相包括固相和液相。

很多物理过程是从表面/界面开始，对其性能有着重要的影响，例如表界面氧化与钝化、表界面催化、表界面二维电子气等。处于表界面区的成分往往复杂多变，界面处原子键合与电子结构往往偏离理想块体和理想表面，存在取向、悬挂键、表面极性、缺陷等，充满了各种可能性，也会产生很多新奇的物理性能。诺贝尔奖获得者 Wolfgang Pauli 指出“*God made solids, but surfaces were the work of the devil*（上帝创造了固体，但表面则是魔王的作品）”。我国 2017 年国际科学技术合作奖获得者、美国科学院院士 Ward Plummer 是材料物理学领域的领先科学家，专注于表面和低维电子行为，也曾指出“*Surfaces are the playground of solid state physics*（表面是固体物体学的游乐场）”。

在“十四五”期间，国家将加快发展壮大新一代信息技术、新能源、新材料等战略性新兴产业，这将涉及集成电路、固体光电子器件、磁性材料和器件、新型太阳能电池等高新技术的发展和应用，其关键核心技术很多都与表面科学有关，因此表面与界面物理科学研究和教学育人的工作越来越受到重视。表面物理作为物理学类等相关专业的学科基础课程，在帮助学生明确材料和物理学科的应用价值上具有非常显著的引导作用。本书以提高学生的专业知识素养和实践探索能力为出发点，以培养学生创新能力为目标，将动力学、热力学与统计物理、固体物理、量子力学等课程内容有机地融合在一起，帮助学生初步探讨物质表面奇特性质和基本原理，为以后科研工作和进一步学习其他测试分析方法打下基础。

本书以西北工业大学物理科学与技术学院“表面物理”课程讲义为蓝本，参考了国内外优秀表界面物理教材。全书共 4 章，主要内容包括：表面二维结构，表面重构与弛豫以及吸附原子对它的影响，表面与界面动力学及表面与界面热力学，表面振动、表面扩散、表面吸附与脱附动力学、热力学表面能、表面吸附与偏析以及表面氧化等相关知识；表面与界面电子学，表面能、表面电子态、表面电导及其相关理论。本书适用于物理学类、材料类等相关专业的本科生和研究生。

本书由金克新提出构思和整体架构，王拴虎协助完成部分章节内容（第 2 章）。本书撰写过程中得到了课题组研究生的协助，特别是陈云海、吕嘉信、孙琪杰、王一飞、朱华培、金鹭、谷清宇和段辰昊等，在此一并表示衷心感谢。

本书从国内外相关领域的优秀教材、专著和论文中汲取了知识、有价值的素材和实例，对相关作者致以诚挚敬意。

由于作者水平有限，书中难免存在疏漏之处，敬请读者批评指正。

编　者

2025 年 4 月

目　　录

第 1 章　表面与界面原子结构 …… 1
1.1　理想表面 …… 1
1.2　清洁表面 …… 1
1.2.1　台阶表面 …… 2
1.2.2　弛豫表面 …… 4
1.2.3　重构表面 …… 4
1.2.4　清洁表面缺陷 …… 5
1.3　实际表面 …… 6
1.3.1　表面外形与粗糙度 …… 7
1.3.2　表面成分 …… 9
1.3.3　表面吸附 …… 12
1.3.4　表面偏析 …… 13
1.4　常见表面类型 …… 14
1.4.1　金属表面 …… 14
1.4.2　半导体表面 …… 15
1.4.3　氧化物表面 …… 21
1.5　晶粒间界 …… 22
1.5.1　晶粒间界概念 …… 22
1.5.2　晶粒间界的主要模型 …… 23
1.5.3　相界与层错 …… 29
1.5.4　陶瓷晶界结构 …… 33
1.6　异质界面 …… 36
1.6.1　$Si-SiO_2$ 异质界面 …… 36
1.6.2　金属 - 非金属异质界面 …… 37
1.6.3　金属薄膜间的异质界面 …… 41
思考题 …… 43
参考文献 …… 43
第 2 章　表面与界面动力学 …… 44
2.1　连续介质的表面波 …… 44
2.1.1　一维单原子链 …… 44
2.1.2　一维双原子链 …… 47
2.2　表面振动 …… 50
2.2.1　各向同性晶体的表面振动 …… 50

2.2.2 各向异性晶体的表面振动…… 57
2.2.3 吸附表面的振动…… 63
2.3 表面扩散动力学…… 68
2.3.1 扩散规律和机理…… 68
2.3.2 表面扩散…… 71
2.3.3 晶粒间界扩散…… 74
2.3.4 异质界面扩散…… 75
2.4 表面缺陷…… 78
2.4.1 表面热缺陷…… 78
2.4.2 色心和极化子…… 79
2.4.3 表面缺陷的形成和迁移…… 81
2.4.4 表面点缺陷浓度…… 84
思考题 …… 85
参考文献 …… 85
第3章 表面与界面热力学 …… 87
3.1 热力学表面能…… 87
3.1.1 表面自由能…… 88
3.1.2 表面能与表面温度…… 90
3.1.3 表面能与晶面取向…… 91
3.1.4 表面能与表面形状…… 92
3.1.5 表面能与表面曲率…… 93
3.2 固–液界面润湿现象…… 95
3.2.1 固–液相界面的界面能…… 96
3.2.2 接触角与表面润湿状态…… 98
3.2.3 超疏水表面…… 99
3.2.4 润湿的毛细效应 …… 100
3.3 表面吸附与偏析 …… 101
3.3.1 吸附现象和偏析现象 …… 101
3.3.2 表面吸附类型 …… 103
3.3.3 表面吸附的热力学理论 …… 106
3.3.4 表面吸附能曲线 …… 107
3.4 表面新相的形成与生长 …… 110
3.4.1 新相形成的驱动力 …… 110
3.4.2 晶核的形成理论 …… 111
3.4.3 成核速率 …… 114
3.4.4 晶体生长速率 …… 115
3.5 表面氧化 …… 117
3.5.1 表面氧化机理 …… 117
3.5.2 金属表面的氧化 …… 118

3.5.3 半导体的热氧化 …… 126
思考题 …… 128
参考文献 …… 129
第4章 表面与界面电子学 …… 130
4.1 表面势、表面态与表面能 …… 130
4.1.1 表面势 …… 130
4.1.2 表面态的产生机理 …… 134
4.1.3 表面态的类型 …… 137
4.1.4 吸附表面态 …… 139
4.1.5 表面能 …… 141
4.2 金属表面电子态 …… 142
4.2.1 金属表面电子态模型 …… 142
4.2.2 简单金属胶体表面电中性 …… 146
4.3 半导体表面态和界面态 …… 147
4.3.1 简单半导体表面态模型 …… 147
4.3.2 p-n结 …… 150
4.3.3 半导体-金属界面态 …… 151
4.3.4 半导体-氧化物界面态 …… 154
4.4 表面电导 …… 159
4.4.1 表面势电导 …… 159
4.4.2 表面空间电荷层 …… 160
4.4.3 表面空间电荷层载流子输运 …… 163
4.5 表面复合 …… 164
4.5.1 表面态的复合 …… 164
4.5.2 载流子在表面的复合 …… 166
思考题 …… 167
参考文献 …… 167

第1章　表面与界面原子结构

自然界中，固体材料通常以晶态、非晶态和准晶态等形式存在，而研究这类材料的表面结构和性质，则是表面科学领域的一个基本课题。这里主要讨论晶态物质的表面结构。

在高真空环境下单晶晶体能沿着某些确定的晶面方向发生劈裂，这样的晶面被称作解理面。一个理想的晶体材料，其解理面呈现出完整的二维点阵结构。然而现实中，晶体表面结构往往与理想二维点阵结构有所偏离。这可以归结于两个原因：一个是晶体中的周期性势场在表面中断，导致表面原子发生弛豫与重排现象；另一个则是晶体表面本身存在缺陷。倘若排除可能的污染，并在真空环境下解理晶体，则可得到清洁的解理表面。清洁解理面的主要结构特征表现为点阵的再构，且基本上不存在吸附原子；如果将解理面暴露在大气中，或在具有一定压力的某些元素氛围中，则表面结构会因吸附、分凝、催化等物理化学过程发生复杂变化，呈现出吸附覆盖层的结构特点。这种复杂表面也通常作为实际表面来研究。

本章将从二维结晶学出发，探讨理想表面结构，介绍清洁表面的主要再构模型，并在此基础上对实际表面结构以及各种界面结构进行简单介绍。

1.1　理想表面

表面层中原子排列的对称性与体内原子完全相同，且结构完整的二维点阵表面，称为理想表面，如图1.1.1所示。相较于实际情况，理想表面有以下几点近似：不考虑晶体内部周期性势场在表面中断的影响；忽略表面原子的热运动、热扩散和热缺陷；忽略外界条件对表面的作用。可以说，理想表面上原子的排布，与所在的理想晶体中的排布完全一样，是表面上不附着任何原子或分子的半无限晶体表面。

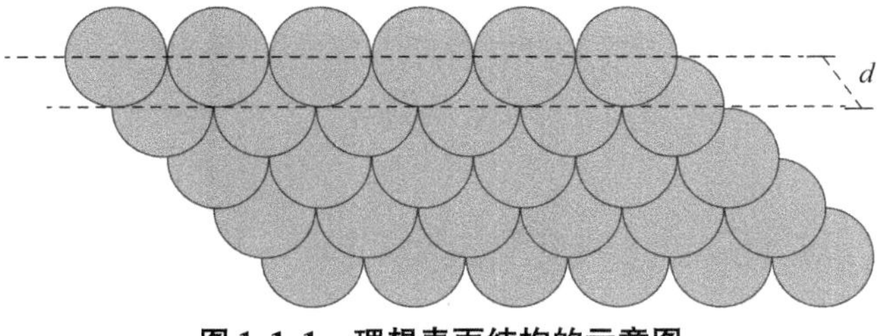

图1.1.1　理想表面结构的示意图

1.2　清洁表面

相较于理想表面，清洁表面是指在特殊环境中经过特殊处理后获得的表面，考虑了晶体周期结构在表面的变化，但不存在任何诸如吸附、催化、杂质扩散等物理和化学效应，即其化学组成和晶体内部相同。清洁表面可以分为台阶表面、弛豫表面、重构表面等。

1.2.1 台阶表面

台阶表面在微观尺度上并不是一个平面，它是由规则或者不规则的台阶组成，如图 1.2.1 所示。

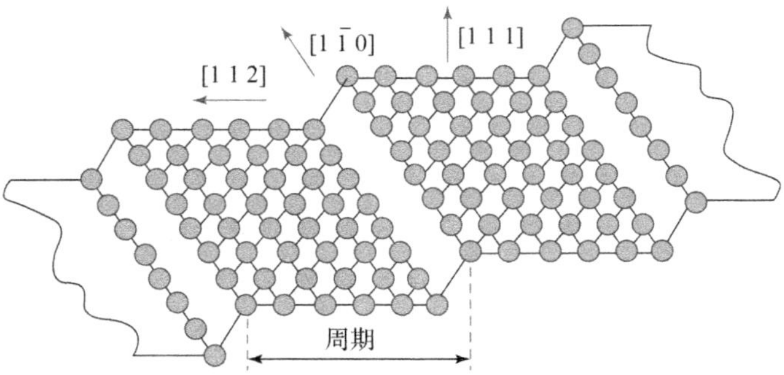

图 1.2.1 Pt(557)有序原子台阶表面示意图

台阶的平面与竖直立面是两种不同的晶面，两者之间的原子则呈现出第三种晶体取向。实际情况中，台阶表面相当复杂，每层台阶也能因为弛豫现象发生膨胀或压缩，有时还会呈不均匀分布。图 1.2.2 中列举了台阶表面各种不同的压缩情况。

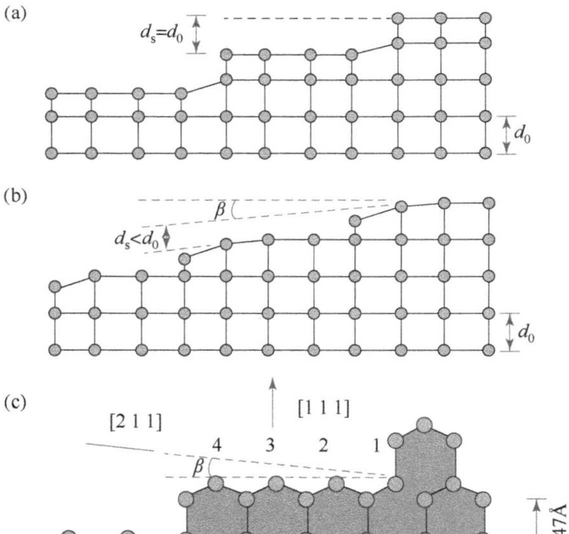

图 1.2.2 台阶表面示意图

(a) 均匀压缩；(b) 边界原子压缩；(c) Ge(111)台面原子排列模型。
各原子垂直压缩值 1 为 0Å[①]，2、3 为 0.22Å，4 为 0.46Å。各图中，d_s 代表表面间距，d_0 代表体内间距。

① 1Å = 10^{-10}m。

人们还通过测量，得到了不同元素晶体清洁表面的结构参数，如表 1.2.1 所列。

表 1.2.1　清洁表面结构

材料	原子序数	体内结构	表面	表面	表面
Al	13	fcc	(001)	(110) 压缩 4%	(111) 膨胀 2.5%
Si	14	金刚石	(001) (2×1)，(2×2) (4×4)，C (4×2)	(110) (2×1)，(5×1) (5×4)，(7×1) (9×1)	(111) (2×1)，(1×1) (7×7)
Fe	26	bcc	(001) 压缩 1.5%	(110)	(111)
Ni	28	fcc	(001) 膨胀 2.5%	(110) 压缩 5%	(111) 压缩 1%
Zn	30	hcp	(0001) 压缩 0 ~ 1%		
Ge	32	金刚石	(001) (2×2)，(4×2)，(4×4)	(110) (2×1)，C (8×10)	(111) (2×1)，(2×8)
Mo	42	bcc	(001) 压缩 11.5%		
Ag	47	fcc		(110) 压缩 7%	
W	74	bcc	(001) 压缩 6%		
Pt	78	fcc	(001) (1×1)，(5×1)，(5×20)	(110)	(111) 弛豫 1.3%
Au	79	fcc	(1×1)，(5×20)		
GaAs		闪锌矿	(100) C (2×8)，C (6×4) C (8×2)，(4×1) (3×1)，(6×1)，C (4×4)	(110)	Ga (111) — (2×2) As (1×1) — (2×2) — (3×3)
LiF		NaCl 型	Li (110) 压缩 0.35Å F (100) 压缩 0.10Å		

1.2.2 弛豫表面

由于晶体表面原子所处环境和晶体内部原子不同，晶体内周期性势场在表面中断，由于缺少原子束缚而使得表面的原子位置和电荷分布发生改变，这种现象称为“表面弛豫”，发生这种现象的表面称为“弛豫表面”，如图 1.2.3 所示。表面弛豫现象可以影响到几个原子层，每一层间的间距相对变化也可能是不同的，且离表面越近，变化越显著。对于具有多元素的合金晶体，在同一层的不同元素原子，其弛豫情况也可能不同。例如在 LiF 合金晶体中，（001）方向的表面 Li 原子层和 F 原子层分别向内压缩 0.35Å 和 0.10Å，使得两种原子处在相距为 0.25Å 的两个不同平面上，如图 1.2.4 所示。类似情况也会发生在表面以内的几层，不过偏移的差值迅速下降，所以一般只需要考虑第一层的变化。

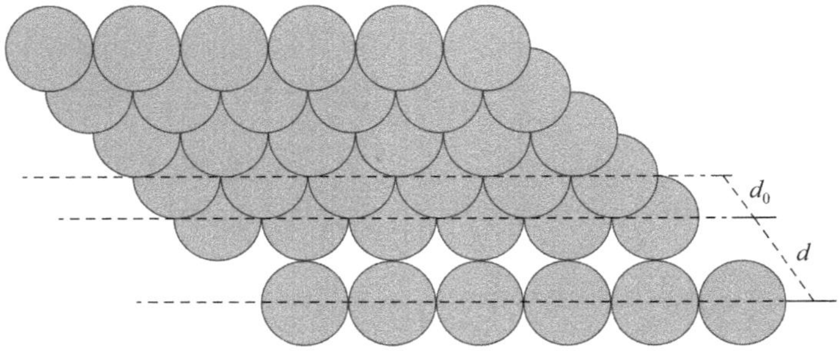

图 1.2.3 弛豫表面的示意图

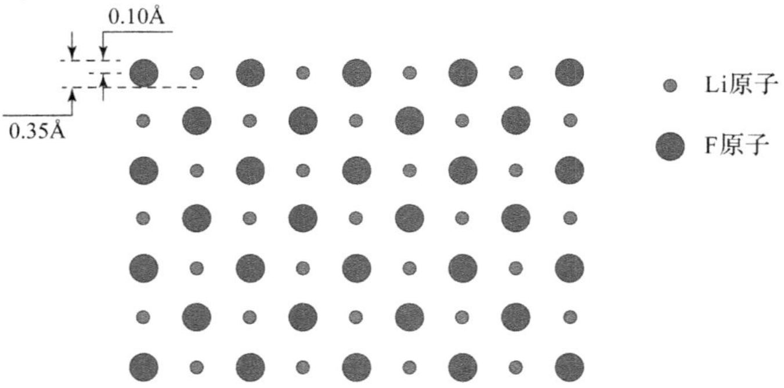

图 1.2.4 LiF(001)面的弛豫结构

1.2.3 重构表面

表面原子层在垂直方向的层间距 d_0 与体内相同，但在水平方向上的周期性不同于体内的现象，被称为重构。假设晶体表面只有一个单原子层，如图 1.2.5 所示，该层中二维晶格基矢为$\vec{a}_s$和$\vec{b}_s$，那么在重构表面上，$\vec{a}_s$和$\vec{b}_s$中至少有一个与晶体内部对应的基矢$\vec{a}$、$\vec{b}$不同，比如图中就展示了$|\vec{a}_s| > |\vec{a}|$的情况。重构表面种类复杂多样，即便是同一种材料，其不同晶面或经历不同热处理过程的相同晶面也可能形成结构不同的重构表面。

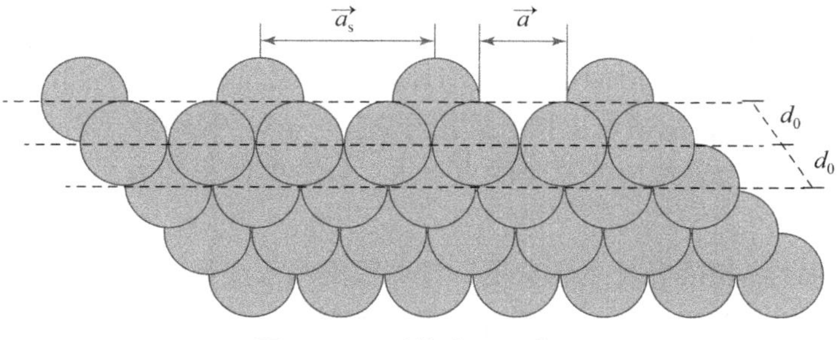

图 1.2.5　重构表面示意图

1.2.4　清洁表面缺陷

通常讨论的理想清洁表面为单原子级的平整表面，且在二维空间上长程有序，即组成表面的原子排列具有严格周期性。然而，实际晶体表面的排列或多或少会偏离严格的周期性，这种对周期性偏离的区域称为缺陷。本节将先介绍 TLK 表面模型，然后再引出点缺陷与线缺陷这两种清洁表面缺陷。

1. TLK 表面模型

通过 LEED（low - energy electron diffraction，低能电子衍射）等表面分析手段，人们发现许多单晶晶体表面并非理想中的原子级平整，而是如图 1.2.6 所示的由平台（Terrace）、台阶（Ledge）和扭折（Kink）所组成的复杂结构，即 TLK 表面模型。

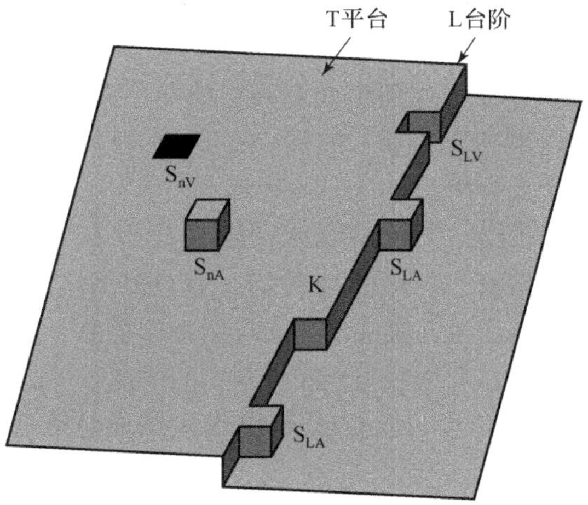

图 1.2.6　TLK 表面模型

这里简单介绍一下 LEED。LEED 的原理与 X 射线衍射（XRD）相似，不同的是 X 射线射入晶体的深度较深，得到的主要是晶体内部的结构；而 LEED 则是将能量为 10 ~ 500eV 范围的电子射入晶体，由于晶体内部原子对该能量范围内的电子有很大的散射截面，所以被反射电子绝大部分被表面或近表面的原子反射回来。由于电子束被不同台阶反射时会产生相位差，如果台阶较为密集，则会形成相干图像，即 LEED 斑点。一般来说，如果 LEED 斑点分裂成双重的，则表明台阶分布是规则的；如果斑点呈现出部分明锐而部分弥散的状态，则表明台阶分布是不规则的。因此，LEED 通常用来测量表面台阶的高度和密度。

在 TLK 模型中，位于表面不同位置的原子，其配位数 N 是不同的。例如，若表面为面心立方的{111}面，则平台上的吸附原子的 N 为 3，吸附原子对的 N 为 4，台阶上吸附原子的 N 为 5，台阶扭折处原子的 N 为 6，台阶内原子的 N 为 7，处于平台内原子的 N 为 9。

TLK 表面的台阶和扭折对晶体生长、气体吸附和反应速度等有着很大的影响。通过实验人们发现，在硅的解理面上，随着台阶密度增加，黏附系数（碰撞到表面的分子被吸附的概率）也明显增加。在台阶上，有时局部电场强度能达到0.3～0.7V/Å，使得台阶、扭折附近的分子被极化，甚至发生裂解。例如台阶能裂解 H–H 键和 C–H 键，而扭折处则可以加成 C–C 键和裂解 C–O 键。

2. 点缺陷

在一个或几个原子的微观区域内偏离严格周期结构的缺陷称为点缺陷。在表面上，除了热缺陷外，最为普遍的就是吸附（或偏析）的外来杂质原子引起的点缺陷。由于表面能的存在，晶体表面原子比体内原子更容易形成点缺陷。比如在 MgO（100）方向的解理面上，正（或负）离子空位形成能是 0.8eV，约为体内相同缺陷的形成能的一半。因此表面上的热缺陷浓度远大于体内。

表面上的正负离子空位对、空位团簇（cluster）、杂质空位对（团）也是一种表面点缺陷。目前人们已经在 FeO、MgO、MnO、NiO 和 CoO 等氧化物表面观察到各种形式的点缺陷。

3. 线缺陷

晶体内在某一条线附近原子排列出现对晶格周期性的偏离，称为线缺陷，也称位错。晶体内的位错往往会延伸至表面，如同一根直径为原子尺寸的管道。如果是螺位错，则会在表面形成一个小台阶。

在金属和离子单晶表面上，每平方厘米一般有 10^6～10^8 个位错；绝缘体和半导体单晶表面每平方厘米则一般有 10^4～10^6 个位错。对于多晶体，其表面由几组或几十组晶面随机排列组成，其中的晶界在某些情况下可以看作是由一系列位错构成的，因而多晶表面也会出现位错线网格。利用位错能吸引杂质的原理，可以利用装饰的方法来观察表面的位错线网格。目前，研究人员已经采用银饰法通过观察到 KCl 单晶表面的位错网。

透射电子显微镜能够较好地研究表面位错网，但场离子显微镜更为高效，它能更加直接地观察到位错和位错网，甚至可以观察由点缺陷和螺位错引起的表面台阶。

1.3 实际表面

经过一定工序处理（切割、抛光、清洗等）并保持在常温常压、低真空或高温环境下的表面，称为实际表面，又称真实表面。这种表面可以是单晶、多晶的，也可以是粉末体或非晶体。

1.3.1　表面外形与粗糙度

一些肉眼看起来十分光滑的固体表面，如果在放大 50 倍左右的显微镜下观察，会呈现出明显的凹凸起伏；如果在电子显微镜下观察，会显示出不平整，甚至还会出现孔洞和裂缝。图 1.3.1 展示了一个经过抛光的金属表面的显微图像。从图中可以看出，随着放大倍数的增加，表面的可见粗糙度逐渐增加，以至于在纳米尺度下呈现出复杂的表面结构。

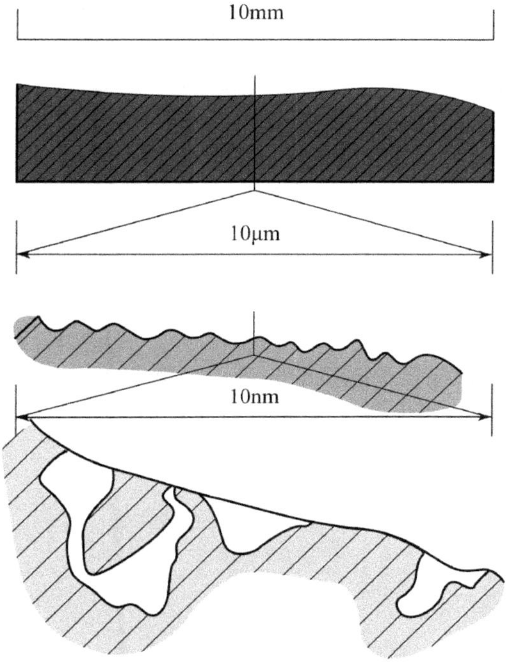

图 1.3.1　一个经抛光后的金属表面的显微图像

按照国家标准 GB/T 1031—2009《产品几何技术规范（GPS）表面结构轮廓法粗糙度参数及其数值》或 GB/T 131—2006《产品几何技术规范（GPS）技术产品文件中表面结构的表示法》用粗糙度描述表面不平整度。下面将对表面粗糙度进行详细的介绍。

1. 表面粗糙度的主要参数

为了测量表面的粗糙度，通常使用垂直于实际表面的平面与表面相交所得到的曲线作为评估对象，称这条曲线为表面轮廓。在实际表面中，其实际表面轮廓中总是包含着宏观形状轮廓、波纹度轮廓和表面粗糙度轮廓。通常把表面轮廓的波纹距大于 10mm 的形貌，称为形状误差；波纹距在 1 ~ 10mm 之间的称为波纹度；小于 1mm 的则属于表面粗糙度的讨论范围。

在测量和评定表面粗糙度时，需要在一定的长度内进行取样，称该长度为取样长度，记作 l。考虑到经过加工的表面，其粗糙度具有不均匀性，为了能客观且完整地反映表面的粗糙程度，在评定检测时必须在一定长度 L_n（评定长度）内测量，然后对测得值求算术平均，所得的平均值用来表示表面粗糙度。在实际测量中，L_n 通常为取样长度的5倍。表1.3.1是在不同粗糙度下的取样长度和评定长度。

表1.3.1　不同粗糙度下的取样长度和评定长度

参数及数值/μm		l/mm	L_n/mm
Ra	Rz		
≥0.008~0.02	≥0.025~0.1	0.08	0.4
>0.02~0.1	>0.1~0.5	0.25	1.25
>0.1~2.0	>0.5~10.0	0.8	4.0
>2.0~10.0	>10.0~50.0	2.5	12.5
>10.0~80.0	>50~320	8.0	40.0

最新国家标准规定，表面粗糙度的评定参数主要有以下两个：轮廓算术平均偏差（Ra）和轮廓最大高度（Rz）。下面对这两个参数进行详细介绍。

1）轮廓算术平均偏差 Ra

在取样长度 l 内，在轮廓线上随机取 n 个点，测量这些点距中线（轮廓线所在平面上平分波峰与波谷之间距离的中线）距离 $y_1, y_2, \cdots, y_n$，取其绝对值的算数平均值，用公式表示为

$$Ra = \frac{1}{l}\int_0^l |y| \mathrm{d}x \tag{1.3.1}$$

近似表示为

$$Ra = \sum_{i=1}^{n} \frac{y_n}{n} \tag{1.3.2}$$

2）轮廓最大高度 Rz

在取样长度内，除去明显的异常点后，分别过最高峰和最低谷作两条平行于中线的直线，则这两条平行线之间的距离称为轮廓最大高度，记作 Rz。

一般来说，在幅度参数常用范围内优先选用 Ra 作为表面粗糙度的评定参数。在2006年之前的国家标准中，还存在一个评定参数“微观不平度十点高度”，用 Rz 表示，轮廓最大高度用 Ry 表示，这在一些旧版参考书中会经常出现。

2. 表面粗糙度系数 R

对于一些具有复杂表面的材料，如多晶材料、多孔材料和薄膜材料，它们除了具有复杂外表面外，还有内表面。一般使用粗糙系数（roughness factor）R 来描述它们表面的粗糙程度。定义 R 为

$$R = A_r / A_g \tag{1.3.3}$$

式中：A_r 为几何表面；A_g 为实际表面。

A_r 一般是通过吸附试验按照吸附公式计算出来的。如果表面不平整，而且有孔，A_r 就大，R 也就大。一些材料的比表面和粗糙系数如表1.3.2所列。

表 1.3.2　常用材料的比表面和粗糙系数

材料	加工条件	测试气体	比表面/(m^2/g)	粗糙系数
纯铁	1000℃烧氢，苯去脂 210 金刚砂抛光，苯去脂 2 号金刚砂抛光，苯去脂	C_2H_5 C_2H_5 Kr	—	1.22 3.4 3.8
铁膜	无	Kr	22.6	60
铝	箔 板材抛光 阳极氧化层，厚 20μm	Kr Kr Kr	—	6 1.6 200～900
铂	箔，光亮 酸洗，火焰加热 镀铂	Kr Kr Kr	6.5	2.2 3.3 183
铂膜		Kr	—	7
镍	抛光，新 抛光，旧	Kr	—	9.7
镍膜	无	Kr	4.3	9
钴膜	无	Kr	4.9	10
钼膜	无	Kr	26.2	38
钨膜	无	Kr	39.2	40
钛膜	无	Kr	13.6	15

结合以上讨论，不难发现在原子的尺度上，固体表面是很不平整的，因而在两个表面相互接触时，真实接触面积和表观接触面积（表面本身的几何面积）差别较大，真实接触面积则是指承受负荷时相互接触的所有凹凸表面总面积。以一般的钢材为例，当有 100kg 的负荷时，真实接触面积为表观面积的 1/200；当负荷有 2kg 时，则真实接触面积仅为表观面积的 1/100000。

表面外观的粗糙程度，对微细加工、磁记录、光刻和电位器噪声等方面有着很大影响，与材料的润湿、抗腐蚀、接触电阻等也有很密切的联系。

1.3.2　表面成分

由于表面与周围的相互作用，表面及表面以下一定深度内，其成分与晶体内部有明显的差异；表面的组分也有可能呈现出不均匀分布，如图 1.3.2 中所示的双元素晶体表面原子分布情况。

1. 金属的表面成分

当一块金属处在空气中时，理论上认为这是一个金属与空气的界面问题；但实际上，金属与空气之间存在一个过渡区，这个区域可能由氧化物、氮化物、硫化物、尘埃

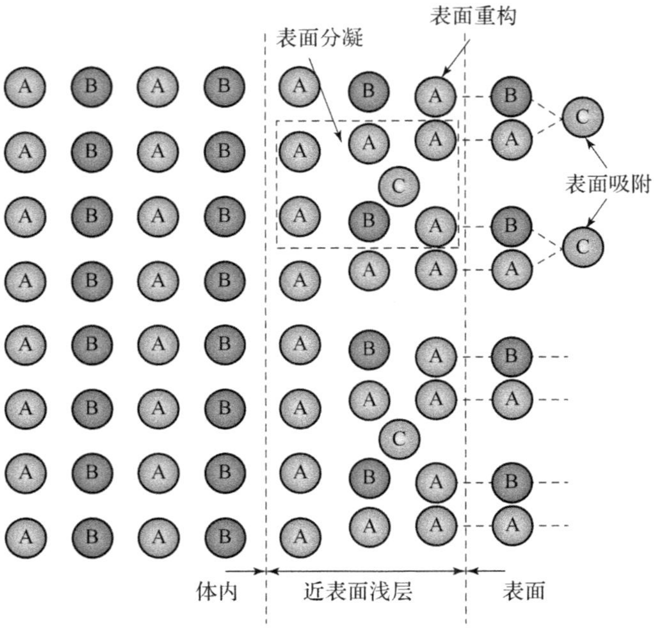

图 1.3.2　由 A 和 B 两种原子组成固体的表面附近情况（C 为外来原子）

或油脂吸附层所组成。过渡区的成分除了与金属本身的性质有关外，还会受到环境与加工工艺的影响；尘埃、油脂和吸附气体等可以在加工过程中通过清洗和腐蚀的方法除去，但也往往会在表面生成其他物质。比如在工艺上经常使用浓度为 60% 的硫酸在 70℃ 的条件下处理钛表面的氧化物，但这会在钛表面留下一层 TiH_2，使得钛表面的性质发生变化。所以在制定清洗工艺时，应充分考虑清洗液对金属表面的作用是否对之后的工艺产生不良影响。

金属表面通常会存在氧化层，其组分与环境温度、氧分压、湿度等因素有关。比如铁在 570℃ 以下，表面区组分为：空气/Fe_2O_3/Fe_3O_4/Fe；570℃ 以上表面区组分为：空气/Fe_2O_3/Fe_3O_4/FeO/Fe。金属表面在氧分压较低时首先形成低价氧化物，随着氧吸附时间的增加逐步生成高价氧化物。一般金属表面的组成大致为：气相/高价氧化物/低价氧化物/金属。

严格地说，在气相和金属间的过渡区域内是一系列氧化物的固溶体混合物。

2. 合金表面的成分

与金属表面情况类似，合金表面也有氧化物、硫化物和碳化物等成分，而且更为复杂。例如经过清洁处理以后，对于 Fe - Cr 合金，在 1200℃ 以下，它们表面的氧化物成分随 Cr 含量而变：

5% Cr　气相/Fe_2O_3/Fe_3O_4/FeO/$FeO \cdot Cr_2O_3$/Fe + Cr_2O_3/Fe + Cr

10% Cr　气相/Fe_2O_3/Fe_3O_4/$FeO \cdot Cr_2O_3$/Fe + Cr_2O_3/Fe + Cr

25% Cr　气相/Cr_2O_3/Fe_3O_4/Fe + Cr

即便是在超高真空下，合金表面的成分也与体内有所不同，且往往会出现元素富集现象，表 1.3.3 所列为二元合金表面的富集元素情况。

表 1.3.3　二元合金表面的富集元素

合金	Au - Ag	Cu - Ni	Ag - Pd	In - Pb	Al - Cu	Ni - Pd	Au - Cu	Fe - Cr	Au - In	Pt - Sn	Au - Ni
富集元素	Ag	Cu	Ag	Pb	Al	Pd	Au	Cr	In	Sn	Au

合金的一些耐蚀、抗氧化以及焊接特性与它表面区附近的组分有关。微量的添加剂分布在晶界与表面，对合金的性能会起到明显的改性作用。以常见的不锈钢为例，其主要成分为 Fe 和 Cr。Fe_2O_3 不致密，而 Cr_2O_3 很硬，且致密。参照表 1.3.3，Fe - Cr 二元合金表面的富集元素是 Cr，其氧化后在表面生成的 Cr_2O_3 能起到保护作用使得内部的铁难以生锈。人们通过离子散射谱研究发现，在 Fe - Cr 系中，有两个界面，一个空气/氧化物界面，另一个是氧化物/金属界面。在空气/氧化物界面，Cr 的含量不是最高，而是离开氧化膜几埃米处 Cr 含量最高，然后逐步减小，直到氧化物/金属界面附近，Cr 含量接近体内值。

不锈钢表面的铬含量与加工方式有关。在干燥条件下抛光、用 HF 处理或用 10% HNO_3 处理均会使表面铬含量增加。但如果有 CO 吸附在表面，则会使铬含量减少。研究表明即使 CO 是 0.1 个单分子层（monolayer），也会使铬含量减少 20%；这可能是 Cr_2O_3 与 CO 发生了反应，生成不稳定的化合物的缘故。正因为如此，如果不锈钢中碳含量为 0.01 ~ 0.05，也会使不锈钢抗氧化能力大大减弱。锆（Zr）的存在则能增大不锈钢抗氧化能力，即使有微量碳存在，由于有 Zr，不锈钢抗氧化能力仍旧明显。

3. 化合物的表面成分

1）化合物半导体

人们通过对单晶 GaAs 外延表面进行能谱分析发现，Ga 和 As 的能谱发生了 1 ~ 5eV 的位移，正好与 As_4O_6、Ga_2O_3 谱线对应，这表明 GaAs 表面存在氧化层。测量氧化层厚度约为 300Å。对 GaAs 表面的俄歇电子能谱分析结果进一步表明清洗后的表面有氧和碳原子。其他化合物半导体的表面成分也与之类似。

2）氧化物

通常清洁氧化物表面具有氧离子缺位（氧空位）的表面缺陷，这些氧空位常常会与多价态的金属阳离子发生结合，产生体内不存在的新成分。例如在 Al_2O_3 和 TiO_2 的表面，就存在 Al_2O 和 AlO 以及 TiO 和 TiO_3 等氧化物。

由于氧空位缺陷带有正电荷，除了与表面的金属离子相互作用生成点缺陷外，还会发生明显的吸附效应。比如刚刚烧结的氧化物晶体，其表面通常有相当活泼的化学反应能力，特别容易吸附水分子并将其解离成羟基（ - OH），从而使表面的物理化学性质发生显著的变化。

3）玻璃

石英玻璃（二氧化硅）以及各种硼硅酸盐、钠玻璃和铝玻璃等在集成电子领域中有广泛应用。与氧化物表面类似，玻璃表面也会吸附水分子，这些水以羟基的形式存在，并与 Si^{4+} 结合影响玻璃表面的结构与性质。

对于玻璃亚表面层结构，维尔（Weyl）曾提出过一个假说，认为在玻璃表面附近的薄层内，粒子的排序完全没有对称性，且越靠近表面的原子其排列对称性就越差；在亚表面层中，原子大小不同，因而存在很多原子间隙，这使得玻璃表面从微观尺度上呈现出多孔状。维尔的亚表面模型，可以很好地解释玻璃为什么会与 H_2O、HCl 等发生反应，且具有离子交换和封接流变性能等特性。

刚制成玻璃的表面具有很强的氧化性，且表面成分与体内一致；但如果暴露在潮湿的空气或水溶液中，则情况会发生明显变化。为了研究玻璃表面的组分随时间的变化，人们对硅酸铝玻璃表面区 0.3μm 范围内，用电火花法让它蒸发，然后用质谱仪测量蒸气中各种原子的比例，其结果如表 1.3.4 所列。

表 1.3.4　表面原子比例

	Si/Na	Si/Ca	Si/K	Si/Al
“老”的表面	280	900	22	3
刚制成的表面	140	450	5	5

由表 1.3.4 数据可见，长期暴露在大气中的硅铝酸玻璃表面（“老”的表面），相较于原有成分损失了有一半的 Na、K 和 Ca 离子，且表面的 Al 离子略多。鉴于玻璃的这一性质，在应用诸如玻璃粉这类表面占比很大的玻璃材料时，为了保证产品性能的一致性和提高成品率，应尽量采用新鲜的制成品。

1.3.3　表面吸附

如果考虑吸附效应，清洁表面上往往有从周围空间吸附在表面上的杂质，也会有来自从体内扩散到表面的杂质，将这种考虑了吸附效应的表面称为吸附表面或界面。根据原子在基底上的吸附位置，吸附现象一般可分为顶吸附、桥吸附、填充吸附和中心吸附等。图 1.3.3 所示为立方晶体（111）解理面的几种吸附位置。

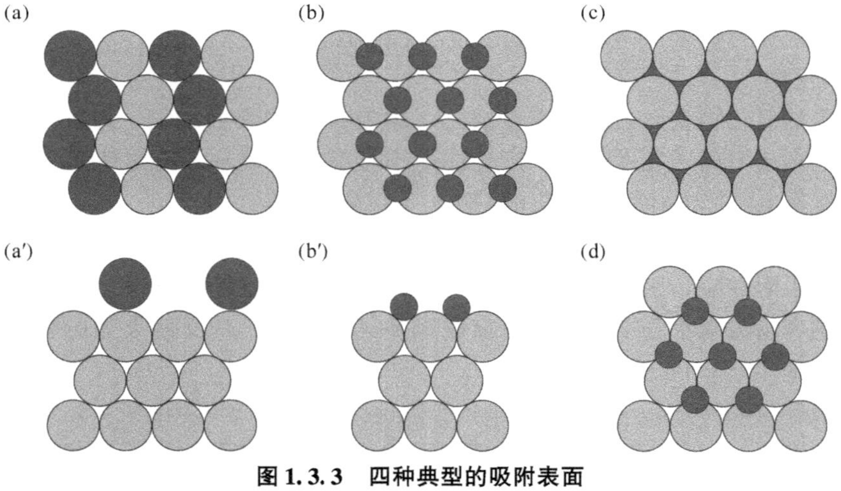

图 1.3.3　四种典型的吸附表面

（a）顶吸附俯视图；（b）桥吸附俯视图；（c）填充吸附；
（a′）顶吸附侧视图；（b′）桥吸附侧视图；（d）中心吸附。

1.3.4 表面偏析

表面的组成和结构对诸如催化、腐蚀和摩擦等现象都有影响。即使对表面进行严格的清洁处理，晶体内部的一些杂质总会偏析到表面上，从而构成与体内不同的多组分体系。

对于二组分体系，假设组分 2 为较少量，则在恒温条件下组分 2 的过量 Γ_2 为

$$\Gamma_2 = -\frac{1}{RT}\left(\frac{\partial \gamma}{\partial \ln x_2^{\mathrm{b}}}\right)_{T,n_1} \tag{1.3.4}$$

式中：R 为普适常数；T 为热力学温度；x_2^{b} 为组分 2 在体相中的摩尔分数。

假设在恒量 Γ_2 和恒定表面积下，x_2^{b} 有一微小改变 $\mathrm{d}x_2^{\mathrm{b}}$，温度 T 也有一微小改变 $\mathrm{d}T$，则

$$\left(\frac{\mathrm{d}\ln x_2^{\mathrm{b}}}{\mathrm{d}T}\right)_{\Gamma_2} = -\frac{\Delta H}{RT^2} \tag{1.3.5}$$

式中：ΔH 为组分 2 的偏析热。若 $\Delta H = 0$，则 $\Gamma_2 = 0$，即没有偏析。根据 Γ_2 的定义，有

$$\Gamma_2 = x_2^{\mathrm{s}} - \frac{x_1^{\mathrm{s}} x_2^{\mathrm{b}}}{x_1^{\mathrm{b}}} = 0 \tag{1.3.6}$$

整理，得

$$\frac{x_2^{\mathrm{s}}}{x_1^{\mathrm{s}}} = \frac{x_2^{\mathrm{b}}}{x_1^{\mathrm{b}}}\exp\left(-\frac{\Delta H}{RT}\right) \tag{1.3.7}$$

若考虑偏析热 ΔH 与表面张力 γ 的联系，则可得

$$\frac{x_2^{\mathrm{s}}}{x_1^{\mathrm{s}}} = \frac{x_2^{\mathrm{b}}}{x_1^{\mathrm{b}}}\exp\left(-\frac{(\gamma_1 - \gamma_2)\alpha}{RT}\right) \tag{1.3.8}$$

式中：$x_1^{\mathrm{s}}, x_2^{\mathrm{s}}$ 为组分 1 和组分 2 在表面的摩尔分数；γ_1, γ_2 为纯组分 1 和 2 的表面张力；α 为 1mol 组分所覆盖的表面积（这里令 $\alpha_1 = \alpha_2 = \alpha$）。

利用式（1.3.7），令表面过量不变（即 x^{s} 为常数），以 $\ln x_2^{\mathrm{b}}$ 对 $1/T$ 作图得到一直线（图 1.3.4），由直线的斜率可求出 ΔH_{s}。若所得斜率的直线为正，则偏析作用为放热。

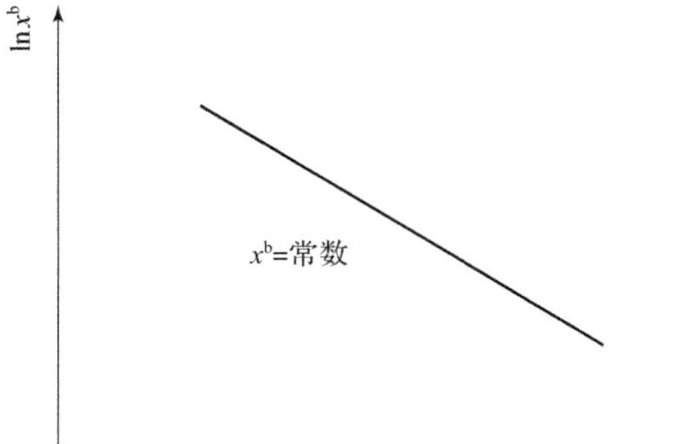

图 1.3.4　体相原子摩尔分数 $\ln x^{\mathrm{b}}$ 对 $1/T$ 作图求 ΔH_{s}

在式（1.3.8）中，若$\gamma_1>\gamma_2$，则$x_2^s>x_1^s$，这表明表面张力较小的组分将在表面上偏析。若$\gamma_1=\gamma_2$，则不存在表面上的偏析作用。需要说明的是，以上的讨论都是针对理想溶液而言，并没有考虑合金体系不同以及金属原子颗粒大小不同所造成的影响，与实际情况有一定的偏差。

1.4 常见表面类型

目前，人们已确定约100多种不同的表面结构，包括同一晶体的不同晶面和在同一晶面上吸附不同物质的情况。这些表面结构可以划分为六大类，包括清洁的金属表面、原子吸附表面、半导体化合物和离子化合物表面、半导体元素表面、重构的清洁金属表面以及分子吸附表面等。本节将主要探讨金属表面（包括经过重构的金属表面）、半导体表面（包括半导体化合物表面）和氧化物表面。

1.4.1 金属表面

借助LEED（低能电子衍射），科研人员发现对于许多清洁的金属表面，其低Miller指数面的表面单胞多为（1×1）结构，且表面单胞与体内单胞在表面的投影相等，表面键长与体内键长相近。但对于一些非紧密堆积的表面，其表面最外层和第二层的间距相较于体内，有5%~15%的缩短；且通常来讲，非紧密堆积的原子比紧密堆积的原子更加倾向于松弛。此外，在某些晶面上，表面和体内的键长差别也会因晶面上的原子吸附而减小。一些金属表面键长的变化在表1.4.1中给出，图1.4.1和图1.4.2也具体列举了Au(110)、Au(430)和Au(860)面的LEED和STM（扫描隧道显微镜）的形貌图。其中图1.4.2（a）是理想的Au(430)面的球体模型（白色和黑色的球分别表示原始的和非原始的单胞）。图1.4.2（b）是Au(110)-(1×2)面重构台阶上2倍宽度的双原子台阶Au(860)-(2×2)重构球体模型，图1.4.2（c）是Au(430)-(3×1)面的可能结构，其可以视作是由非重构Au(430)面被最初的3个原子与下一个台阶的最末台阶上原子的位移构成的。图1.4.2（d）是横向和纵向的高分辨STM形貌表征图。

表1.4.1 表面键长弛豫状况

单原子固体表面 fcc	表面键长弛豫 /%	单原子固体表面 fcc	表面键长弛豫 /%
Ag（111）	0	fcc（100）	—
Al（111）	-1~+1.5，-1（-3）	Ag（100）	0
Au（111）	0	Al（100）	0
Co（111）	0	Au（100）	0
Cu（111）	-1.3~0	Co（100）	-1.5
Ir（111）	-0.8	Cu（100）	0

续表

单原子固体表面 fcc	表面键长弛豫 /%	单原子固体表面 fcc	表面键长弛豫 /%
Ni (111)	0	Ni (100)	0
Pt (111)	0	Pt (100)	0
Rh (111)	-0.3 ±0.6	Rh (100)	0
hcp (0001)		Xe (100)	0
Be (0001)	0	bcc (100)	—
Cd (0001)	0	Fe (100)	-0.7 ~ -1.5
Co (0001)	0	Mo (100)	-4
Ti (0001)	-0.5	W (100)	-2 ~ -4
Zn (0001)	-0.6	W (100) - C (2×2)	0 ~ -2.5, 6
bcc (110)		fcc (110)	—
Fe (110)	0	Ag (110)	-2 ~ -3, -6 ~ -10
Na (110)	0	Al (110)	-3 ~ -4.5, -9 ~ -15
W (110)	0	Ir(110) - (2×1)	-2
bcc (111)		Ir(110) - (1×1)	-2.5
Fe (111)	-1.5	Ni (110)	-1.5
fcc (311)		Rh (110)	-0.9
Cu (311)	-1		

以 Ni(100) - (2×2) - O 表面结构为例，如图 1.4.3 (a) 所示，O 原子位于四阶对称的谷位，Ni - O 键长与从晶体结构的角度预计的相同。倘若将 O 原子用 C 原子替代，则根据 C 的标准单键半径和晶体结构预计，Ni(100) - C(2×2) - C 结构应为图 1.4.3 (b) 所示。然而，根据 LEED 测试结果所求出的实际 Ni(100) - C(2×2) - C 结构，则如图 1.4.3 (c) 所示的那样，基底发生重构，对称度下降，且谷位变大；这使得 C 原子与 Ni 几乎在同一平面，C 的原子半径和 Ni - C 键长均变小了。

1.4.2　半导体表面

与金属表面不同，半导体表面普遍会发生重构现象；且不同类型的半导体表面结构，其可稳定存在的温度范围也不同，高于或低于这个温度范围表面结构就会发生转变。Suzuki 等利用 STM 在超高真空中和高温条件下，对 Si (111) 表面附近的劈裂面的转变状态实时地进行了观测。图 1.4.4 是 Si (111) 面在 620℃温度和 10°仰角下等高度的 STM 图像。

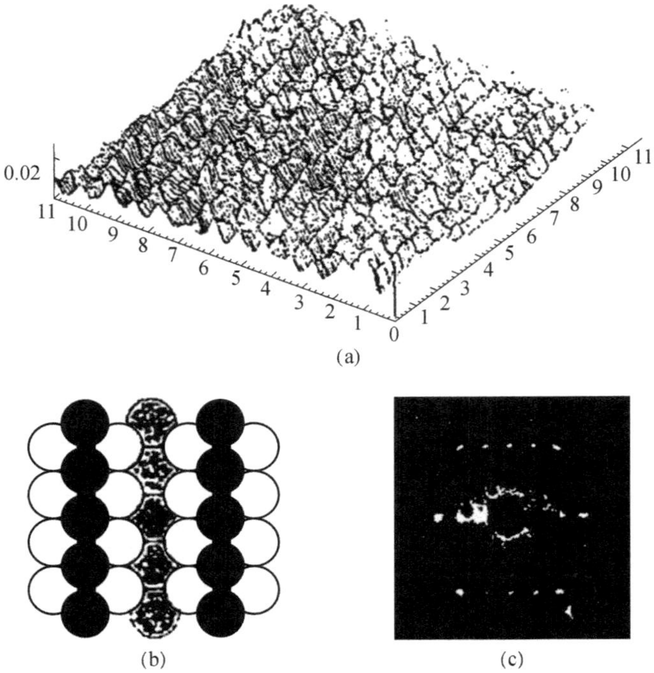

图 1.4.1　Au(110)表面结构

（a）STM 形貌（距离单位：nm）；（b）球体模型；（c）LEED 衍射斑。

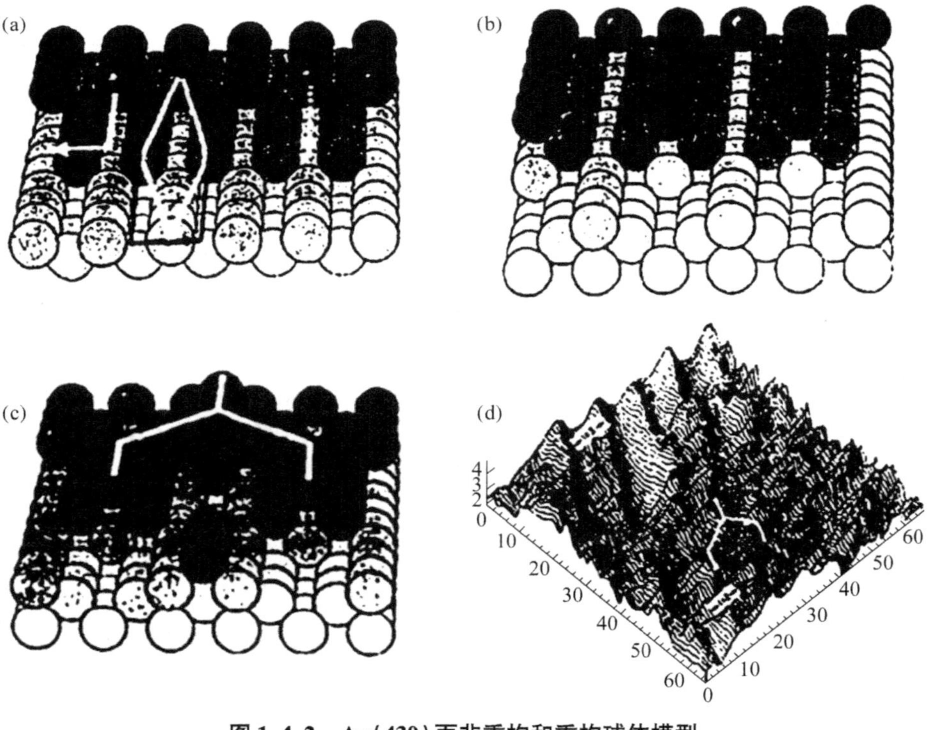

图 1.4.2　Au(430)面非重构和重构球体模型

（a）理想的 Au(430)面；（b）Au(860) - (2 × 1)表面结构；（c）Au(430) - (3 × 1)表面结构；（d）预加热 6h 后 Au（430）面 STM 形貌（$I = 1\text{nA}$，$U = -100\text{V}$，距离单位：Å）。

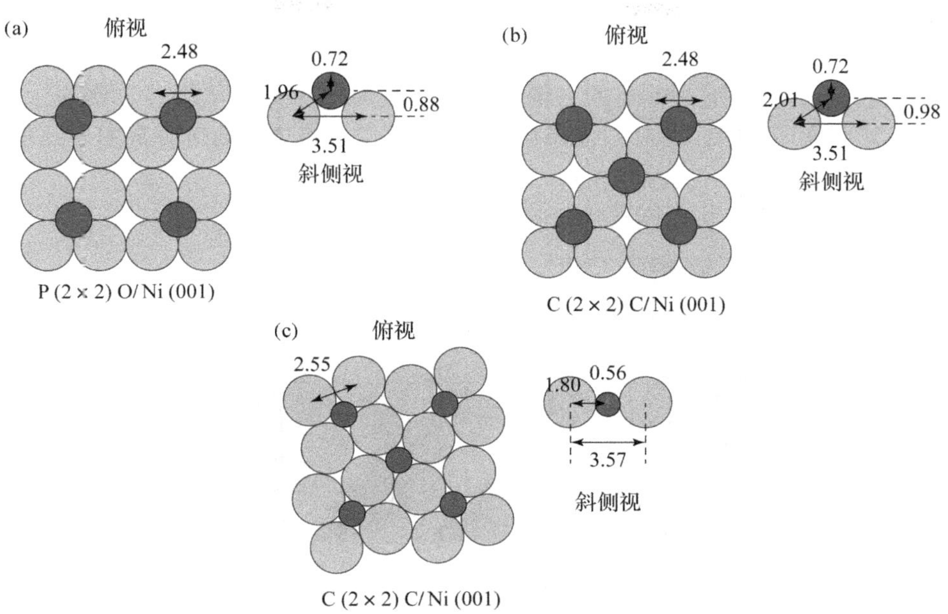

图 1.4.3　Ni(100) -(2×2) -O 表面结构

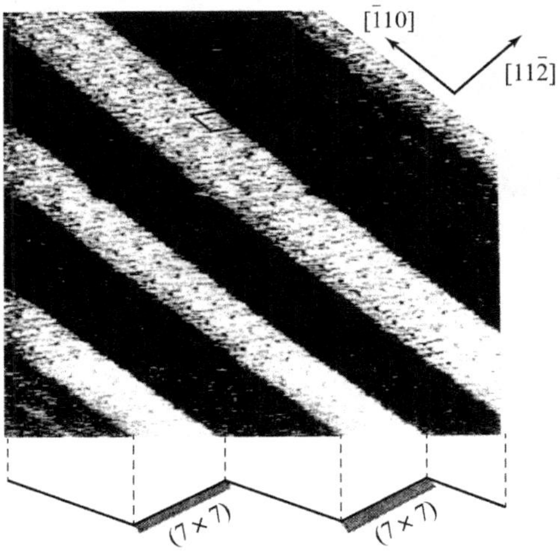

图 1.4.4　Si(111)面在 620℃温度和 10°仰角下等高度的 STM 图像

从图中可以看到，(7×7) 面的图像条纹在［$\bar{1}$10］方向上是高度平行的，表面台阶向着［11$\bar{2}$］方向，(7×7) 单胞结构表示在 (7×7) 条纹的中央。研究团队在温度升至 730℃时，每隔 16s 连续测量了 3 次，发现 Si (111) 面上有些区域发生了重构，有的则没有。图 1.4.5 就是在 730℃相同温度下，每隔 16s 连续 3 次测量的 Si (111) 面的 STM 图像。

图 1.4.5 (a) 假定 (1×1) 面上所有附加原子没有发生重构，在 (111) 面仰角 10°方向上，台阶平均间隔大约 18Å，可见一个 (7×7) 单胞的尺寸是较小的。图 1.4.5 (b) 有一明亮条纹 A，它的宽度约 140Å；一个小的亮点 B，它的直径一般为

30～40Å；一个明亮条纹 C，它的宽度约为 70Å。条纹 A 上的单原子台阶，左边的比右边的要高。在图 1.4.5（c）中，平台 D 的展开是由条纹 A 变化而来的。条纹 A 和条纹 C没有重构面，所以它是普通的图像。D 和 E 是两个明亮的（7×7）结构，带宽约 140Å。STM 图像还表明，（331）面是从（111）面一小簇狭窄的台阶范围分隔出来的，由（7×7）或（5×5）结构形成的。

图 1.4.6 STM 图像中的亮点是典型的（331）面的周期。

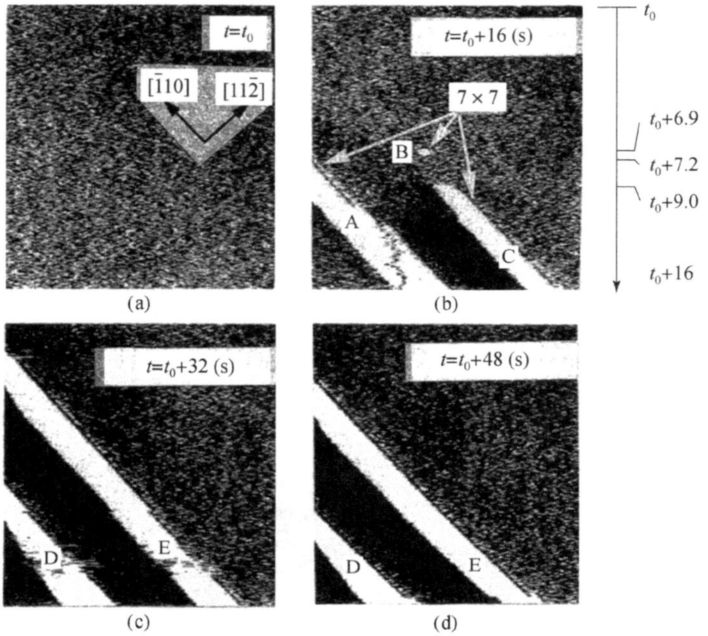

图 1.4.5　Si(111)面在 730℃温度和 10°仰角下每隔 16s 连续 3 次测量的 STM 图像，明亮区域是（7×7）重构面

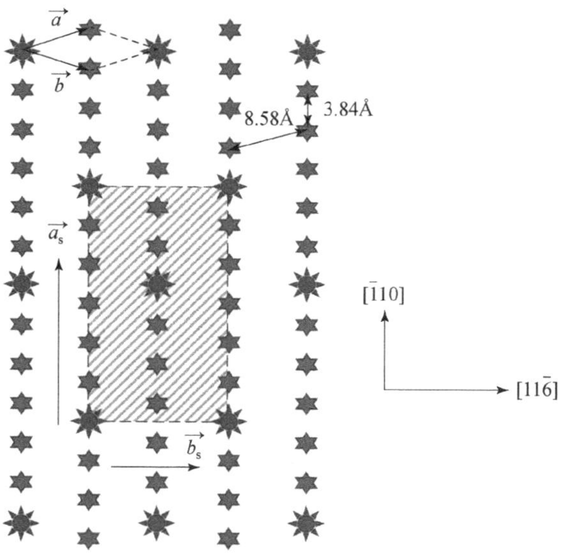

图 1.4.6　理想的 Si(331)面结构

图中小点和大点分别代表（331）面上的基本单胞和（12×1）面的单胞结构。若利用矩阵方法表示（331）面的周期结构，则可写为

$$\begin{bmatrix} \vec{\alpha}_s \\ \vec{b}_s \end{bmatrix} = \begin{bmatrix} 6 & -6 \\ 1 & 1 \end{bmatrix} \begin{bmatrix} \vec{\alpha} \\ \vec{b} \end{bmatrix} \tag{1.4.1}$$

其中$\vec{\alpha}$和$\vec{b}$是（331）面基本单胞的单位矢量，$\vec{\alpha}_s$和$\vec{b}_s$是重构的单位矢量。

在众多半导体表面中，关于 Si(111)-(7×7)重构表面的原子结构的研究最为广泛。对于该表面，人们提出了许多模型，目前应用比较广泛的是二聚化-附加原子-位错模型，简称 DAS 模型（Dimer-Adaton-Stacking Fault）。该模型最大的特点在于将 Si(111)-(7×7)重构表面的悬挂键从 49 个减少至 19 个。例如，对于结构为 Si(111)-(2n+1)×(2n+1)的表面，n=1,2,3,…其中 n=3 的特例，计算其由于配对、附加原子和层错对总能量的影响，结果发现 n=3 时总能量减少最多，这表明 Si(111)-(7×7)是该体系下最稳定的结构。

DAS 模型的预测结构和实际的实验结果能很好地符合上，例如图 1.4.7（a）是 Si(111)-(7×7)再构表面的 STM 图像，其中亮度表示表面各点高度的大小。将图 1.4.7（a）中的一个原胞放大，可以得到如图 1.4.7（b）的原胞模型；STM 图像中每个原胞的 12 个亮点，对应图 1.4.7（b）中 12 个附加原子。由此可以更清楚地看到 Si(111)-(7×7)表面最上层的 3 个原子排列，图中空心圈、实心圈和圆点分别表示最表层、第二层和第三层 Si 原子的排列情况。

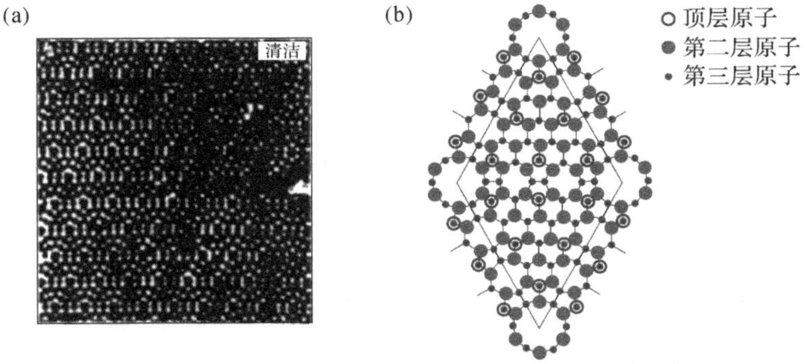

图 1.4.7　Si(111)-7×7 重构表面的 STM 图像与重构模型

（a）Si(111)-7×7 重构表面的 STM 图像；（b）将其中一个原胞放大的模型。

作为一种常见的化合物半导体，GaAs 的表面结构情况也被广泛地研究过。在 GaAs 晶体中，As 和 Ga 原子间由各自 sp^3 杂化轨道相接所形成的极化共价键相连；它的(100)、(111)、($\bar{1}\,\bar{1}\,\bar{1}$)是极性表面，具有显著的原子晶体表面特征，且表面上有大量的悬挂键，重构现象普遍。但（110）是非极性表面，离子晶体表面的特征显著，表面悬挂键基本消失，且尚未发现重构现象，但此表面总是弛豫的。

图 1.4.8 是 GaAs（110）表面的原子排列示意图。其中图（a）是未弛豫表面的原子排列；图（b）是实际的 GaAs（110）表面层的原子排列，由 LEED 的 I—V 曲线计算而得，上面图是侧视图，下面图是俯视图，其中实心圆代表 As，空心圆代表 Ga。图（b）中的参数值列于表 1.4.1 中。

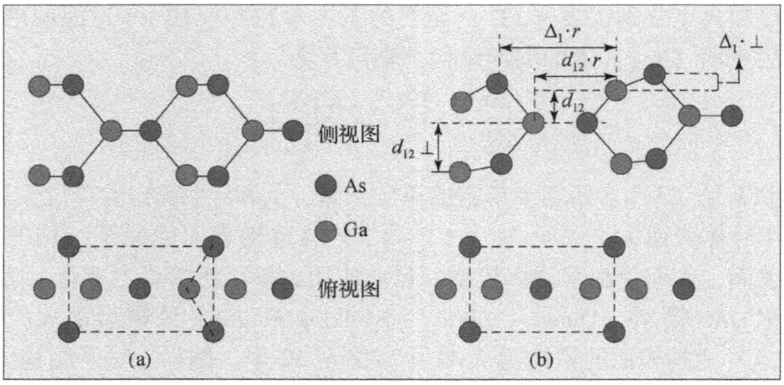

图 1.4.8　GaAs（110）表面结构

（a）未弛豫表面层的原子排列；（b）实际的表面层的原子排列。

表 1.4.1　图 1.4.8（b）中参数值

	垂直方向位移		$\Delta_1, \perp$	$d_{12}, \perp$	$d_{23}, \perp$	Δ_1, r	d_{12}, r	α
	As	Ga						
第一层	↑0.144	↓0.506	0.65	1.434	2.059	4.395	3.313	27.34°
第二层	↓0.06	↑0.06						
第三层	0	0						

图 1.4.9 所示为 n－GaAs（110）面的 STM 图像。图中的灰色部分是 As 原子和 Ga 原子的悬挂键的结合部分，具体来讲，当对样品施加负偏压时，灰色部分代表 As 原子与 Ga 原子上面的空位置的悬挂键结合（图（a））；对样品施加正偏压时，灰色部分代表 Ga 原子定位在 As 原子上面满的悬挂键上（图（b））。不过无论是以上的哪一种情况，单胞沿［$\bar{1}$10］和［001］方向的长度分别为 4.00Å×5.65Å。并且，这个灰色鳞状物沿［001］方向的变化相当于波纹幅度的 0.3Å。

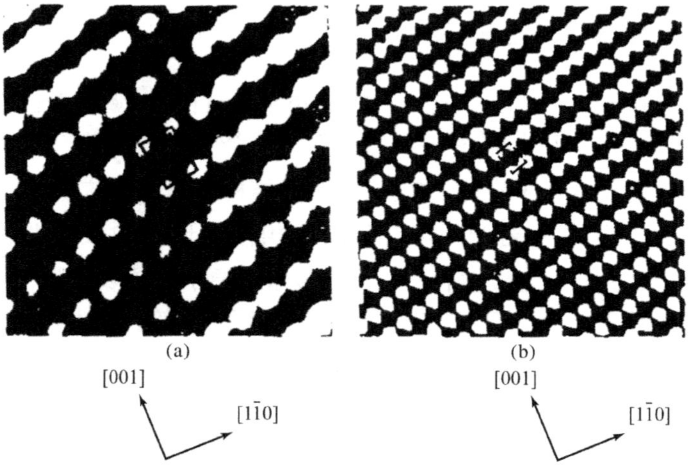

图 1.4.9　n－GaAs（110）面的 STM 图像（矩形晶格，实验时真空度低于 10^{-8}Pa）

（a）样品电压 －4V，透过电流 0.2nA，扫描面积 55Å×55Å；

（b）样品电压 ＋2V，透过电流 0.5nA，扫描面积 75Å×75Å。

1.4.3　氧化物表面

氧化物表面通常由 3 层构成，即空气/非化学计量层/氧化物本体，其一般具有以下几种特征。

（1）非化学计量层形成。在氧化物表面，由于原子排列的不完整性，表面缺陷（如氧空位）的形成相对容易。例如：在铝氧化物（Al_2O_3）表面，可能形成 AlO 或 Al_2O 的非化学计量结构。在二氧化钛（TiO_2）表面，可能形成 TiO 或 Ti_2O_3 的非化学计量结构。

（2）电偶极矩。许多氧化物表面具有电偶极矩，即表面具有极性。这导致氧化物表面易于发生吸附效应，特别是对极性分子的吸附。

（3）化学活性。新形成的氧化物表面通常具有较高的化学活性，特别是会吸附水分子，并将其解离成羟基（-OH）。这种吸附和解离过程会显著改变表面的化学性质。

目前已知的多种氧化物表面结构中，有许多都发生了表面重构现象，这往往被认为是由非化学计量的诱导和氧化态变化这两点因素造成的。为了说明什么是非化学计量诱导的表面重构，以 TiO_2（100）在加热时表面结构的变化为例说明。当样品在真空环境下被加热时，氧原子从表面脱离，表面结构形成一系列（1×3）、（1×5）和（1×7）的单胞结构；若将呈（1×7）结构的表面置于氧气氛围中加热，则表面又会恢复到（1×3）的结构。由此可知，TiO_2（100）表面结构的变化和表面失去氧原子后所形成的氧空位有关，这被称为非化学计量诱导的表面重构。

Bickel 等通过对 $SrTiO_3$ 晶面加热，发现其表面的 Ti^{3+} 浓度明显地发生变化，表面结构与温度和制备工艺也有关。样品在 900K 的温度下退火时，LEED 衍射斑点略微增宽并发生移动；在 1300K 温度下加热 5min，C（2×2）上部可能会出现杂质的偏析。将样品置于 O_2 和 H_2 的氛围中，经 1400K 连续退火后，表面出现的杂质偏析会消失；之后，将样品在 1300K 或更高温度下加热时，（1×1）图像中衍射斑点会变得尖细且模糊。由图 1.4.10 可以看到，$SrTiO_3$ 的钙钛矿型晶体的原子层分别由每个单胞中的 2（Sr-O）和 3（O-Ti-O）原子连续组建起来，其晶格常数 $a_0=3.90Å$，层间距离 $d_0=1.95Å$。其结构伸长变化量 $\Delta d_{12}/d_0$ 变动 $-14\%\sim+8\%$（台阶附近为 $2\%=0.039Å$），$\Delta d_{23}/d_0$ 变动 $-6\%\sim+6\%$（台阶附近为 2%），S 变动 $-24\pm0.24Å$（台阶附近为 0.08Å）。此外，若扫描时 $S=0$，则 $\Delta d_{12}/d_0$ 变动范围是 $-22\%\sim0\%$，$\Delta d_{23}/d_0$ 变动范围是 $-6\%\sim+10\%$。当氧原子脱离表面，Ti 和 Sr 原子离开终端的弯曲度为 $S(Ti)=(0.08\pm0.08)Å$，$S(Sr)=(0.16\pm0.08)Å$，那么 Ti 原子与终端距离 $\Delta d_{12}(Ti)/d_0=+2\pm2\%$，$\Delta d_{23}(Ti)/d_0=-2\pm2\%$；Sr 原子与终端的距离 $\Delta d_{12}(Sr)/d_0=-10\pm2\%$，$\Delta d_{23}(Sr)/d_0=+4\pm2\%$。

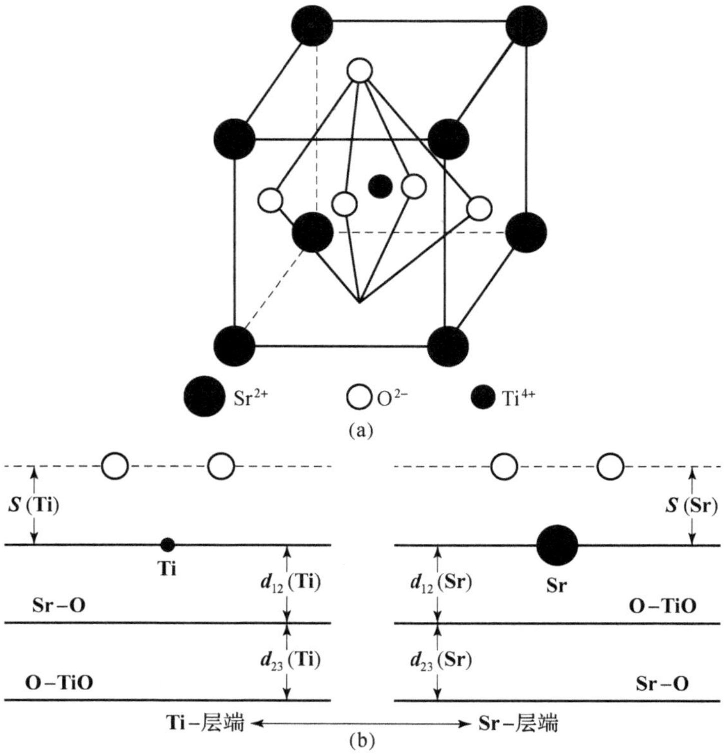

图 1.4.10　$SrTiO_3$ 的钙钛矿型晶体的晶胞结构与层端弯曲模型

(a) $SrTiO_3$ 钙钛矿型结构；(b) O-Ti-O 与 Sr-O 层端的弯曲模型及其相应参量。

1.5　晶粒间界

晶粒间界（grain boundary，GB），通常用来指代多晶材料中晶粒间的交界过渡区。GB 对材料的力学、光学、磁学和电学性质有着重要的影响。在薄膜型和陶瓷型的各种元器件中，GB 起着关键性的作用。近年来，世界上各工业先进国家都非常重视晶界的研究和开发应用。从电子学的角度来看，随着对晶界特征的进一步认识和控制，除了可以明显地改进材料和元器件的性能，提高成品率和可靠性外，还可以设计出新型的元器件。

1.5.1　晶粒间界概念

晶粒间界普遍存在于多晶材料中，它们是晶体结晶时直接形成的。薄膜或粉末在形成或烧结时，存在很多晶核，随着固相反应的进行而继续增长，最终变成不同取向和大小的晶粒。晶粒生长时会相互碰撞，在接触处产生各种晶粒间界。这些晶粒间界在再结晶或热处理的工艺中，可能发生相变、移动和变形，或合并为更大的晶界，这些现象都可以通过表征手段很容易观测到。

晶粒表面的原子在晶界区受到邻近晶粒的势场影响，原子在晶界区重新排列，以减小能量达到稳定的平衡态，从而产生了一个“过渡区”的结构。过渡区与晶粒的结构不同，有其特殊的结构规律，其有序度远低于晶粒，并且有很多缺陷，处于相对高能的状态。如图 1.5.1 所示，图中的两组平行线，表示晶粒中的晶列族，用来示意相邻的两个晶粒的晶向差异，大、小圆圈代表构成晶粒和晶粒间界的原子。晶粒间界模型最早是在金属结构的研究中提出的，为陶瓷的晶界研究奠定了理论基础。

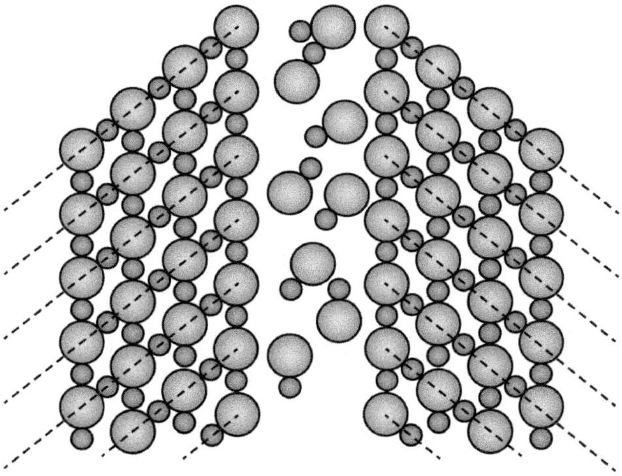

图 1.5.1　不同取向晶粒之间的过渡区

1.5.2　晶粒间界的主要模型

1. 堆垛层错

晶体中，原子或离子通常按照一定的规律去堆积，如从面心立方的［111］或六方密积的［0C01］方向来看，晶体是由原子按照密堆积层 ABCABC…或 AB…的方式堆叠起来的。

面心立方：…ABCABC…[111]方向

六方密积：…ABABAB…[0001]方向

Nabarrc 和 Frank 用符号△△△代表按层次正常顺序排列的 ABCABC…堆积；用▽▽▽代表逆序排列的 CBACBA…堆积，因此面心堆积可表示为

…ABCABC…△△△△△△

六方密积可表示为

…ABABAB…△▽△▽△▽

图 1.5.2 表示了这些情况。

看作 …ABCABC… 堆积时，如果错堆了一层，成为 …ABCABACABCABC… 或 … ABCABCBCABC…(前者相当于多堆了一层 A，后者缺了一层 A)。用 Nabarro 和 Frank 的符号则表示为

…ABCABACABCABC…… △△△△▽▽△△△…

…ABCABCBCABC……△△△△△▽△△△…

在上述的表示中，可以很明显地看到有错排的层，将这种缺陷称为堆垛层错（stacking faults），简称层错，常用 SF 表示。

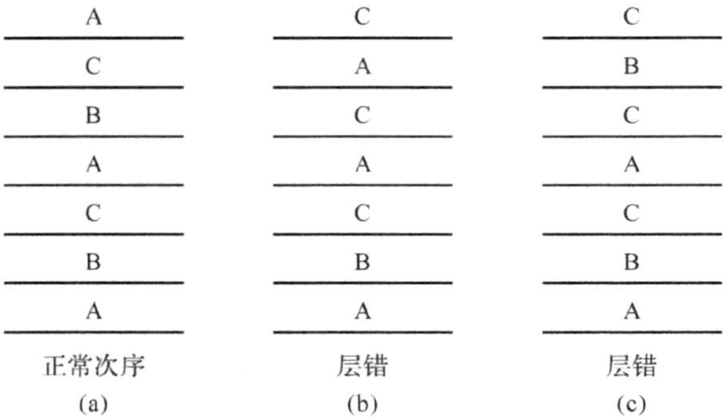

图 1.5.2　堆积和堆垛层错

(a) 完整的单晶；(b) 缺少一层 B；(c) 多出一层 C。

层错是一层原子密排的错位，但这一层的错位原子还是密排的，只是整体平移了一下，表面能基本不变。层错的畸变区很小，界面能也低。所以，一些原子密排的晶体（如 Au、Al 等）易有层错。层错是原子排列不规则的高能区，可以用化学蚀刻、X 射线衍射或电子显微镜等方法检测。

类似多出一层或少掉一层的简单情况，称为本征层错。此外还有可能有双重层错或非本征层错存在，比如下面列举的六方密堆积的两种层错：

简单层错 ...△▽△△▽...或 ...ABACAC...

双重层错 ...△▽△△△▽△...或 ...ABACAC...

化合物材料中，由于存在化学计量偏离，某原子（离子）空位凝集后，会形成化学堆积层错。如高温冷却的 Sb_2Te_3 化合物中，有如图 1.5.3 所示的化学堆垛层错，实线表示 Te，虚线表示 Sb。当空位浓度大时，空位成层状结构，变成低能的堆垛层错。类似地，在经过中子辐照的离子晶体中，也存在一个原子厚度的填隙金属原子薄层。

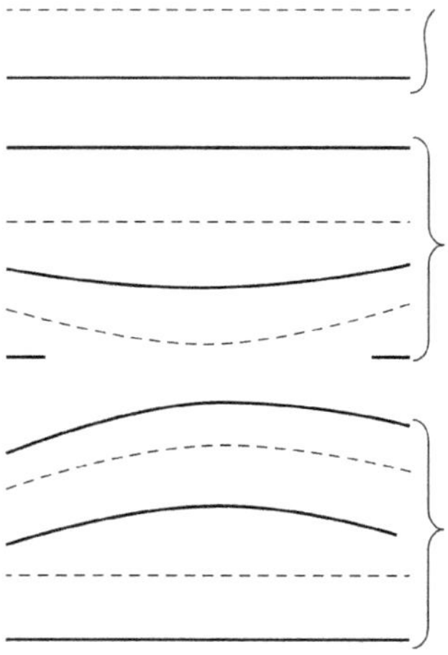

图 1.5.3　Sb_2Te_3 中 Te 空位圈产生的化学堆垛层错

堆垛层错往往在晶体生长、外延、相变以及冷加工等过程中形成、生长和长大，且通常来讲，界面能越小，出现层错的概率越大。例如不锈钢（Fe - Cr 合金）、α - 黄铜、金、银、铜/铝等都是面心立方结构，但不锈钢和 α - 黄铜中往往有大量层错；铝中一般不易发现；金、银、铜的层错数目则介于其间。这是因为这些材料的层错界面能不同。表 1.5.1 所列为几种金属和不锈钢的层错界面能。

表 1.5.1　金属和不锈钢的层错界面能

金属	Au	Ag	Cu	Ni	Al	不锈钢
界面能 / (erg/cm^2)①	24 ~ 27	21 ~ 28	40	64 ~ 140	170 ~ 240	43

① $1 erg = 10^{-7} J$。

层错影响了晶格的有序性，增大了对电子的散射，使得少数载流子的寿命降低，并产生附加噪声。在半导体单晶器件中，层错对器件性能有很大影响，例如层错导致的 Frank 不全位错处杂质的沉积，会使扩散增强，形成扩散管道，使发射极、集电极短路，漏电流增加；层错还会降低 p－n 结击穿电压，使得 MOS 电容弛豫时间缩短，导致在 MOS 电容栅电极下，有大量漏电流等。所以，在单晶材料中，层错是一种需要重视的缺陷。

2. 双晶界面

在单晶晶体中，存在着一些对称面，使得单晶的一部分与另一部分互相对称，类似于平面镜中物与像的关系，这个对称面称为双晶界面（twin boundary），又称孪生晶界。

在形成双晶界面时，若两边晶体的晶格常数一样，则称这种结构为共格双晶，如图 1.5.4 所示。

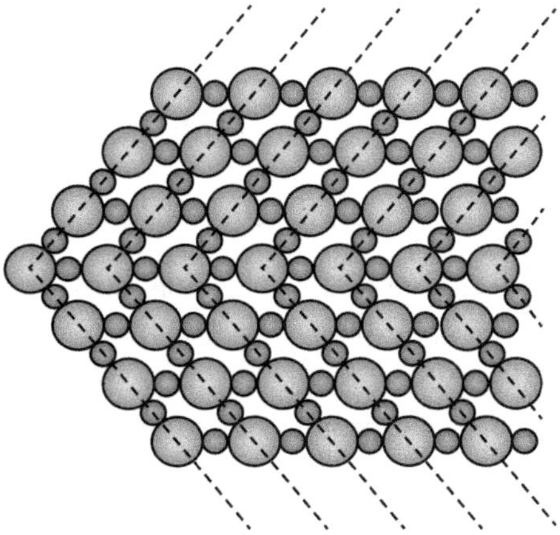

图 1.5.4　共格双晶界面

还有一种情况，即在形成双晶界面时，两边的晶格常数不等，其中安插着一系列的位错来形成匹配（见图 1.5.5），称这种结构为非共格双晶。

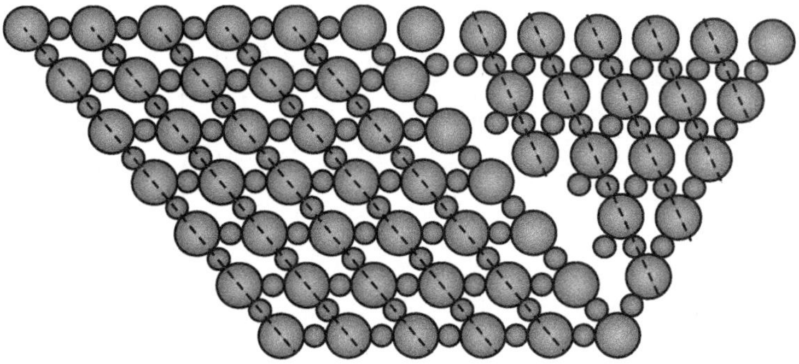

图 1.5.5　非共格双晶界面

晶体沿双晶面生长时，新晶体结构与原先的不同，则称为外延生长；新晶体结构相同，只是取向不同，称为一个孪晶。用 Nabarro 和 Frank 符号看，堆垛层错是两个平行的双晶界面 B 和 C，密堆积 B 面和 C 面的原子和电子云很接近，所以双晶界面能是层错能的一半，厚度也是层错界面的一半。对于六方密堆积中的双晶界面，情况也是类似的。非共格双晶界面，由于其中存在一系列位错，其畸变区和界面能比层错更大。

化合物的双晶界面原子排列比较复杂，图 1.5.6 所示为 NaCl 或 MgO 中 36°52′倾斜晶界（310）双晶。从图中可以很明显地看出，这时的晶界区由多层原子（离子）组成。

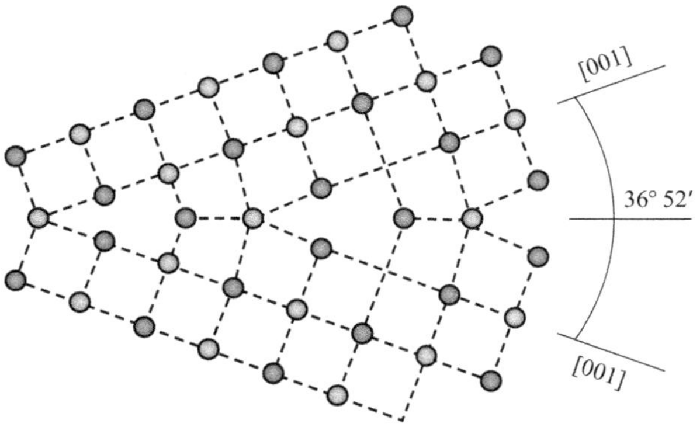

图 1.5.6　NaCl 或 MgO 中 36°52′倾斜晶界（310）双晶

不同晶面对光线或电子束的反射特性不同，被腐蚀速度也不一样。部分双晶经过一定的腐蚀后可以被肉眼直接观测到。科研中一般采用光学显微镜、电子显微镜和 X 射线衍射仪等设备来表征和研究双晶。

双晶可以在不同过程中产生，在形变中产生的称机械双晶；晶体生长时产生的称生长双晶；在退火中产生的称退火双晶。双晶界面对单晶材料性能的影响与堆垛层错很相似。不同结构经常出现的双晶面如下：

面心立方{111}；六方密积{1010}；体心{112}；菱形{001}；四角{331}。

3. 小角度晶界

两个晶粒交界处晶向（如[111]等）之间的夹角，称晶界角，如图 1.5.7 所示。

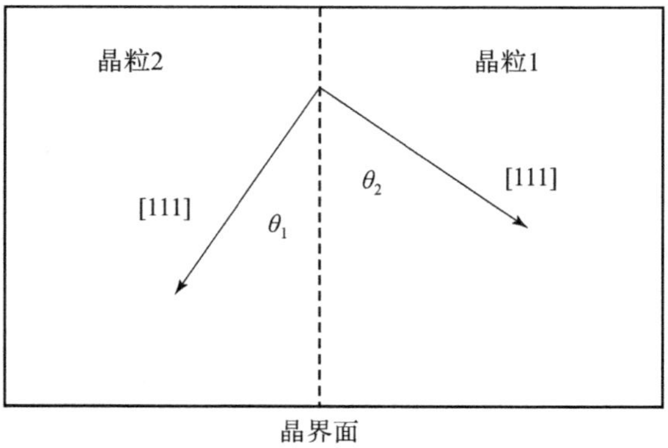

图 1.5.7　晶界角的表示

图中箭头都表示[111]方向，则晶界角 $\theta=\theta_1+\theta_2$。若 $\theta_1=\theta_2$，称对称晶界；$\theta_1\neq\theta_2$，称非对称晶界。晶界角小于 10°的晶界称小角度晶界（small angle GB），可以用位错模

型来处理。有关这方面的理论，在固体物理或金属物理中已有过详细讨论，下面仅作简要介绍。

1）倾侧晶界

沿晶界区域的范围内由棱位错交插形成的晶界称为倾侧晶界（till boundary）；由螺位错的晶界称为扭曲晶界（twist boundary）。倾侧晶界原子排列简单，这里主要讨论这类小角度晶界。

一个简立方晶格，它的小角度晶界可以看作是沿界面中线各转 $\theta/2$ 度。中间过渡区可以安插一些位错使它与晶格匹配，如图 1.5.8 所示。倾侧晶界也称倾斜晶界。

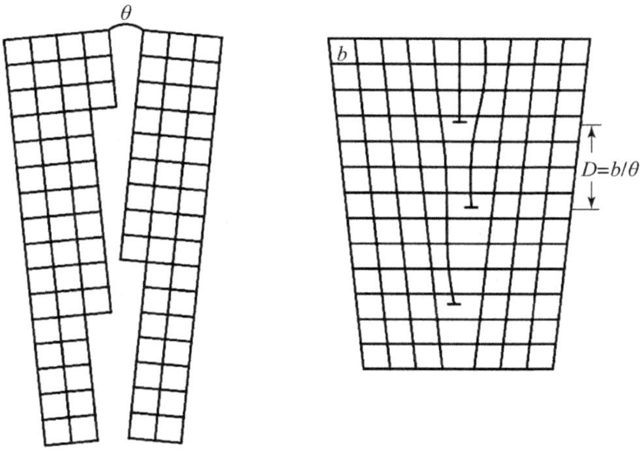

图 1.5.8　小角度倾侧晶界

图 1.5.8 中，(100) 面的倾侧晶界是由一列平行的柏格斯矢（Burgers 矢）为 [100] 的刃型位错安插其中所组成。设 Burgers 矢为 b，则晶界角 θ 和位错间距 D 以及 b 之间有以下关系：

$$D = \frac{b}{2\sin\dfrac{\theta}{2}} \tag{1.5.1}$$

当 θ 很小时，上式简化为

$$D = \frac{b}{\theta} \tag{1.5.1a}$$

以上讨论的晶界只需要一个变量 θ 就可以确定，故称为自由度晶界。

如果倾侧晶界的界面不是（100）面而是（hk0）面，则称这种晶面为非对称晶界，需要用 Burgers 矢量分别为[100]和[010]的两组平行的棱位错来表示。这种晶界称二自由度晶界。

2）一般情况的小角度晶界

当一个晶界的旋转轴和界面垂直时，称这种晶界为扭曲晶界，由两组螺位错组成。一般情况的小角度晶界是一个曲面，它由纯粹的倾侧晶界和扭曲晶界所组成。确定这种晶界要有 5 个参数：两个参数确定界面法线矢量 $\boldsymbol{n}$；两个参数确定沿旋转轴的单位矢量 $\boldsymbol{u}$；还有一个参数用来确定旋转角 θ。一般小角度晶界有 5 个自由度。

4. 大角度晶界

晶界角度大于10°的晶界称为大角度晶界（large - angle GB）。可估算出，当 $\theta = 30°$，位错间距 $D \approx 1.936$，这个尺寸不到两个原子间的距离，“位错”靠得非常近，已基本失去了线缺陷位错的意义。Li 在 1961 年用位错芯（dislocation core）结构来描述过倾侧晶界。图 1.5.9 就是 Li 的位错芯模型。

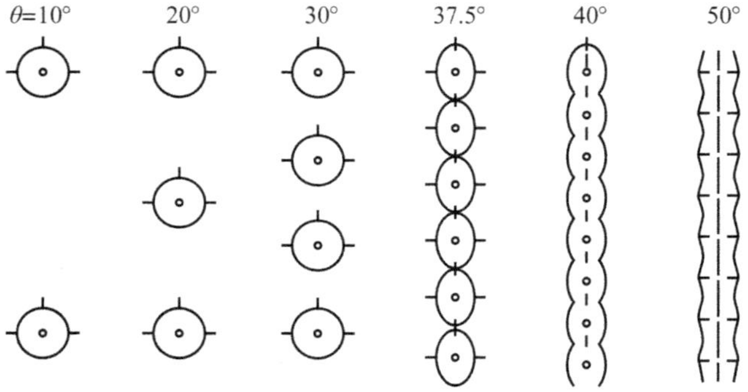

图 1.5.9 Li 提出的位错芯模型

从肥皂泡模拟的大角度晶界照片上观察到“晶界”处大部分小泡（与原子相对应）排列较乱且稀松，但是也有部分区域排列得较为有序。由于大角度晶界处的复杂性，很难用一个数学模型来进行处理。下面介绍几种可以用来解释晶界现象的大角度晶界的模型。

1）过冷液体模型

过冷液体模型认为晶界原子的排列方式是短程有序、长程无序，表现出过冷液体（非晶态）的性质。该模型认为晶界是等向性的，在受到应力的影响下会产生黏滞运动，从而解释了我国金属学家葛庭燧发现的晶界滑移导致的内耗现象。为了使模型与实验数据相吻合，晶界的厚度必须很小，通常不超过 2 ~ 3 个原子层，这对金属和合金比较适用。过冷液体晶界模型是较早提出的，但后来的实验发现晶界的扩散在某些情况下是各向异性的。利用光学、电子和场离子等现代分析技术，证实了该模型的适用范围很窄，曾一度被放弃。近年的研究显示，在一些多元陶瓷和烧结粒子中，过冷液体模型还有一定的应用价值。

2）小岛模型

Mott 根据大角度晶界的场离子显微镜（FIM）观察结果，提出了晶界的小岛模型。Mott 认为晶界区有原子排列良好的“岛”（晶态区域）和原子排列差的“海”（非晶态区域）。岛的大小约为几个到几十个原子距。在 FIM 照片上，岛与突起物相对应，突起物像是两个“晶粒”，能够连续位移；“海”与空位通道相对应，空位通道是松弛的。小岛模型能够解释大角度晶界扩散时表现出的各向异性。

葛庭燧也提出过大角度晶界的无序群模型，该模型认为晶界区中有排列有序的区域和排列松散的区域。葛庭燧把这种松散而混乱的区域称为无序群，它们类似于非晶态，有较高的流动性。这个模型和 Mott 小岛模型有点相似。但 Mott 关注的是小岛和它们的结构，而葛庭燧则关注的则是无序群（也就是 Mott 模型中的“海”）的分布。

苏联学者斯莫留乔符斯基（R. Smoluchowshi）根据晶界扩散的各向异性实验结果，

对小岛模型做了补充。他认为大角度晶界处仍然残留有一定的位错结构。位错结构的残留程度与晶界角 θ 有关。θ 较小时，位错模型适用；θ 接近 45°时，晶界的各向异性减弱，趋向于小岛模型。斯莫留乔符斯基模型如图 1. 5. 10 所示。

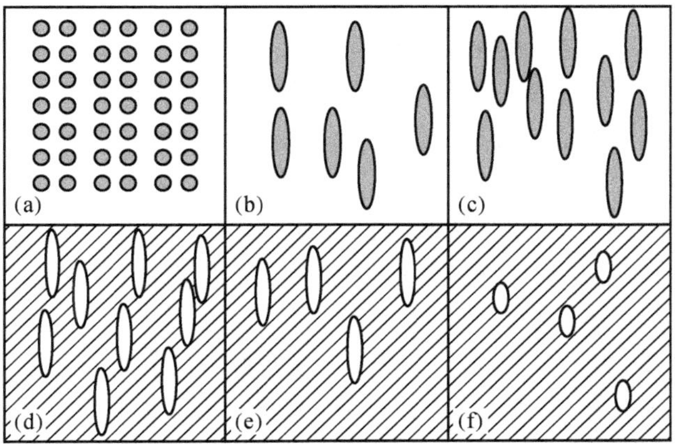

图 1. 5. 10　Smoluchowshi 晶界模型

(a) $0° < \theta < 7°$；(b)，(c) $7° < \theta < 25°$；(d)，(e) $25° < \theta < 40°$；(f) $\theta = 45°$。

3）重合模型

1961 年，Brandon 等提出了一个重合模型，认为晶界是晶体绕特定轴旋转一定角度形成的。旋转前后晶格上有些原子在一个比原点阵更大的“超点阵”上，这个大点阵称为重合位置点阵（coincidence site lattice，CSL）。对于固定的转轴和转角，其重合位置的比例称为重叠数。表 1. 5. 2 所列为立方晶系中转轴—转角对应的重叠数。

表 1. 5. 2　立方晶系中转轴—转角对应的重叠数

转轴	重叠数	最小转角	转轴	重叠数	最小转角	转轴	重叠数	最小转角
[100]	5	36. 9°	[111]	3	60°	[311]	9	67. 1°
[100]	13	22. 6°	[111]	7	38. 2°	[311]	11	180°
[100]	17	28. 1°	[111]	13	27. 8°	[311]	15	50. 7°
			[111]	19	46. 8°	[311]	15	117. 9°

重合模型认为，晶界中原子与原点阵重叠的比例越高，晶界的界面能越低，稳定性越强，出现的概率越大。从结构周期性上看，重合模型中有一部分原子处于晶格变形状态。所以晶界原子容易移动，活性也高。

在重合模型的基础上，还提出了 O 点阵（O - lattice）模型和全同位移点（displacement shift complete lattice，DSC 点阵）等概念，晶界的计算机模拟也有了很大的进展。

1. 5. 3　相界与层错

当系统内有两个或两个以上不同相处于热力学平衡时，不同相之间的交界区称为相界（phase boundary），简称 PB。严格说来，一般所谓的表面（surface）就是相界（固—气，固—液)。但是目前的 PB 在一般资料上是指固体内部同时存在几个不同相时各相间的不规则的界面。

固体内的 PB 可能有以下情况。

(1) 固固 PB：如 $\alpha-Fe_2O_3$—$\gamma-Fe_2O_3$ 间的界面；

(2) 固气 PB：陶瓷中固相颗粒与封闭气孔；

(3) 固液 PB：陶瓷烧结时出现的液相与颗粒间的界面。

下面将介绍几种常见的相界。

1. 非共格相界

系统中有不同的相，它们的晶格结构和晶格常数各异，如 $\alpha-Fe_2O_3$ 是类刚玉结构；$\gamma-Fe_2O_3$ 是尖晶石结构。当这两相共存时，相界处 $\alpha-Fe_2O_3$ 和 $\gamma-Fe_2O_3$ 原子排列不同，不可能存在固定的相位关系。这种晶界里必然有一个过渡区，且原子排列比较复杂，靠近 $\alpha-Fe_2O_3$ 的区域是刚玉结构，逐渐变形，到靠近 $\gamma-Fe_2O_3$ 的区域有逐渐接近尖晶石结构。还有一种可能是杂质在晶界的偏析使过渡区形成一个新相（晶界相），它既不是 $\alpha-Fe_2O_3$ 相也不是 $\gamma-Fe_2O_3$ 相。

不同晶体结构的相界称为非共格晶界，原子排列复杂，还有杂质、空位等缺陷。这方面的细节直到如今还亟待研究。

2. 共格相界

两相的晶格结构相近或相同，晶格常数也很接近，在相界面附近的原子通过形变来保持两侧原子排列的相位关系，这样的相界称为共格相界。

对于结构相同的两相，晶格常数较大的相会在相界处稍微收缩，晶格常数较小的相则会稍微扩张，这样可以在相界处尽量维持原来的晶格结构，但是相界处会产生额外的弹性形变能，它是相界能的主要成分。

钴在 450℃ 由面心密积转变为六角密积，这时的相界可由改变一个堆垛次序来达到两边配合的目的：

面心 | 六角

...ABCABCAB | ABAB

不难看出，这种相界区很窄，晶体结构没有明显的畸变，因而相界能很小。

3. 准共格相界

两相的晶体结构相似或一致，但晶格常数或晶向有不超过 10% 的差异。如果仅靠相界处原子的压缩和伸展来构成相界，那么这种弹性变形就会太大，导致这种结构不稳定。如果在相界上生成一定数目的有序的位错（图 1.5.11），那么这样就能降低能量。这样的相界称为准共格相界。

从图中可以看出，当材料 B 的晶格常数大于材料 A 时（$b>a$），两相界面上位错会平行地排列，这种位错称为 Van der Merwe 失配位错（misfit dislocation）。设位错间距为 D，则

$$D=ab/(b-a) \tag{1.5.2}$$

由式（1.5.2）可见，如果 a、b 差别越小，则 D 就越大，失配位错密度就小，附加畸变能就小；如果 a、b 差别大，D 就小，失配位错密度就大，畸变能也就大。这时

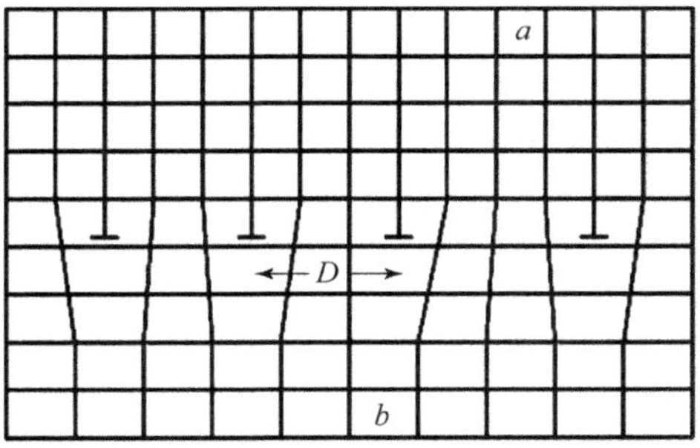

图 1.5.11　共格相界与 Van der Merwe 失配位错

会连带产生出其他类型位错和缺陷，甚至能使界面处开裂。虽然从图 1.5.11 中只能看出交界处一层原子的排列发生了畸变，但实际上畸变区会扩展得很深，这也是为什么会说有失配位错的准共格相界的宽度比双晶或层错要大。

失配位错是晶格参数的差异导致的失配应力超出弹性极限而形成的，它们呈等间距排列。如果相界两侧的空位浓度不均匀，失配位错就会受到力的作用而发生攀移。在高温条件下，失配位错更容易攀移；这样，原本分布在相界上的位错就会向晶体内部扩散，并且在扩散过程中位错可能还会增加。如此一来，原本完整性很高的单晶，就会变成位错密度很高的单晶。这些情况在超晶格材料的研究中经常出现。

在异质外延时，往往会出现明显的晶格失配现象。如在蓝宝石（1102）面上外延（100）硅，晶格失配达 12.5%；在（1120）面上外延（100）硅，失配为 1.2%。在尖晶石上外延硅时，若衬底材料的化学配比合适，可使晶格失配达 1%。由于晶格失配，在外延晶体与衬底的界面（相界面）上容易产生 Van der Merwe 失配位错。有人在 1% 晶格失配的尖晶石衬底的硅外延材料中，测得失配位错密度为 $10^8/cm^2$。

有时在同质外延中，由于衬底和外延层中元素的掺杂浓度不同，在外延层和衬底的交界处也会形成晶格失配，生成 Van der Merwe 失配位错。

4. 有关相界能的数据（见表 1.5.3 和表 1.5.4）

表 1.5.3　几种合金的相界能和界面能的比较

合金系	A 相	B 相	参考晶界	相界能/晶界能
CuZn	α（面心立方）	β（体心立方）	α/α	0.78
CuZn	α（面心立方）	β（体心立方）	β/α	1.00
CuAl	α（面心立方）	β（体心立方）	α/α	0.71
CuAl	β（体心立方）	γ（复杂立方）	γ/γ	0.78
CuSn	α（面心立方）	β（体心立方）	α/α	0.76
CuSn	α（体心立方）	β（体心立方）	β/β	0.93
FeC	α（体心立方）	Fe_3C（正交）	α/α	0.93
FeC	α（体心立方）	γ（面心立方）	α/α	0.71
FeC	α（体心立方）	γ（面心立方）	γ/γ	0.74

表 1.5.4 几种材料的相界能

材料系统	温度/℃	相界能/(erg/cm^2)
Al_2O_3（固）-硅酸盐玻璃（液）	1000	<700
Al_2O_3（固）-Pb（液）	4000	1540
Al_2O_3（固）-Ag（液）	1000	1770
Al_2O_3（固）-Fe（液）	1570	2300
SiO_2（玻璃）-硅酸钠（液）	1000	<25
SiO_2（玻璃）-Cu（液）	1200	1370
Ag（固）-Na_2SiO_3（液）	900	1040
Cu（固）-Na_2SiO_3（液）	900	1500
Cu（固）-Cu_2S（液）	1130	90
TiC（固）-Cu（液）	1200	1225

用实验的方法很难测量出固-固相界能，现有的相界能数据都是在有液相存在时得到的。由表 1.5.1 与表 1.5.4 可见相界能比层错界面能大 1~2 个数量级，且杂质使相界能下降。图 1.5.12 所示为 Ni-Al_2O_3 在 175℃温度下测到的相界能与杂质含量的关系曲线。

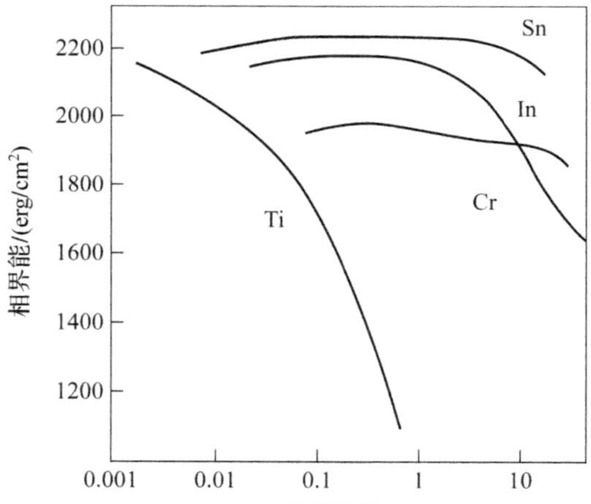

图 1.5.12 Ni-Al_2O_3 中杂质含量与相界能的关系

层错是单晶材料中的一种常见的缺陷，对材料的性能有很大的影响。随着单晶材料在工业生产中的广泛使用，层错的研究也越来越受到关注，尤其是单晶半导体中的层错，已经有了较为清晰的认识。下面以硅片中的层错为例来进行分析。

一般晶体中层错并不是像前面所论那样是一层原子排错，而是可以从局部区域发生，逐渐传播长大。图 1.5.13 是硅中层错的形成和传播示意图。

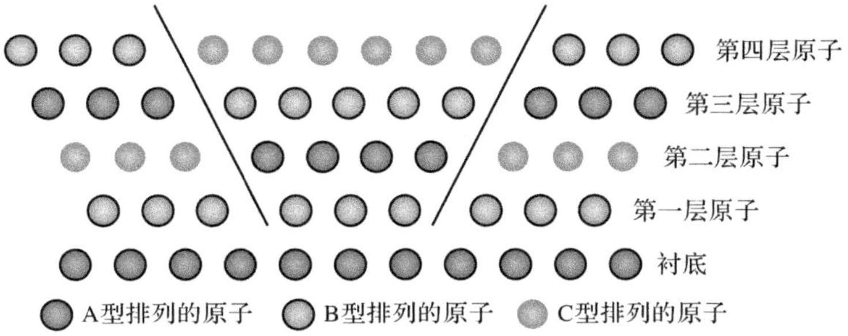

图 1.5.13　硅中层错的形成和传播示意图

如图 1.5.13 所示，外延（或其他生长方式）时第一层为 B 层，在部分区域（图中有 3 个原子）生长为 C 层，这样就在两边形成了堆垛层错。各区的原子仍按 ABCABC 的顺序堆积。由于层错处的原子具有额外的界面能，活动性高，生长速度快，所以层错区域逐步扩大，如图 1.5.13 中实线所示。[111]方向的硅原子按正四面体排列方式生长，它与上一层中最近的 3 个原子构成正四面体，因此层错的区域以正四面体的形状向外扩散，如图 1.5.14 所示。

由于层错处的原子具有额外的层错界面能，活动性高，容易受到腐蚀。硅中的层错的理想腐蚀坑应该是正三角形的。层错的形成原因很复杂，实际观察到的腐蚀坑也有 V 形或 L 形等不同的形状。图 1.5.15 是硅片表面常见的层错腐蚀坑的示意图。

图 1.5.14　硅[111]方向层错示意图

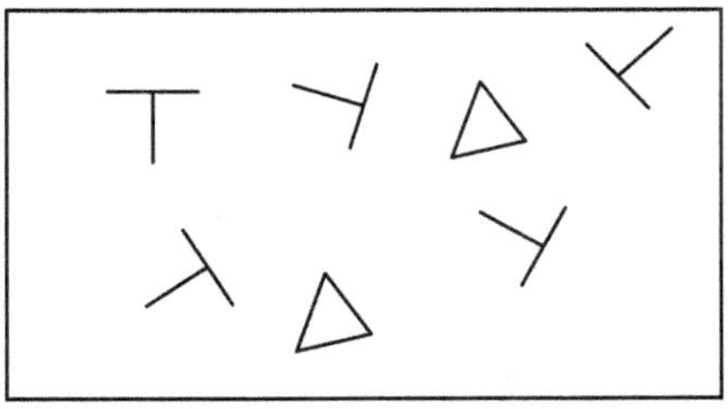

图 1.5.15　硅表面典型的层错腐蚀坑

硅片中的层错有两种类型，分别是体内型和热氧化型。体内型是指在晶体生长和硅片机械加工过程中形成的层错，通常也称为本征层错。热氧化型是指在硅片进行氧化、扩散等工艺时形成的层错，又称为非本征层错。硅中的热氧化层错对器件、电路的性能和成品率有很大的影响。

1.5.4　陶瓷晶界结构

陶瓷作为一种常见的多晶多相材料，其晶粒间界情况更为复杂。陶瓷的晶界是一种多相区域，除了具有晶相成分外，还普遍存在玻璃相和难以除尽的气相。

1. 晶粒间界中的晶相结构

陶瓷材料是通过烧结制成的，在烧结过程中，晶粒以晶核为基础生长并相互靠拢，其取向是随机的，所形成的晶界角也各有不同，与粉粒的结构，尺寸，烧结条件等有关。图 1.5.16 是烧结时晶粒接触产生晶界的示意图。其中（a）表示无定形粉粒烧结，颗粒接触后没有界面而合成一个大颗粒；（b）为晶态粉粒烧结时，不同取向的晶粒之间产生了晶界；（c）为晶态粉粒烧结时，取向完全一致的晶粒相互接触，倾斜角 $\theta=0°$，两晶粒完全共格，界面消失，这是一种极端情况。

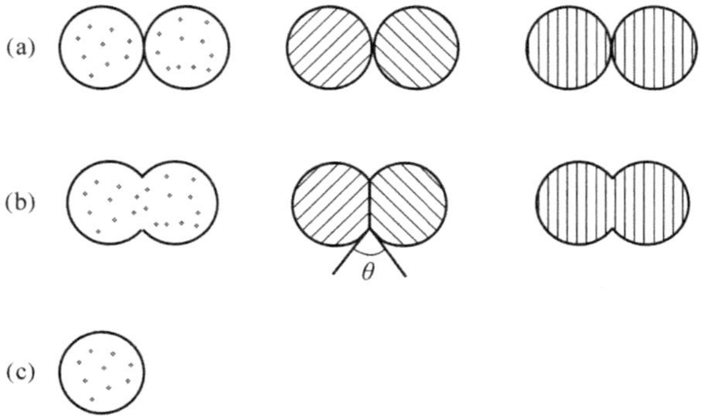

图 1.5.16　粉末烧结与晶界形成

晶界结构在陶瓷材料中很常见，其中大角度晶界占多数，它们的点阵结构通常形成共格晶界，且以孪晶界为多，如方镁石的共格孪晶界等。异质晶粒之间也经常出现共格相界面。此外，还有一些点阵结构的畸变较大，或者是复合型的晶界结构。成分相同的烧结粉末，在相同条件下烧结后，其晶粒间界的结构类型也不是唯一的，只能说某一种结构占主导地位，起到主要作用。

由几层到几十层原子构成的“晶相”界面，其结构随着界面深度的变化而变化，多呈现过渡层型的特征。晶相界面在陶瓷材料中的相对体积与晶粒大小有关，晶粒细小，晶相界面的相对体积就大。这是由于细晶粒具有较大的比表面积造成的。晶粒大小和致密度受烧结条件的制约，晶相界面的存在状态直接影响陶瓷的性能，对电子陶瓷的影响尤其显著。因此，根据不同的性能需求控制烧结工艺是非常必要的。

陶瓷材料中的晶相，除了主晶相外，还有其他的相结构，如异质异相，同质异相等，它们构成了晶粒的“相界面”，例如 $Ni-Al_2O_3$ 相界面，$\alpha-Si_2O_3$ 和 $\beta-Si_2O_3$ 相界面等。这种由不同晶相结构的晶粒组成的晶粒间界，也称为“相界面”。相界面的结构比单一的晶界结构更复杂。相界可以分为共格相界（包括半共格相界）和非共格相界两类。共格相界多是半共格的状态。外延界面就是这种类型的一种。非共格相界基本上是大角度倾斜晶界的类型。

陶瓷材料中的晶粒间，除了有不同组态的晶粒构成的相界面外，还可能有平衡的晶相－玻璃相相界面，晶相－气相（气孔）相界面和玻璃相－气相相界面等。这些相界面的平衡条件都要满足“二面角定理”，即

$$r_{11}=2r_{12}\cos\frac{\theta}{2} \tag{1.5.3}$$

式中：r_{11}为主晶相界面能，主晶相界面由相结构相同（为主晶相）的两个不同取向的晶粒构成；r_{12}为主晶相与异相之间相界面的界面能；θ 为相界面能 r_{12}的交角。如图 1.5.17（a）所示，θ 满足

$$\cos\frac{\theta}{2}=\frac{1}{2}r_{11}/r_{12} \tag{1.5.4}$$

相界面的平衡状态由二面角 θ 决定。在极限情况下，当 $\theta=0$ 时，有 $r_{11}=2r_{12}$，此

时异相物质向主晶相间界伸延直至把主晶相隔开而达到平衡，如图 1.5.17（b）所示。随着 θ 的增加，异相的分布状态不同，当 $\theta = 120°$ 时，有 $r_{11} = r_{12}$，此时异相稳定地铺展于主晶相与异相界面上，如图 1.5.17（c）所示。当 $\theta > 120°$ 时，有 $r_{12} > r_{11}$，使得异相表面积趋于缩小，且表面趋于平滑，并在晶界三叉处形成孤立的凸形曲面，稳定地存在于晶体中，如图 1.5.17（d）所示。

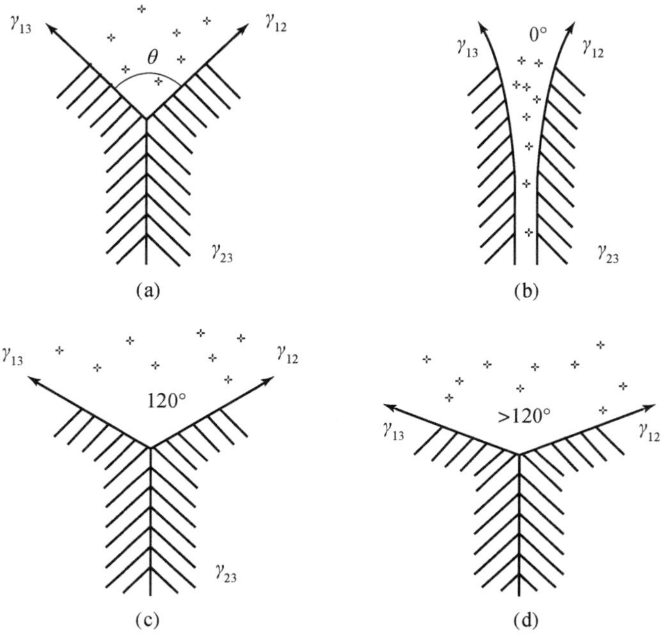

图 1.5.17　二面角定理示意图

当异相是液态的时候，如果 $\theta = 0$，晶粒就会被液态膜分开并包裹，在锻压烧结的过程中可以有效地促进致密化。例如，在氧化镁中加入少量的高岭土或滑石，高温下会形成液相，就会发生这种情况。

2. 晶界中的玻璃相与气相

电子陶瓷烧结工艺中，为了获得某种性能，常常添加一些助剂，如助熔剂、改性剂、润滑剂、晶粒生长阻滞剂等，这些助剂多是非晶态的，在烧结过程中形成玻璃相，分布在晶粒间界的区域。因此，玻璃相是陶瓷材料中普遍存在的相成分。

由晶粒内部扩散出来的杂质，在烧结中也可以聚集在晶界玻璃相中。组分不同的晶粒，在烧结中也可能有分子、原子或其他化合物进入晶粒间界结合成化合物玻璃体，如 MgO – CaO 硅酸盐玻璃相体系等。

玻璃相是晶界中的无定形结构部分，有固定的配比组分，且占有较大的相对空间，形成较厚的“粒间相”，从而增加了晶粒间界的厚度，有时可达数百微米。玻璃相在陶瓷材料中的相对比例，随陶瓷的种类而异。玻璃相中有大量的松弛结构，过大的晶界能会影响陶瓷的电性能，容易击穿，其过多的离子组分也会增加电导和介质损耗等，导致电性能下降。此外，玻璃相与晶相的匹配不良，也会影响陶瓷材料的机械性能和热效能等。所以陶瓷材料中玻璃相的含量，总的期望是减少的。

晶界中的气相，指在烧结过程中残留的气体。它们在晶粒之间形成气孔。气相在烧结中是难以消除的，但可以通过改进工艺来降低气相含量。除了多孔陶瓷外，一般都尽可能地减少气相。

气相以气孔形式存在于晶界中，有“开口气孔”和“闭口气孔”两种形式。气孔率与烧结温度及冷却方式有关，当烧结温度过高或过低时，开口气孔较多。快速冷却时，闭口气孔较多。

1.6 异质界面

分界面（interface）是指不同凝集相之间的交界面，包括晶粒间界和相界。但有时interface这个词仅用于表示两种不同相之间的规则边界。interface的中文译法有界面或内表面。从工艺的角度看，分界面的形成方式有：化学反应（如氧化、腐蚀、粘连）产生的分界面；固态结合（如真空沉积、化学气相沉积、热压、界面扩散）产生的分界面；液相沉积和凝固共生产生的分界面；熔焊或粘接产生的分界面等。

1.6.1 Si - SiO_2 异质界面

Si - SiO_2 界面是一种在理论和实用上都很重要的界面。由于目前硅的完整性和纯度已达到很高的水平，再加上超纯氧和洁净的生产环境，热氧化法制得的 SiO_2 纯度很高，所以 Si - SiO_2 界面的可控制性很强，而且可以排除非本征的影响因素，为理论研究提供了非常有利的条件。Si - SiO_2 界面与器件和电路的性能、成品率、可靠性等都密切相关，因此人们非常重视对 Si - SiO_2 界面的研究，这种界面是目前人们研究最多、了解最清楚的一种界面。

1. Si - SiO_2 界面的结构

Si - SiO_2 的结构有以下 3 种模型。

（1）三层模型：Si 和 SiO_2 之间并非一个突变的层，而是由 3 层构成。第一层基本上是 Si 晶体，但有较多的缺陷；第二层是相对完整的 SiO_2，厚度约为几个原子距，具有二维的晶格结构；第三层（最外层）是无定形的 SiO_2 网络。

（2）迪安（Deal）模型：Si - SiO_2 分界面也是由 3 层构成。与（1）的区别是，中间的 SiO_2 氧空位较多，有相当多的不饱和键。第三层也是非晶态的 SiO_2 网络。Deal 模型可以说明 MOS 结构中的许多现象。

（3）约翰尼森（Johnnessen）模型：本模型是基于 AES 能谱分析的数据和硅氧化机理的理论基础而提出的，实际上它是对前两个模型的修正和综合。本模型认为，Si - SiO_2 的界面是不平滑的，界面区域内有硅的夹杂物（硅岛），过渡区的成分是 SiO_x（$1 < x < 2$）。对于厚度为 1000Å 的 SiO_2 膜，不平滑度达 20Å。硅岛由几个到几十个硅原子构成，总的过渡区约 35Å。Johnnessen 模型能较好地解释 Si - SiO_2 界面的许多现象。

2. Si - SiO_2 界面附近的缺陷

靠近 Si 的一侧的缺陷主要是由于热氧化过程中产生的层错，即在正常的堆垛结构上多加入了一层原子。热氧化层错的形成原因有多种，例如表面损伤、硅中的氧空位、旋涡缺陷、辐射损伤缺陷等。SiO_2 中的 Si 小岛和 SiO_2 小岛等也会在分界面附近引起层错的产生。靠近 SiO_2 的一侧的缺陷有宏观缺陷和微观缺陷两种。宏观缺陷包括针孔、裂缝、空洞和金属夹杂物等，它们会影响 SiO_2 的电学性能和可靠性。微观缺陷包括氧空位、硅空位、填隙氧、非桥氧（$Si-O^+$）等，它们会影响 SiO_2 的介电常数、损耗、电荷注入、电荷捕获等。

3. $Si-SiO_2$ 界面处的杂质

杂质对界面的电学、光学等性能起着关键的控制作用。$Si-SiO_2$ 界面处的杂质大致有以下三大类。

（1）氢、氯、氟等非金属杂质离子。

（2）金、铯、铍、镁、铬、镍等金属杂质离子。

（3）磷、硼、镓、砷等硅的施主或受主杂质离子。

以上的杂质有的是有意掺进去的，有的是试剂污染或操作污染。当然以上的杂质同样也存在于晶体内部，由于界面偏析效应，它们在界面的浓度会远远超过体内，从而发生附加的效应。杂质在 $Si-SiO_2$ 分界面处的作用如下。

（1）使界面可动离子电荷密度 N_m 发生变化；Na^+、H^+ 等使 N_m 增大，而 Cl^- 使 N_m 减小。

（2）Au、Cs、B、P 等杂质能引起特定氧化物电荷 N_J 变化。

（3）Cr、Au、Ni 等杂质具有多重能级，除引起界面态变化外，还可形成杂质界面陷阱。

（4）引起界面附近缺陷数量变化，如 Cl^- 可以明显地减少热氧化层错。

1.6.2　金属 - 非金属异质界面

金属和非金属之间的分界面（metal - nonmetal interface）是很多技术领域非常关注的问题。比如金属的腐蚀程度和它表面的氧化物的附着力和稳定性有很大的关系；在催化过程中，氧化物颗粒上会附着金属；在电子元器件的电接触和封装中，金属和陶瓷间的附着力起决定性的作用。下面将主要讨论金属与氧化物、陶瓷等非金属交界面的特点。

1. 金属 - 非金属交界面的结构

以 Ni/MgO 的交界面为例，Ni 具有自清洁（self - clean）能力，能够形成“清洁”的 Ni/MgO 界面，在很大程度上避免非本征因素的干扰。当 Ni 纯度为 99.9%，MgO 为（001）面的单晶，纯度 99.99%。MgO 的（100）面非常稳定，表面能为 $1.2J\cdot m^{-2}$。样品经过清洁处理后，在 10^{-3}MPa 的真空条件下，以 12MPa 的键合力在 1300℃ 和 1350℃ 下热压 2h（Ni 的熔点为 1453℃）。

Ni 为 fcc 结构，MgO 为岩盐（NaCl）结构，晶格常数分别为：$a_{Ni}=3.52Å$，$a_{MgO}=4.21Å$，晶格失配较明显。这两种材料的热胀系数比较接近（Ni，$13.8\times10^{-6}K^{-1}$；MgO，$13.6\times10^{-6}K^{-1}$），故热应力较小。

经过透射电镜，能量色散 X 射线谱（energy dispersive X - ray spectroscopy，EDXS）等观察分析，发现 Ni/MgO 界面有如下特征。

（1）Ni 和 Mg 元素的混合区小于 40nm。

（2）在交界区，Ni 发生了重结晶。（001）MgO 平行于（021）Ni，［100］MgO 平行于［100］Ni，［010］MgO 平行于［012］Ni；这种结构关系有利减小界面自由能。

(3) 交界区产生的尖配位错集中在不到1nm的范围。

(4) 在靠近Ni的20nm区域内发现有NiO微晶，其尺寸约10nm。

(5) Ni和NiO微晶间的关系为 (121) NiO平行于 (011) Ni，(111) NiO平行于 (100) Ni和 (101) NiO平行于 (011) Ni。

Tremauilles和Postiere报道了ZrO_2/Al界面的研究结果。他们使用99.999%的铝单晶 [(111) 面和 (110) 面]，掺8%钕的氧化锆，在590℃温度 (Al的熔点为660℃)，用60MPa热压1h，制备了ZrO_2/Al界面。Tremauilles研究发现，在样品的中心Al仍是单晶，但在边缘和角落，铝变成了小角度晶界的多晶。在透射电镜下，可以在交界处附近观察到位错纲和晶粒间位错。界面在ZrO_2侧有3%的Al；在Al侧有1%的Zr和$\gamma-Al_2O_3$。

通过对上述两个例子进行分析，可以发现，金属－非金属界面处，通常有明显的晶格失配和热膨胀系数失配，会导致一定厚度过渡区的形成。这个过渡区由金属、金属的氧化物和非金属（氧化物或陶瓷）构成，且晶粒按照最小自由能原理进行适当分布。同时，界面内还存在杂质、失配位错和其他位错以及应力畸变。

2. 镜像作用与金属－非金属界面的附着力

金属与非金属界面的附着性能在保护、装饰、抗蚀、封装和电子元器件制造等领域非常关键。附着力的来源有两种，即金属－非金属之间产生了键合作用与机械锁定 (lock－in) 作用。对于熔焊的金属－非金属界面，在高温高压条件下，金属与非金属之间往往会发生互扩散，甚至固相反应，形成明显的键合。这种情况在前面已经分析了Ni/MgO和Al/ZrO_2界面的例子，还有研究者在Cu/Al_2O_3界面处发现了$CuAlO_2$化合物的中间层。这些是一些金属陶瓷能够用高温熔焊粘接的理论依据。对于在温度较低 (<500℃)，沉积在玻璃衬底或陶瓷衬底上的金属膜来说，附着力的来源一般认为是化学键力或Van der Waals色散力的作用。其实在金属－非金属附着时，镜像作用 (image iteration) 也有重要贡献。

1) 镜像作用的基本概念

在电学性质上，金属与非金属分界面两侧的介电常数难以匹配。金属的相对介电常数ε_r可以视为无穷大，而一般的氧化物的ε_r大约是10。非金属材料主要由离子键构成，其中的缺陷和杂质都有电荷。

对于一个平面状的界面，两边的介电常数分别为ε_1和ε_2，ε_1中存在电荷Q，距界面的距离为a。由镜像作用引起的附加界面能E_{im}为

$$E_{im}=\left(\frac{Q^2}{4\varepsilon_1 a}\right)\left(\frac{\varepsilon_1-\varepsilon_2}{\varepsilon_1+\varepsilon_2}\right) \tag{1.6.1}$$

若区域2是金属 ($\varepsilon_2\to\infty$)，由式 (1.6.1) 可见，附加项E_{im}是负值，能降低界面能，故产生吸引力（附着力中的一部分）。对于自由表面 ($\varepsilon_2=1$)，则$E_{im}>0$，即附加能或镜像作用是排斥性的，增加了表面的不稳定。界面的附着力由界面结合能W_a决定。

$$E_{im}=\gamma_{OM}-\gamma_O-\gamma_M \tag{1.6.2}$$

式中：γ_{OM}为金属－非金属界面能；γ_O,γ_M为氧化物和金属的表面能。

E_{im}项对γ_O和γ_M均有贡献，能使W_a减小。虽然镜像引力对于金属－非金属间的附着很重要，但目前无法从定量上来处理界面附近带电缺陷和杂质的浓度分布。

当金属与离子化合物或部分离子化合物接触时，镜像引力由两个因素产生：①化合物中的离子靠近金属而增加稳定性；②离子晶体中的带电缺陷靠近表面时，会产生吸引力。从物理角度来看，镜像引力反映了电荷在可极化介质中的稳定程度。如果氧化物表面存在可极化的金属，能量会下降；如果是不可极化的自由空间，能量就会上升。当 $a=2\text{Å}$ 时，镜像引力式（1.6.1）仍然适用；当距离继续缩小时，由于离子晶体和金属的电子云发生重叠，会出现强烈的排斥力。

对于两个半无限媒质中有一夹层的3层结构系统，需要分析两种情况：第一种情况是第一层为氧化物，夹层是金属，第三层是气体媒质。第一层中，若有电荷存在，就会产生镜像作用。Smythe 指出，E_{im}可表示为

$$E_{\text{im}}=\frac{Q^2}{2\varepsilon_1}\int_0^\infty \mathrm{d}kA(k) \tag{1.6.3}$$

式中

$$A(k)=\left(\frac{\varepsilon_1-\varepsilon_2}{\varepsilon_1+\varepsilon_2}\right)\exp(-2ka)+\left(\frac{2\varepsilon_1\varepsilon_2}{\varepsilon_1+\varepsilon_2}\right)\frac{2(\varepsilon_2-\varepsilon_3)\exp(-2ka)}{(\varepsilon_1+\varepsilon_2)(\varepsilon_2+\varepsilon_3)\exp(2kL)+(\varepsilon_1-\varepsilon_2)(\varepsilon_2-\varepsilon_3)} \tag{1.6.4}$$

式中：$\varepsilon_1,\varepsilon_2,\varepsilon_3$ 分别为各层媒质的介电常数；a 是电荷 Q 距 ε_1 与 ε_2 之间界面的距离；L 为中间夹层的厚度。当 $\varepsilon_2=\varepsilon_3$，则为简单界面。

第二种情况是夹层是氧化物，两边的半无限媒质分别是金属和空气，相当于金属表面生成了氧化膜或覆盖了保护膜。E_{im}的表示式为

$$E_{\text{im}}=\frac{Q^2}{2\varepsilon_1}\int_0^\infty \mathrm{d}k\,\frac{(\alpha+\beta-\alpha\beta)}{(\alpha\beta-1)} \tag{1.6.5}$$

式中

$$\alpha=\left(\frac{\varepsilon_1-\varepsilon_2}{\varepsilon_1+\varepsilon_2}\right)\exp(-2ka)$$

$$\beta=\left(\frac{\varepsilon_3-\varepsilon_2}{\varepsilon_3+\varepsilon_2}\right)\exp(-2kb)$$

式中：a 为电荷 Q 离开金属（ε_1）表面的距离；b 为 Q 离开空气（ε_3）表面的距离，$a+b=L$，L 是氧化物的厚度。

2）金属－非金属界面的附着

对于没有明显的互扩散和固相反应的金属－非金属界面，附着力主要受镜像作用的影响。NiO 是一种岩盐型结构晶体，其（100）面上的正负离子交错排列，使得整个面呈电中性，因此与金属接触时，镜像作用很弱，附着力主要来自 Van der waals 作用。计算结果显示，金属与 NiO（100）间的附着力为 $0.74\mathrm{J\cdot m^{-2}}$。而在（110）面上，正负离子则分层排列，即 NiO 沿［110］方向是由（110）面的正离子层和负离子层交替组成的。当 NiO（110）与金属接触，会有明显的镜像作用。金属和 NiO（110）面的附着力为 $1.33\mathrm{J\cdot m^{-2}}$，几乎是（100）面的两倍。

非金属材料中的带电空位、填隙离子和杂质，都会通过镜像作用对附着力作出贡献。表1.6.1列出了 Ni/NiO 界面中，NiO 中的各种缺陷对附着力的影响。计算时假

定缺陷为表面覆盖度，为了保持电中性，氧化物中有次表面补偿空间电荷层（sub - surface space - charge region of compensating charge）存在。

表 1.6.1　Ni/NiO 界面中缺陷对附着力的影响

氧化物结构	附着力/($J \cdot m^{-2}$)
(100) 表面	0.74
(110) 表面	1.33
$Q=-2$，表面 Ni 空位	1.44
$Q=-1$，表面 Ni^+ 离子	0.80
$Q=0$，完整表面	0.74
$Q=+1$，表面 Ni^{2+} 离子	0.98

实验发现，液体金属与氧化物之间的附着力与润湿性有密切关系。进一步的研究表明，润湿性与 van der Waals 色散力无关，也与金属本身的性质无关，而是由氧化物的性质决定。氧化物中如果容易出现无序或非化学计量比的现象，液体金属 - 氧化物界面的润湿性就较好。NiO 和 V_2O_3 都是容易产生缺陷或离子变价的氧化物，所以它们的润湿性优于 MgO、ThO_2 和 Al_2O_3。

纯硅的表面对水是不润湿的，但如果在硅表面形成一层氧化硅，且厚度超过 10Å，水就能完全润湿。Willimas 和 Goodman 在实验中发现，氧化硅的厚度越大，硅与水的接触角越大。这个现象至今还没有令人信服的解释，但可以从衬底中的电荷的角度来理解。接触角的大小由式（1.6.1）决定，衬底中的电荷会通过镜像作用影响 γ_{OM} 和 γ_O。氧化硅的厚度增加，意味着缺陷（电荷）也增加。经过计算，表面层下有 $10^{13}/cm^2$ 的电荷密度，就能使水完全润湿。实验还发现，氧化硅中的电荷在高温和低温时，距离表面的位置分别为 3.2Å 和 51Å。一般认为，氧化硅中的电荷主要是 F^-，它是 HF 腐蚀硅后残留在表面区的。

镜像作用除对附着力、润湿等有贡献外，对氧化膜的生长和稳定性也有重要影响。

3）辐射增强附着作用

实验证明，辐射对界面附着力有明显的增强效果，这在金属 - 聚合物和聚合物 - 聚合物的界面上尤为突出。辐射会在聚合物和晶体中产生自由基（free radicals）或各种缺陷，它们通常带有电荷，从而引起镜像作用，提高界面附着力。

金属可以分为非活性金属（non - reactive metal）、相对非活性金属（relatively non - reactive metal）和活性金属（reactive metal）3 种类型。Au 是非活性金属的典型，它在氧化物或陶瓷衬底上的附着力远低于相对非活性金属（Cu、Ag）和活性金属（Al 和 Fe 等过渡金属）。人们曾经认为 Au 与陶瓷之间的附着力是 van der Waals 力，但后来经过仔细分析，发现虽然附着力很小，但比由 van der Waals 色散作用计算的要大。这说明金属 - 陶瓷附着力中，还有镜像作用的贡献。镜像作用来自淀积过程中产生的一些带电缺陷。溅射和离子镀比真空蒸发更容易形成带电缺陷。因此，用前两种方法淀积的 Au 膜的附着性较好，不需要打底（先淀积一层附着性好的 Ni 或 NiCr 等活性金属膜）。带电缺陷主要在晶核处生成，在生长过程中也可能出现，所以带电缺陷与膜的厚度有关。

通常来讲，带电缺陷是非平衡缺陷，因此温度对它有很大的影响。所以，附着力的辐射增强效应受热处理的影响，也有明显的老化效应。辐射增强效应的原因是辐射在非金属材料中产生的带电缺陷，在金属界面附近引起镜像作用。

4）静电键合

电子工业中，静电键合技术正在被越来越广泛地使用。键合过程中，在金属和玻璃（陶瓷）两侧加上电极，金属接正电压，一段时间后，去掉电压，金属和玻璃（陶瓷）之间的附着力会显著提高。这是因为玻璃和陶瓷中的活跃的带电缺陷，在电场的作用下，逐渐向金属 - 玻璃（陶瓷）界面的金属一侧迁移，产生镜像作用，使得附着力增强。目前常用静电键合法来粘接非活性金属与陶瓷和玻璃的界面。近年来发展的阳极电火花淀积（anodic spark deposition）技术，可以将陶瓷、氧化物淀积在 Al、Ta、Nb、Ti、Ni 和 Cu 等导电的衬底上。这时陶瓷 - 金属界面的附着力中，也有类似于静电键合的机理。静电键合也称阳极键合（anodic bonding）。

1.6.3　金属薄膜间的异质界面

固体集成电路和混合集成电路中，互连或导电带都是金属材料制成的。导电带在电路和制造过程中有很多要求，最重要的是导电性能好，还有其他的工艺要求，如附着力好、抗电迁移、抗蚀、抗氧化、具有焊接相容性、老化性能好等，同时也要兼具低成本的特点。因此，单一的金属很难满足这些要求，所以一般采用多层结构。下面是一些典型的例子。

双层的：Ti - Au、Cr - Au、NiCr - Au、Al - Au 等。

三层的：Ti - Pd - Au、Ti - Pt - Au 等。

多层的：Ti - Cu - Ni - Au、Ti - Pd - Cu - Ni - Au 等。

1. 双层导电带

Cr - Au 双层金属膜是我国混合集成电路中常用的薄膜导电带（国外多用 Ti - Au 作导电带，这种导电带在我国固体集成电路中也经常使用）。Cr 与衬底有很好的附着性，Au 有很好的导电性，能抗蚀抗氧化，所以 Cr - Au 是较理想的双层导电带。但近年来发现 Cr - Au 导电带有一些缺点：Cr 在高温下会快速扩散到 Au 中，导致导电带电阻增加；而且 Cr 还会进入表面，并进一步氧化，形成 Cr_2O_3。这样整个导电带的附着性能变差，噪声电平增大，焊接性能明显降低。通过 AES 和 XPS 等分析，Cr - Au 导电带在不同条件下退火时会发生如图 1.6.1 所示的过程。

从图 1.6.1 中可以看到，Cr - Au 导电带的热处理温度应低于 300℃，它的工作温度也应在 300℃以下。Cr - Au 薄膜可以用锡焊，但焊接时间要尽可能短，否则 Cr - Au 会与焊锡熔合，导致焊接性能下降。金属界面还有一种现象是形成金属间化合物。对于 Ti - Au 膜的为表面，如果 Au 和 Ti 的厚度相近，先生成 Au_2Ti，导致界面附近 Au 不足，剩余的 Ti 和 Au_2Ti 继续反应，形成 AuTi 和 $AuTi_2$ 等相。对于 Au 厚度为 10000Å（1μm），Ti 厚度为 1000Å 的 Ti - Au 导电带（这与实际使用的 Ti - Au 导电带的组成相似），热处理时主要形成 Au_4Ti 相。Ti - Pt 系的金属间化合物有 $PtTi_3$、$PtTi_2$、PtTi 和 Pt_3Ti 等。

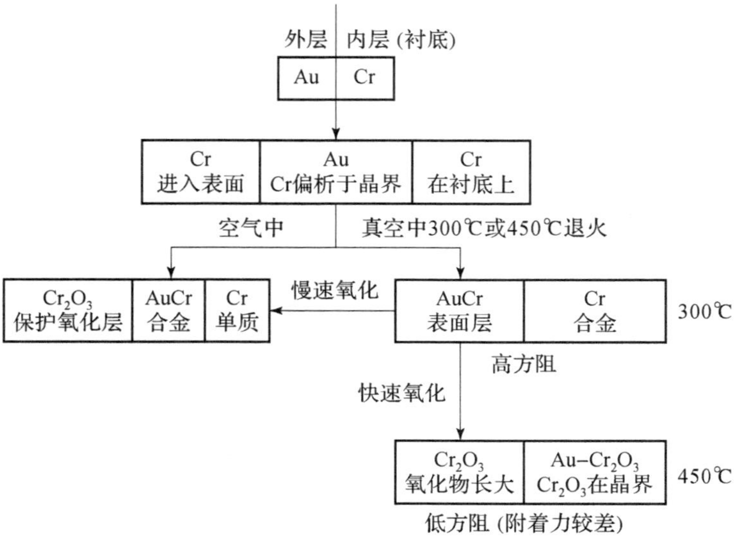

图 1.6.1　Cr - Au 导电带热处理时表面组分的变化

2. 多层导电带

多层导电带的设计主要是为了减少成本和改善焊接性能。微波电路中的导电带需要有一定的厚度（约 10μm）。目前常用的方法是先蒸金再电镀加厚，不过这样会增加导电带的成本。研究发现，在 Cr - Au 或 Ti - Au 等双层金属膜中间加入一层或几层铜、镍等廉价金属，其微波传输性能基本不变，但成本明显降低。

为了提高焊接性能，导电薄膜与焊锡要有良好的润湿性，这就要求导电薄膜在焊接时要微溶于锡。如果溶解度太大，溶解得太快，导电带的焊接部分就会被溶掉（俗称被锡“吃掉”），这种现象称为浸滤（leaching），会导致焊接性能下降（或者根本焊不上）。Cr - Au 导电带就容易出现浸滤，因此只能用快速焊接。这样就使 Cr - Au 导电带的焊接性能不够理想。Ti - Au 导电带在焊接时也会发生类似的浸滤现象。

Ti - Pd - Au 和 Ti - Pt - Au 三层导电带基本上解决了浸滤问题。如果在 Cr - Au 导电带中间加一层 Pd 或 Pt，就能明显改善焊接性能。Ni 在 Sn - Pb 焊料中扩散较快，如果在 Au 膜下增加一层 Ni，就能减少浸滤。Ti - Cu - Ni - Au 和 Ti - Pd - Cu - Ni - Au 多层导电带结构既能减少浸滤，又能降低成本，Au 在表面主要起保护作用。

含 Ni 导电带有两个主要的缺点：①Ni 在热处理时（125℃ 下 2min，350℃ 下 10min）会沿着 Au 的晶界扩散到表面，形成 NiO。而 NiO 与焊锡的润湿性较差，需要用强清洁剂（如热草酸或焊药等）来去除 NiO，这样会降低整个电路的可靠性；②温度试验中发现，当高于 150℃时，焊锡中的 Sn 会溶于 Ni 中，形成 Sn - Ni 金属间化合物。如果焊接时间过长，就会消耗掉纯 Ni。如果 Ni 的下层是 Cu，则 Sn 又继续消耗掉 Cu，会使焊点强度下降 410%；如果 Ni 的下层是不溶于 Ni - Sn 金属间化合物的材料（如 W 等），则多层导电带的附着力变差。

综上所述，导电带的结构设计要考虑多方面的因素，如热处理和高温工作状态时层与层之间原子的互扩散、金属间化合物的生成等对导电带性能的影响，焊接时导电带与焊料间的相互作用，同时要避免各层沉积时的污染。

思考题

1. 相较于理想表面模型，弛豫表面和重构表面分别有哪些变化？

2. 请描述 TLK 表面模型的 3 个组成部分，并解释它们在表面缺陷中的作用。

3. 粗糙度定义是什么？请列举表面粗糙度的两种评定参数，并简述表面粗糙度对材料物性与加工的影响。

4. 表面的偏析和吸附现象，会对表面成分产生怎样的影响？

5. 结合本章内容，解释为什么半导体材料表面比金属材料表面更容易发生重构现象。

6. 查找资料，探究 DAS 模型除了能解释本章提到的 Si 表面衍射数据，还能解释哪些材料的表面结构？

7. 举出两种描述晶粒间界的模型，并阐述它们对单晶材料性能的影响。

8. 为了提高某种陶瓷材料的电学性能，应该在加工过程中注意哪些工艺？

9. 通过搜寻资料，思考如何在 Si - SiO_2 分界面处掺入杂质，以提高相关性能。

10. 金属陶瓷能够用高温熔焊粘接的理论依据是什么？

参考文献

[1] NICHOLAS J F. An Atlas of Models of crystal Surface [M]. Gordon and Breach: Science publishers, 1965.

[2] SOMORJAI G A. Chemistry in Two Dimensions surface [M]. New York: Cornell University press, 1981.

[3] 丁莹如，秦关林. 固体表面化学 [M]. 上海：上海科学技术出版社，1988.

[4] BORBONUS M, HAASE O, KOCH R, et al. Comparative LEED and STM study of Au (430) [J]. Vacuum, 1990, 41: 321.

[5] TONG S Y, VAN HOVE M, MRSTIK B J, et al. Abstract: Surface structure determination of the layered compounds MoS_2 and $NbSe_2$ by the dynamical LEED approach [J]. Journal of Vacuum Science & Technology, 1976, 13: 188.

[6] SUZUKI M, HOMMA Y, HIBINO H, et al. Real - time scanning tunneling microscopy of phase transition and faceting on a vicinal Si (111) surface [J]. Journal of Vacuum Science & Technology, 1993, 11: 1640.

[7] LANDER J J, MORRISON J. Structures of clean surfaces of germanium and silicon [J]. Journal of Applied Physics, 1963, 34: 1403.

[8] HARRISON W A. Surface reconstruction on semiconductors [J]. Surface Science, 1976, 55: 1.

[9] LEVINE J D, MCFARLANE S H. Si (111) 7 × 7 Surface Structure: Calculations of LEED intensity and comparison with experiment [J]. Physical Review B, 1977, 16: 5415.

[10] CHADI D J. Atomic structure of Si (111) surfaces [J]. Surface Science, 1980, 99: 1.

[11] TAKAYANAGI K, TANISHIRO Y, TAKAHASHI M, et al. Structural analysis of Si (111) - 7 × 7 by UHV - transmission electron diffraction and microscopy [J]. Journal of Vacuum Science & Technology, 1985, 3: 1502.

[12] SEIPLE J, PECQUET J, MENG Z, et al. Elevated temperature oxidation and etching of the Si (111) 7 × 7 surface observed with scanning tunneling microscopy [J]. Journal of Vacuum Science & Technology, 1993, 11: 1649.

第 2 章　表面与界面动力学

2.1　连续介质的表面波

晶格振动的研究始于固体热容研究，19 世纪初人们就通过杜隆－珀蒂定律认识到热容量是原子热运动在宏观上的最直接表现。

20 世纪初，爱因斯坦利用普朗克量子假说解释了固体热容为什么会随温度降低而下降的现象（1907 年），从而推动了固体原子振动的研究。

1912 年，玻恩和冯·卡门（von Karman）发表了论晶体点阵振动的论文，首次使用了周期性边界条件。因为 1912 年发表的更为简单的德拜热容理论（弹性波近似）已经可以很好地说明当时的实验结果了，玻恩－卡门边界条件的研究被忽视了，但后来更为精确的测量却表明了德拜模型的不足。

1935 年，研究人员重新利用玻恩－卡门近似讨论晶格振动，发展出现在的晶格动力学理论。

1954 年，黄昆和玻恩共同写作的《晶格动力学》一书已成为晶格振动研究领域公认的权威著作。

将晶体视作连续弹性介质，忽略晶体的点阵结构，可运用弹性振动模型来讨论晶体中的表面模。为了突出其物理意义，避免烦琐的数学推导，本章选用简化模型。

2.1.1　一维单原子链

一维单原子链如图 2.1.1 所示，可通过简单的数学方式来描述其基本性质。假设存在 N 个原子，满足周期性边界条件，即原子 n 与原子 1 相连，仿佛原子 1 与原子 $n+1$ 相邻。在平衡状态下，它们之间的距离为 a，原子 n 偏离平衡位置的位移用 u_n 表示。假设原子只沿 x 方向运动，那么系统的势能为

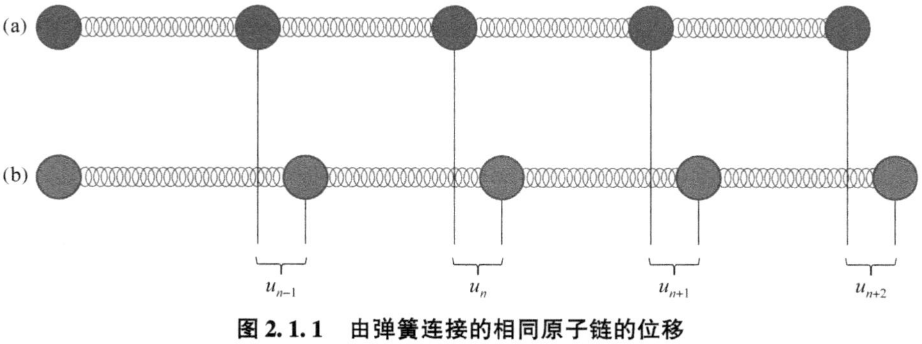

图 2.1.1　由弹簧连接的相同原子链的位移

（a）每个原子所处的平衡位置；（b）移动后的瞬时位置。

$$V = \sum_{n=1}^{N-1} \frac{1}{2}\eta(u_{n+1} - u_n)^2 \tag{2.1.1}$$

式中：η 为耦合常数。

由微分给出作用于第 n 个原子的力，可写出第 n 个原子的牛顿运动方程为

$$M\frac{\mathrm{d}^2u_n}{\mathrm{d}t^2} = \eta[(u_{n+1} - u_n) + (u_{n-1} - u_n)] \tag{2.1.2}$$

式中右边的两项分别表示来自原子左右弹簧压缩的力，对每个原子都有一个类似的方程。

由对称性原理可知，上述简正模型的解为

$$u_n = \xi\exp[\mathrm{i}(qna - \omega t)] \tag{2.1.3}$$

式中：ξ 为振幅。

例如，一个波沿直线 x 方向以任意振幅 ξ 作 exp（iqx）变化，很明显，式（2.1.3）是式（2.1.2）的解。

将 u_n 代入式（2.1.2），有

$$\begin{aligned} -M\xi\omega^2\exp[\mathrm{i}(qna - \omega t)] = \\ \eta\xi[\exp(\mathrm{i}qa) + \exp(-\mathrm{i}qa) - 2]\exp[\mathrm{i}(qna - \omega t)] \end{aligned} \tag{2.1.4}$$

对任意 ξ 的有效值都有

$$\omega^2 = \left(\frac{2\eta}{M}\right)(1 - \cos qa) \tag{2.1.5}$$

$$\omega(q) = 2\left(\frac{\eta}{M}\right)^{\frac{1}{2}}\left|\sin\frac{1}{2}qa\right| \tag{2.1.6}$$

上式只取正值解。作 ω 关于 q 的图像，如图 2.1.2 所示，在 $-q$ 到 $+q$ 之间是对称的。正如波向左和向右都是相同的，且在每隔 $2\pi/a$ 重复。对于 N 个原子和周期性的边界条件，恰好有 N 个允许的 q 值和 N 个自由度。因此，所有运动都有式（2.1.6）确定的振动谱。

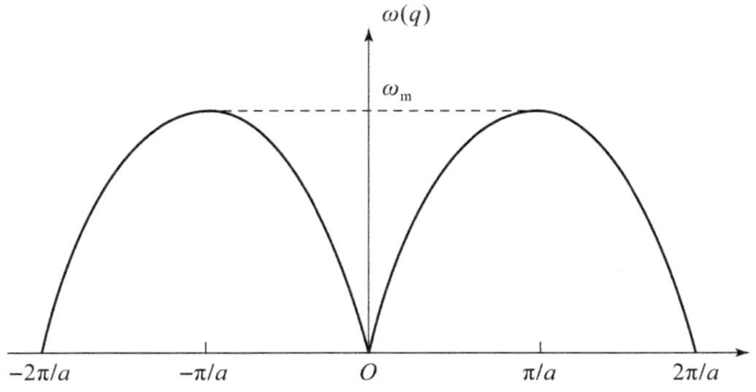

图 2.1.2 单原子线性链的 $\omega(q)$ 曲线

在图 2.1.2 中，$\omega(q)$ 曲线的两个特征很有趣。当 q 很小，即长波情况下，$\omega = (\eta/M)\mathrm{i}qa$，此时 q 是线性的，这是一个声波连续谱的形式，且在长波段，许多原子在一起振动，表现不出晶体的分离性质，“位移” u 被看作坐标 x 的连续作用。将 $u(x)$ 用泰勒级数展开，即

$$u_{n+1}=u(x+a)=u(x)+a\frac{\partial u(x)}{\partial x}+\frac{1}{2}a^2\frac{\partial^2 u(x)}{\partial x^2} \tag{2.1.7}$$

于是式（2.1.2）可以改写成简单的波动方程，即

$$\frac{1}{S^2}\cdot\frac{\partial^2 u}{\partial t^2}=\frac{\partial^2 u}{\partial x^2} \tag{2.1.8}$$

式中：S 具有声波的速度，且由 $S^2=\eta a^2/M$ 决定。

当 q 变大时，波长变短，在波长接近原子间距时，$\omega(q)$ 曲线将偏离线性规律，链的分离结构显得很重要。在区界的边缘，$q=\pi/a$（波长 $\lambda=2a$），群速度为零，没有更高频率的波能够传播。

这个振动模的密度被定义为

$$\frac{L}{2\pi}\int_{-\frac{\pi}{a}}^{\frac{\pi}{a}}\mathrm{d}q=\frac{2L}{2\pi}\int_0^{\omega_{\mathrm{m}}}\left(\frac{\partial\omega}{\partial q}\right)^{-1}\mathrm{d}\omega=\frac{L}{\pi}\int_0^{\omega_{\mathrm{m}}}\frac{\mathrm{d}\omega}{\frac{1}{2}a\omega_{\mathrm{m}}\cos\frac{1}{2}qa}$$

$$=\frac{2L}{a\pi}\int_0^{\omega_{\mathrm{m}}}({\omega_{\mathrm{m}}}^2-\omega^2)^{-\frac{1}{2}}\mathrm{d}\omega \tag{2.1.9a}$$

当 $0<\omega<\omega_{\mathrm{m}}$ 时，振动模密度为

$$S(\omega)=\frac{2L}{a\pi}/({\omega_{\mathrm{m}}}^2-\omega^2)^{-\frac{1}{2}} \tag{2.1.9b}$$

式中：L 为一维线性链的长度常数；$\omega(q)$ 与 $S(\omega)$ 的关系示于图 2.1.3 中，最大频率为 $\omega_{\mathrm{m}}=2(\eta/M)^{1/2}$。

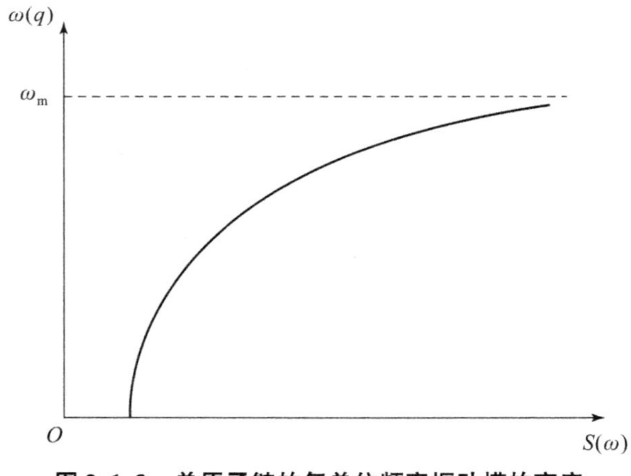

图 2.1.3　单原子链的每单位频率振动模的密度

以上是无限的单原子链情形。而对于半无限的单原子链，令原子的编号 $n=1,2,3,\cdots$，界端原子（$n=1$）与邻接的原子（$n=2$）之间的耦合常数为 η'，其他相邻原子间的耦合常数仍是 η。此时各原子的运动方程为

$$M\frac{\mathrm{d}^2u_1}{\mathrm{d}t^2}=\eta'(u_2-u_1) \tag{2.1.10a}$$

$$M\frac{\mathrm{d}^2u_2}{\mathrm{d}t^2}=\eta(u_3-u_2)+\eta'(u_2-u_1) \tag{2.1.10b}$$

$$M\frac{\mathrm{d}^2u_n}{\mathrm{d}t^2}=\eta(u_{n+1}+u_{n-1}-2u_n),n>2 \tag{2.1.10c}$$

它们有以下形式的振动解：

$$u_1=\xi_1\exp(\mathrm{i}\omega t) \tag{2.1.11a}$$

$$u_n=\xi\exp(-qna+\mathrm{i}\omega t),n>1 \tag{2.1.11b}$$

式中：q 为波矢。

将式（2.1.11b）代入式（2.1.10c），得

$$M\omega^2=2\eta(1-\cosh qa) \tag{2.1.12}$$

将式（2.1.11a）和式（2.1.11b）代入式（2.1.10a）和式（2.1.10b），再利用式（2.1.12），得

$$e^q=\varepsilon-(\varepsilon^2+\varepsilon)^{\frac{1}{2}} \tag{2.1.13}$$

式中：$\varepsilon=(\eta'-\eta)/\eta$，对于表面模，$q$ 的实部必须是正的。由式（2.1.13）求得的 ε 必须大于 1/3 才可能有这样的解，此时 $q=q_0+\mathrm{i}\pi$，q_0 是实数且大于零。所以表面模的频率 ω_{S} 必须满足关系式：

$$M\omega_{\mathrm{S}}^2=(2\eta/M)(1+\cosh q_0a)^{\frac{1}{2}} \tag{2.1.14}$$

它比体内振动的最大频率 $\omega=\sqrt{4\eta/M}$ 还大。因此，对于 $q>1/3$，存在一个高于无限原子链许可频带的表面模。

若界端原子是质量为 M' 的吸附原子，则表面模存在的条件为

$$\eta'/\eta>4(M'/M)/[2(M'/M)+1] \tag{2.1.15}$$

很显然，在吸附原子质量 M' 比衬底原子质量 M 小得多（$M'<M/2$）或 η' 比 η 大得多时，将出现表面模。

2.1.2　一维双原子链

由质量为 M 和 M' 的两种原子组成的双原子变化线性链，也同样体现出一些具有代表性的特点。选一条有 $2N$ 个原子，N 个长度为 $2a$ 的单位晶胞组成的链，边界条件呈周期性，每种原子和邻近的原子之间由弹簧连接，则势能为

$$V=\sum_{n=1}^{N}\eta(u_n-u_n')^2+\eta(u_n'-u_{n+1}')^2 \tag{2.1.16}$$

运动方程与单原子类似，即

$$\begin{cases}M\dfrac{\partial^2u_n}{\partial t^2}=\eta(u_n'+u_{n-1}'-2u_n)\\[2ex] M'\dfrac{\partial^2u_n'}{\partial t^2}=\eta(u_n+u_{n+1}-2u_n')\end{cases} \tag{2.1.17}$$

假定相同原子具有相同的振幅，不同类型的原子有不同的振幅，并令从晶胞到晶胞作 $\exp(\mathrm{i}qx)$ 变化，这样就有

$$\begin{cases}u_n=\xi\exp[\mathrm{i}(2nqa-\omega t)]\\ u_n'=\xi'\exp\{\mathrm{i}[(2n+1)qa-\omega t]\}\end{cases} \tag{2.1.18}$$

如果式（2.1.17）的解为

$$\begin{cases} -M\omega^2\xi' = \eta\{\xi'[\exp(iqa)+\exp(-iqa)]-2\xi\} \\ -M\omega^2\xi = \eta\{\xi[\exp(iqa)+\exp(-iqa)]-2\xi'\} \end{cases} \tag{2.1.19}$$

亦即

$$\omega^2(q) = \eta\left(\frac{1}{M}+\frac{1}{M'}\right) \pm \eta\left[\left(\frac{1}{M}+\frac{1}{M'}\right)^2 - \frac{4\sin^2 qa}{MM'}\right]^{\frac{1}{2}} \tag{2.1.20}$$

$$\xi/\xi' = \frac{2\eta\cos qa}{2\eta - M\omega^2} = \frac{2\eta - M'\omega^2}{2\eta\cos qa} \tag{2.1.21}$$

$\omega(q)$的形式在图 2. 1. 4 中画出，每隔 π/a 重复。

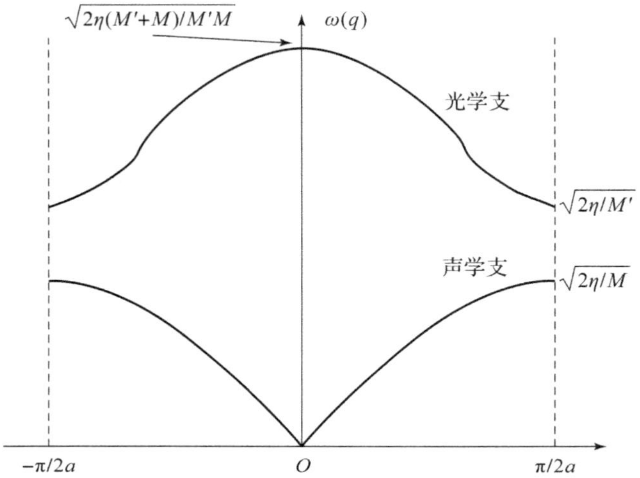

图 2. 1. 4　双原子线性链的 $\omega(q)$ 曲线

现在存在两种解法，针对大小为 $2a$ 的单位晶胞，在第一区域($-\pi/2a \sim \pi/2a$)内有 N 个值。这两种解法提供了两个分支，共计 $2N$ 个简正模与 $2N$ 个原子的 $2N$ 个自由度相适应，并最终融合成一条线。在具有相似振动模的两种原子之间，存在不同的相关运动，尤其是对于具有相似 q 值的两种原子振动模式。在单位晶胞中，其中 q 值较小的情况下，根据式（2. 1. 20）取负号项为

$$\omega(q) = \left(\frac{2\eta}{M+M'}\right)^{\frac{1}{2}} qa, \frac{\xi}{\xi'} = 1 \tag{2.1.22}$$

取正号项，有

$$\omega(q) = \left[\frac{2\eta(M+M')}{MM'}\right]^{\frac{1}{2}}\left[1 - \frac{MM'q^2a^2}{2(M+M')^2}\right], \frac{\xi}{\xi'} = -\frac{M'}{M} \tag{2.1.23}$$

通过上述方程可推断，低频分支展现出典型的声学波特性。对于较小的 q 值，振动模式对晶胞结构没有显著影响，因此将低频分支称为声学分支或声学带。在高频振动模式中，晶胞内的两个原子朝着相反的方向振动（参见式（2. 1. 23)，其中 ξ/ξ'为负，可参考图 2. 1. 5）。如果在简单的离子晶体中这两种原子分别携带相反的电荷，这种模式将导致一组振动偶极子，并在特定纵向频率下强烈地耦合形成一个电场。

对大多数固体，这个频率与红外光相同。$q=\pi/2a$ 的边界处，两个解为

$$\omega_{-}(q)=\left(\frac{2\eta}{M}\right)^{\frac{1}{2}},\xi'=0 \tag{2.1.24a}$$

$$\omega_{+}(q)=\left(\frac{2\eta}{M'}\right)^{\frac{1}{2}},\xi=0 \tag{2.1.24b}$$

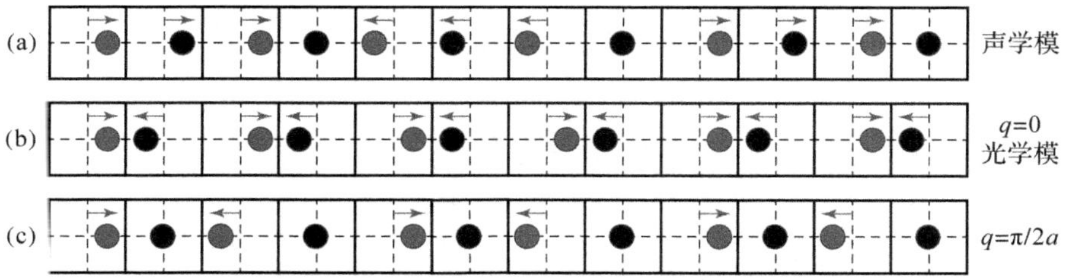

图 2.1.5　双原子链中多种振动模的原子的位移

(a) 声学模；(b) 光学模；(c) $q=\frac{\pi}{2a}$。

每种状态对应着一种类型的原子。当 $M>M'$，$\omega_{-}(q)$ 的最大值还要小于 $\omega_{+}(q)$ 的最小值。这就是前面说的，$\omega_{-}(q)$ 为声学支，$\omega_{+}(q)$ 为光学支。当 $M\to M'$ 时，频谱变得与单原子链相似，图 2.1.4 中在 $q=\pm\pi/2a$ 处的间隔将消失，上分支 $\omega_{+}(q)$ 将覆盖包括 $\pi/2a$ 到 π/a 的范围（$-\pi/2a\sim-\pi/a$ 也一样）。

在长波时，声学支的频率范围为 $0\leqslant\omega^2\leqslant2\eta/M$，声学支代表一个原胞内 2 个原子同向移动；光学支的频率范围为 $2\eta/M'\leqslant\omega^2\leqslant2\eta(M'+M)/M'M$，光学支代表原胞内 2 个原子异向移动。这就是在无限双原子链的振动模的频谱中有一个间隙的原因，该原子链不可能有频率在此间隙中的振动模。但是，若为有限的双原子链，例如，界端是质量小的原子时，存在一个频率为

$$\omega_S{}^2=\eta\frac{M'+M}{MM'} \tag{2.1.25}$$

的表面模，ω_S 正好落在无限双原子链频谱的间隔之中。图 2.1.6 所示为 10 个原子组成的双原子链的模频 ω^2 随无量纲波数 Φ 的变化，图 2.1.7 是 NaCl(100)面上计算的振动模。由于在任意 $q_{/\!/}$ 下计算无限晶体的振动模很复杂，计算只限于（001）面上沿［100］方向传播的表面波。可以看到在体内声学支和光学支的间隙中存在光学表面模。

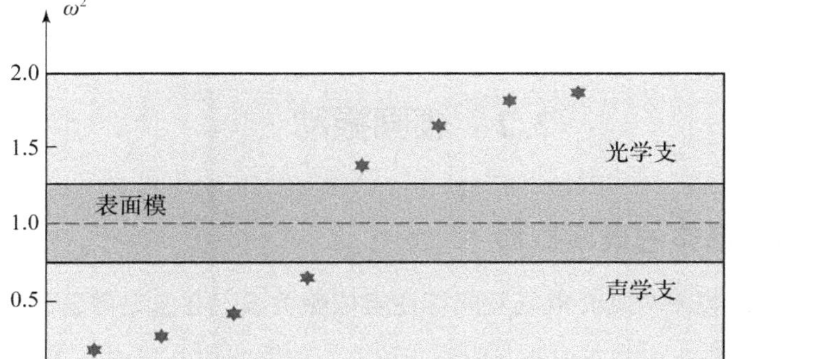

图 2.1.6　10 个原子组成的双原子链的模频 ω^2 随无量纲波数 Φ 的变化

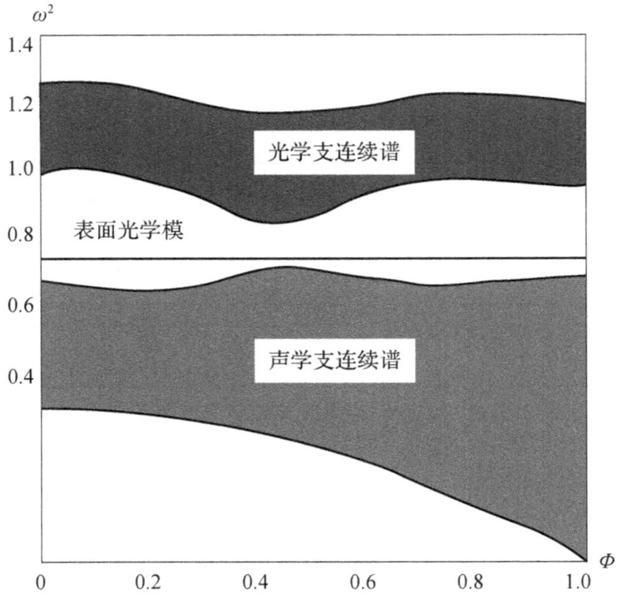

图 2.1.7　只考虑短程作用时，NaCl 晶体（001）表面上沿［100］方向传播的光学表面波的色散曲线

晶格振动频率 ω 与波数 q 之间的函数关系 $\omega(q)$ 称为格波的色散关系，也称为晶格振动谱。晶体的比热容、热导、电导等都与晶格振动（或者声子）有关。因此确定晶格振动谱是很重要的。

晶格振动谱的实验测定原理：可以利用其他波与格波的相互作用以实验的方法直接测定 $\omega(q)$。一般采用以下几种方法。

（1）中子非弹性散射：中子穿过晶体时可以与声子相互作用，来测定声子的频率，是目前实验研究晶格振动最全面、最重要的手段。

（2）X 射线散射：X 射线同振动着的晶格，除了衍射现象外，电磁波还会和晶格发生能量的交换，入射波吸收或者发射一个声子而发生能量和波矢的变化，这就是 X 射线的非弹性散射。

（3）红外吸收和喇曼散射：光与晶格振动的耦合主要发生在布里渊区中心附近，只能研究布里渊区中心附近的光学振动模。

2.2　表面振动

2.2.1　各向同性晶体的表面振动

晶体表面振动的频率与其介电函数间存在着依赖关系。在忽略散射的情况下，其色散关系由下式表示：

$$\varepsilon(\omega)=\varepsilon_{\infty}+\frac{(\varepsilon_0-\varepsilon_{\infty})\omega_{\mathrm{TO}}^2}{\omega_{\mathrm{TO}}^2-\omega^2} \tag{2.2.1}$$

式中：ε_∞，ε_0 分别为高频和静电的介电常数；ω_{TO}为 $q=0$ 的光学声子的横波频率。

图 2.2.1 所示为各向同性晶体的频率与介电函数的关系，曲线的极点在 ω_{TO}，在 ω_{TO}到 ω_{LO}的频率范围内，$\varepsilon(\omega)$是负值。

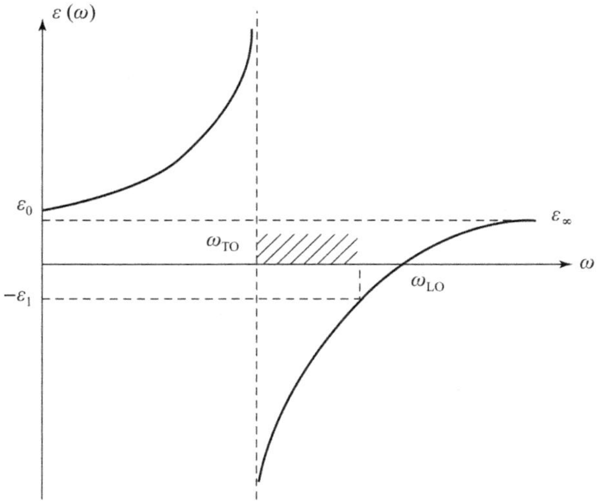

图 2.2.1　各向同性晶体的频率与介电函数的关系

现假定一个半无限晶体，占据 $z<0$ 半个空间，$z=0$ 的平面是晶体－真空的界面。在二维情况下，波矢 $\boldsymbol{q}$ 分别为 q_x 和 q_y，并且令 $q_x=|\boldsymbol{q}|$，$q_y=0$，且晶体和介质是非磁性的（$\mu=1$）。

谐波的麦克斯韦方程为

$$\mathrm{curl}\boldsymbol{E}=\left(\frac{\mathrm{i}\omega}{c}\right)\boldsymbol{B} \tag{2.2.2}$$

$$\mathrm{curl}\boldsymbol{B}=-\left(\frac{\mathrm{i}\omega}{c}\right)\varepsilon\boldsymbol{E} \tag{2.2.3}$$

将式（2.2.2）中的 $\boldsymbol{B}$ 代入式（2.2.3），给出 $\boldsymbol{E}$ 的公式为

$$\Delta\boldsymbol{E}+\left(\frac{\varepsilon\omega^2}{c^2}\right)\boldsymbol{E}-\mathrm{graddiv}\boldsymbol{E}=0 \tag{2.2.4}$$

并且由式（2.2.4）给出 x 方向的电场为

$$\frac{\partial^2 E_x}{\partial z^2}+\frac{\varepsilon\omega^2}{c^2}E_x-\frac{\partial E_x}{\partial x\,\partial z}=0 \tag{2.2.5}$$

在界面一侧解出的波通常称为 TM 波。TM 波所组成的磁场垂直于波平面，波的传播方向与表面正交，即 $B\parallel y$，$\boldsymbol{E}$ 位于 XZ 平面内。

对 $\boldsymbol{E}$ 求解，有

$$\begin{cases}\boldsymbol{E}=\boldsymbol{E}^{(1)}\exp(\mathrm{i}q_x x-k_1 z),z>0\\ \boldsymbol{E}=\boldsymbol{E}^{(2)}\exp(\mathrm{i}q_x x-k_2 z),z<0\end{cases} \tag{2.2.6}$$

式中：k_1，k_2 为正实数，$k_i^2=q_x^2-\left(\frac{\omega^2}{c^2}\right)\varepsilon_i$，$i=1,2$。

式（2.2.6）中的 k_i 是衰减常数，由此可得磁场公式为

$$\frac{\partial^2 B_y}{\partial z^2}-\left(q_x^2-\frac{\varepsilon_i\omega^2}{c^2}\right)B_y=0 \tag{2.2.7}$$

式（2.2.7）与式（2.2.5）类似，是由式（2.2.2）和式（2.2.3）导出的。但是，也有和式（2.2.5）不同之处，它是 TM 波对 z 的导数。将式（2.2.6）代入式（2.2.5），给出了 E_x 和 E_z 之间的关系为

$$在真空中\ z>0, E_z^{(1)}=(\mathrm{i}q_x/k_1)E_x^{(1)} \tag{2.2.8}$$

$$在晶体中\ z<0, E_z^{(2)}=-(\mathrm{i}q_x/k_2)E_x^{(2)} \tag{2.2.9}$$

当麦克斯韦方程为连续方程，在极限情形下，经正交变换，有 $\varepsilon_1E_{z0}^{(1)}=\varepsilon_2E_{z0}^{(2)}$，其中在 $z\to0$ 时，场强为零。所以，$(\varepsilon_1/k_1)E_{x0}^{(1)}=-(\varepsilon_2/k_2)E_{x0}^{(2)}$ 和 $E_{x0}^{(1)}=E_{x0}^{(2)}$ 是 $\boldsymbol{E}$ 的连续值的横波组合，由此可给出：

$$-\frac{\varepsilon_2(\omega)}{k_2}=\frac{\varepsilon_1}{k_1} \tag{2.2.10}$$

事实上，式（2.2.10）已经给出了 $\omega(q_x)$ 的依赖关系，用式（2.2.7）中的 k_1 改写式（2.2.10），有

$$q_x^2=\left(\frac{\omega}{c}\right)^2\frac{\varepsilon_1\varepsilon_2(\omega)}{\varepsilon_1+\varepsilon_2(\omega)} \tag{2.2.11}$$

上述公式展示了半无限晶体的色散关系以及介电函数之间的关系。由于 k_1、k_2 和 ε_1 均为正值，因此可观察到式（2.2.10）中表面波在晶体内的介电函数 ε_2（ω）被视为负值，即 $\varepsilon_2(\omega)<0$。色散关系由式（2.2.11）确定，如图 2.2.2 所示。在表面上，频率的极限范围由式（2.2.11）的根 $\varepsilon_2(\omega)=-\infty$ 和 $\varepsilon_2(\omega)=-\varepsilon_1$ 确定（或者在真空－晶体的界面情况下，$\varepsilon_2(\omega)=-1$）。下限是横波声子频率 ω_{TO}，上限则在 $q\gg\omega_{\mathrm{TO}}/c$ 时达到，该频率被称为 ω_{S}。

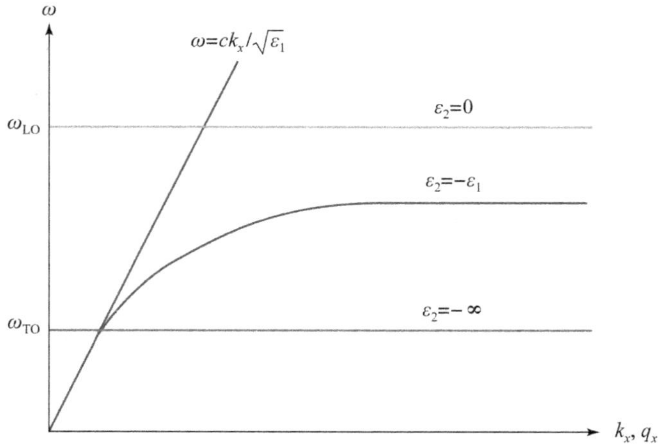

图 2.2.2　由介电常数 ε 表示的半无限有界晶体上表面光学振动的色散曲线

由式（2.2.1）通过 $\varepsilon(\omega)$ 使之达到 $-\varepsilon_1$，可以给出 ω_{S} 为

$$\omega_{\mathrm{S}}=\left(\frac{\varepsilon_0+\varepsilon_1}{\varepsilon_x+\varepsilon_1}\right)\omega_{\mathrm{TO}} \tag{2.2.12}$$

式（2.2.12）与 Lyddanne－Sachs－Teller（简写为 LST）的关系式类似：

$$\omega_{LO}=\left(\frac{\varepsilon_0}{\varepsilon_\infty}\right)^{\frac{1}{2}}\omega_{TO} \tag{2.2.12a}$$

当 ε_1 增加，ω_S 移到 ω_{TO}，表面波的相速为

$$v_{ph}\equiv\frac{\gamma\omega}{q_x}=c\,\frac{|\varepsilon_2|-\varepsilon_1}{|\varepsilon_2|\cdot\varepsilon_1} \tag{2.2.12b}$$

当表面波存在于 $\omega_{TO}<\omega<\omega_S$ 的范围时，相速度 v_{ph} 较光速 c 稍小。随着 $\omega\to\omega_{TO}$（$|\varepsilon_2|\to\infty$），v_{ph}逼近 c。通过观察图 2.2.2 中直线 $\omega=ck_x/\sqrt{\varepsilon_1}$ 与其右侧表面模的色散曲线，可发现二者无法相交。这说明振动模不是发射的，即它们在实验中吸收光后也不会发射声子和光子。然而，在交点附近，吸收和发射必须同时满足能量和动量守恒定律。

根据先前内容，表面波的电矢量方向是朝向 XZ 平面内。根据式（2.2.8）和式（2.2.9），由电场强度 E_x 和 E_z 在 $\pm\frac{\pi}{2}$ 处组成的表面波的相位是不同的。因此，在 XZ 平面内，电矢量会轮流旋转。

在晶体内部，将 x 轴顺时针旋转到 $-z$ 轴，即由 x 轴的顺时针方向旋转，并且 E_z 和 E_x 之间的比例依赖于 $\boldsymbol{q}$。当 q_x 足够大时，E_z 和 E_x 将相等。$\boldsymbol{E}$,$\boldsymbol{B}$ 和 $\boldsymbol{S}$（Poynting 矢量）的方向由图 2.2.3 中沿着界面的能量流表示。总能量流随着 q_x 增加而减少，并在 $\varepsilon_2(\omega)=-\varepsilon_1(\omega)$时减为零。由式（2.2.7）可知，在正常情况下，通过调节 k_i 值，电磁场的比值可以衰减到界面，而不同介质对 q_x 的依赖关系是不同的。

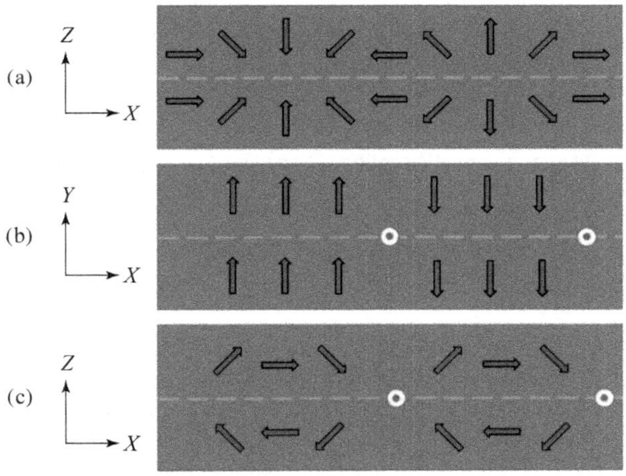

图 2.2.3　晶体表面不同面内性质

（a）在 XZ 平面内的表面电磁声子电场图，其中在 X 方向振荡的磁场随着远离界面而呈指数衰减；（b）在 XY 平面内的磁场图的示意图；（c）终止到界面的 Poynting 矢量图，其中介质 1（$Z>0$）中的能量流大于介质 2（$Z<0$）中的能量流。在规定 q_x 向右旋转为正的情况下，提供的是净能量流。

在晶体和介质中，对于足够短波的振动，有 $k_i\approx q_x$，即波长被限定在局部的范围内。对于晶体，在谐波近似下，有 $q_x\to\omega_{TO}/c,\varepsilon(\omega)\to-\infty$，即波长在这个范围内相对较长（$q$ 较小）。而在介质中（$z>0$），情况相反，当 $\omega\to\omega_{TO},k_1\to0$，即为局部范围的扩大。

对图 2.2.4 中的平板，让 Z 轴与平板的厚度 L 正交，并将坐标原点放置在平板中间的平面上。假设平板足够厚，以至于表面模和沿着界面传播的表面波之间不会相互影

响，这是因为两者是相互独立存在的相同表面振动模。然而，当平板的厚度 L 缩小到与波长相近的数量级或接近 $1/k_2$ 时，由于简并度的提高，表面振动模的两个分支（高频支与低频支）会出现差异。它们的色散关系如下。对于高频支（ω_+），有

$$\frac{\varepsilon_2(\omega)}{\varepsilon_1} = -(k_2/k_1)\tanh(k_2L/2) \tag{2.2.13}$$

对于低频支（ω_-），有

$$\frac{\varepsilon_2(\omega)}{\varepsilon_1} = -(k_2/k_1)\coth(k_2L/2) \tag{2.2.14}$$

当 $k_2L/2 \gg 1$ 时，式（2.2.13）和式（2.2.14）将演变为描述半无限表面振动的式（2.2.10）。因此，有限厚度平板中的振动频率将不依赖于 $\boldsymbol{q}$，但是，在 k_2L 保持一定的情况下，可以给出 q 值。通过对不同厚度的 LiF 平板振动模的分支使用式（2.2.13）和式（2.2.14）进行计算，得到的色散曲线如图 2.2.5 所示。频率 ω_+ 和 ω_- 是以波矢量 $q_x/q_T \equiv q_x c/\omega_{TO}$ 的维数为函数所绘制。

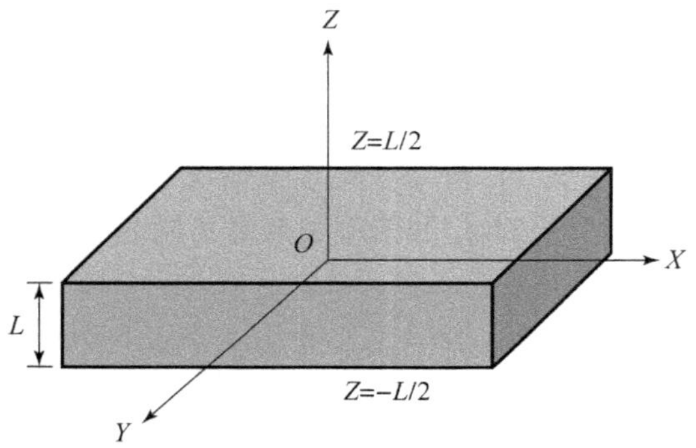

图 2.2.4　由几何参数表示的坐标系，L 为平板厚度

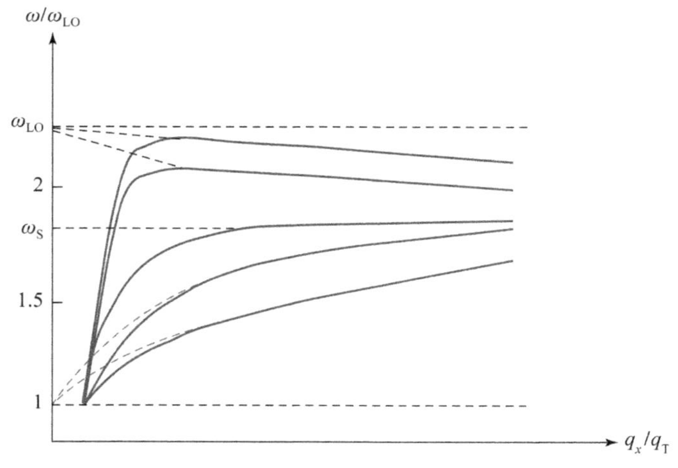

图 2.2.5　平板内表面振动示意图

在图 2.2.5 中所给定的 q_x/q_T，是以 q_xL 来调节频率参数。当 $L > 10\mu m$ 时，各分支将合并到 1。表面振动模分支的计算在图 2.2.5 中用虚线描绘，可以看到高频支特别强烈地受到衰减作用的影响。

电场对平板振动模存在依赖关系。

对于高频支 ω_+，有

$$\begin{cases} E_x \sim \sinh(k_z z)\exp(\mathrm{i}q_x x) \\ E_z \sim -\dfrac{\mathrm{i}q_x}{k_2}\sinh(k_z z)\exp(\mathrm{i}q_x x) \end{cases} \tag{2.2.15}$$

对于低频支 ω_-，有

$$\begin{cases} E_x \sim \cosh(k_z z)\exp(\mathrm{i}q_x x) \\ E_z \sim -\dfrac{\mathrm{i}q_x}{k_2}\sinh(k_z z)\exp(\mathrm{i}q_x x) \end{cases} \tag{2.2.16}$$

此电场在平板外呈指数衰减，即

$$E_x \sim \exp(\mathrm{i}q_x x \pm k_1 z) \tag{2.2.17}$$

$$E_z \sim -\frac{\mathrm{i}q_x}{k_1}\exp(\mathrm{i}q_x x \pm k_1 z) \tag{2.2.18}$$

式中符号“+”和“-”分别对应 $z < -\dfrac{L}{2}$ 和 $z > \dfrac{L}{2}$。

在半无限晶体中，电矢量的分支保持在 XZ 平面内，且 E_x 和 E_z 的合成相位 $\pi/2$ 的情况是不同的。根据式（2.2.15），高频支 ω_+ 的振动主要沿着 z 方向极化（当 $k_2L \ll 1$，$E_x \approx 0$，$E_z \approx$ 常数）。根据式（2.2.16），低频支 ω_- 的振动主要沿着 x 方向极化（当 $k_2L \ll 1$，$E_x \approx$ 常数，$E_z \approx 0$）。

图 2.2.6 所示为在平板内存在振动模时，位于 $\omega \sim q$ 平面上的不同类型解。在 $\omega = cq_x/\sqrt{\varepsilon_1}$ 右侧的 L 区域没有发射，在 $k_1 = [q_x^2 - (\omega^2/c^2)\varepsilon_1]$ 区域是实数，因此电场 $\boldsymbol{E}$ 在平片外是衰减的。根据式（2.2.11）、式（2.2.13）和式（2.2.14），表面振动模的色散曲线位于 L_2 区域的研究范围之内。

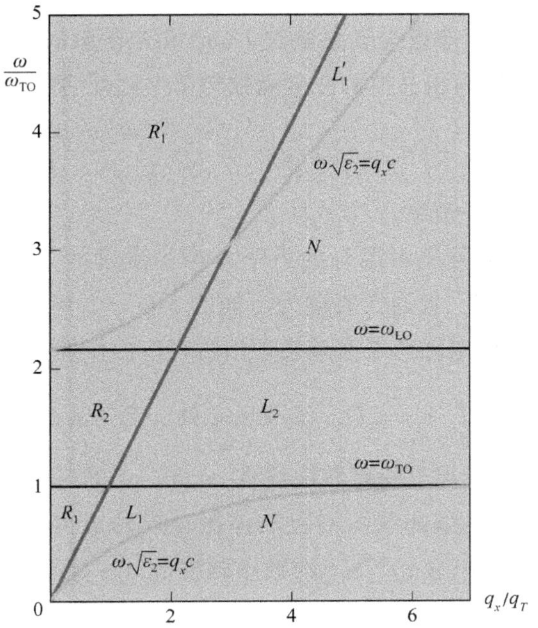

图 2.2.6　离子晶体平片的 $\omega - q_x$ 图

在 L_1 和 L_1' 区域，为了保持与电磁波相关的解，这种波必须限制在平片内（参考模型），而不是接近表面。因此，可以从实验中完全观察到表面振动的波。在 N 区域没有解，在 R 区域（R_1 和 R_2），当 $q_x < (\omega/c)\sqrt{\varepsilon_1}$ 和 k_1 时，发射是虚的，相当于向着平面传播的电磁波。这种振动模式发射的电磁能量直接进入空间，从这个意义上说，它们是不稳定的。这些振动通常直接耦合到吸收光谱中，离子晶体平片的光学性能完全由这些振动决定。

通过上述结果，可以对一些含有两个原子的立方晶体的单元晶胞进行简单分析。在这种情况下，可以得到2、3 等红外活性振动模的数量，并且分别得到了一系列随 $\varepsilon(\omega)$ 增加的数学表达式，例如 $\omega_{\mathrm{TO1}}, \omega_{\mathrm{TO2}}, \omega_{\mathrm{TO3}}$ 等。

$$\varepsilon(\omega) = \varepsilon_\infty + \sum \frac{S_i \omega_{\mathrm{TO}i}^2}{\omega_{\mathrm{TO}i}^2 - \omega^2} \tag{2.2.19}$$

在上述公式中，S_i 表示各自的振动强度，导致了表面电磁声子分支数目的增加。在式（2.2.12）中，可以通过求解 $\varepsilon_2(\omega)$ 横波曲线，其中取 $-\varepsilon_1$ 值（例如 $\varepsilon_1 = -1$），来确定半无限晶体每个分支的最大频率。然而，在这一过程中，尚未考虑到晶体中电磁声子的衰减以及 $\varepsilon_2(\omega)$ 为实数的情况。

实际上，由于非谐振过程的存在，声子的寿命是有限的。因此，介电函数是一个虚数，$\varepsilon(\omega)$ 在这种模型中是一种特殊情况。它可以包括与频率无关的衰减常数 Γ，也可以包括随频率增加的 $\Gamma(\omega)$。在这种情况下，有

$$\varepsilon(\omega) = \varepsilon_\infty + \frac{(\varepsilon_0 - \varepsilon_\infty)\omega_{\mathrm{TO}}^2}{\omega_{\mathrm{TO}}^2 - \omega^2 - \mathrm{i}\Gamma(\omega)} \tag{2.2.20}$$

晶格振动动力学的非谐振结果与 $\varepsilon(\omega)$ 描写的衰减复合值是一致的。

引入两个实函数来描写非谐振衰减参数 $\Gamma(\omega)$ 和声子频率的非谐振位移 $\Delta(\omega)$。取 $\Gamma(\omega)$ 和 $\Delta(\omega)$ 是为了能够写出晶体的介电函数与单个红外活性声子的关系式：

$$\varepsilon(\omega) = \varepsilon_\infty + (\varepsilon_0 - \varepsilon_\infty)\frac{\omega_0^2 + 2\Delta(\omega)\omega_0}{\omega_0^2 - \omega^2 + 2[\Delta(\omega) + \mathrm{i}\Gamma(\omega)]\omega_0} \tag{2.2.21}$$

式中：ω_0 为 TO 分支的声子频率。

对于表面，体电磁声子是由混合的声子 - 声子激励的。因此，它们的衰减参数 $\Gamma(\omega)$ 取决于体声子的影响，且通常表现为不同的 $\Gamma(\omega)$。例如在式（2.2.20）中，当 $\Gamma(\omega) = 常数 = \Gamma$ 时，表面电磁声子衰减表现出对频率的依赖关系，在 $\omega \approx \omega_{\mathrm{TO}}$ 处，由最小值开始增大，即 $\Gamma \dfrac{\varepsilon_1}{\varepsilon_1 + \varepsilon_0 - \varepsilon_\infty} < \Gamma$，在 $\omega \to \omega_{\mathrm{S}}$ 处，声子衰减值 Γ 达到最大。

对晶体来说，表面电磁声子的色散曲线在 ω_{TO} 到 ω_{S} 的区域有正交的体振动谱。表面电磁声子 $\omega(q_x)$ 连续的色散曲线所对应的体振动模的谱也是连续的。如图 2.2.7 所示，表面振动模的增宽是按$(q_x a)^{2/3}\omega_{\mathrm{TO}}$ 的顺序转变的（a 是晶胞常数）。在红外区，即 $q_x \sim \omega_{\mathrm{TO}}/c$，其转变值在$(10^{-2} \sim 10^{-3})\omega_{\mathrm{TO}}$。

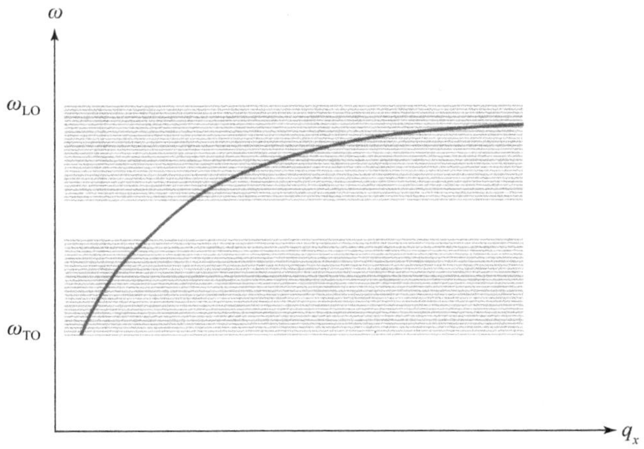

图 2.2.7　表面和体内的正交谱

2.2.2　各向异性晶体的表面振动

本节将介绍各向异性晶体表面电磁声子的几种重要特性。以真空装置中的单轴晶体为例来进行讨论，假定 z 轴垂直于晶体表面，电介质的张量位于 x、y、z 的对角线上，选择 x 轴为波的传播方向，求解麦克斯韦方程组得到表面 TM 波的色散关系为

$$\varepsilon_x = -\frac{[(\varepsilon_x/\varepsilon_z)(k_x^2-\varepsilon_2)]^{1/2}}{(k_x^2-1)^{1/2}} \tag{2.2.22}$$

其中 $k_x = q_x/(\omega/c)$ 是无量纲的波矢量，这里只讨论 $k_x^2 > 1$ ($q_x > \omega/c$) 时的式 (2.2.22) 的解，这是无辐射的表面模。

将张量 $\varepsilon_{ij}(\omega)[\varepsilon_{ij}(\omega)=\delta_{ij}\varepsilon_{ii}(\omega)]$ 分成 $\varepsilon_{/\!/}$ 和 $\varepsilon_{\perp}$ 两部分（下角标 // 和 ⊥ 分别代表光坐标的平行和垂直方向）。晶体的光轴 C 既垂直于表面，又垂直于光的传播方向。这也就意味着式（2.2.22）中的 ε_x 和 ε_z 与 $\varepsilon_{\perp}$ 一致：$\varepsilon_x=\varepsilon_z=\varepsilon_{\perp}$，于是式（2.2.22）中的色散关系可简化如下。

$$k_x^2 = \varepsilon_{\perp}(\omega)/[\varepsilon_{\perp}(\omega)+1] \tag{2.2.23}$$

式（2.2.23）与各向同性晶体的色散关系式（2.2.11）相似，表面波的色散关系被包括在单一的电介质函数 $\varepsilon_{\perp}(\omega)$ 之中，在 $k_x^2 \gg 1$ ($q_x \gg \omega/c$) 时，可由与式（2.2.12）类似的公式 $\varepsilon_{\perp}(\omega_s) = -1$ 计算出对应的 ω_s 值，如果电介质张量的两种成分均同时涉及色散关系，此时情况将发生变化，例如，当光轴与表面平行（$C/\!/x$）时，则在 $\varepsilon_z=\varepsilon_{/\!/}$ 和 $\varepsilon_x=\varepsilon_{\perp}$ 时，由式（2.2.22）得

$$k_x^2 = \varepsilon_{/\!/}(\omega)\frac{1-\varepsilon_{/\!/}(\omega)}{1-\varepsilon_{\perp}(\omega)\varepsilon_{/\!/}(\omega)} \tag{2.2.24}$$

如果光轴与光的传播方向平行（$C/\!/x$），有 $\varepsilon_x=\varepsilon_{/\!/}, \varepsilon_z=\varepsilon_{\perp}$，则

$$k_x^2 = \varepsilon_{\perp}(\omega)\frac{1-\varepsilon_{/\!/}(\omega)}{1-\varepsilon_{\perp}(\omega)\varepsilon_{/\!/}(\omega)} \tag{2.2.25}$$

当 $\varepsilon_{/\!/}$ 被 $\varepsilon_{\perp}$ 代替时，式（2.2.24）与式（2.2.25）可以互相转换。当 $\varepsilon_{/\!/}$ 和 $\varepsilon_{\perp}$ 为负值时，最后两种情形是在 $k_x^2>0$，由式 $\varepsilon_{/\!/}(\omega)\varepsilon_{\perp}(\omega)$ 可以得出 ω_s 的极限值。

表 2.2.1　电介质张量的对角线成分与单轴晶体的表面波的色散关系

晶体的相对位置	电介质张量分量 ε_x　ε_y　ε_z	色散关系
$C /\!/ y$	$\varepsilon_\perp$　$\varepsilon_{/\!/}$　$\varepsilon_\perp$	$k_x^2=\dfrac{\varepsilon_\perp}{\varepsilon_\perp+1}$
$C /\!/ z$	$\varepsilon_\perp$　$\varepsilon_\perp$　$\varepsilon_{/\!/}$	$k_x^2=\varepsilon_{/\!/}\dfrac{1-\varepsilon_\perp}{1-\varepsilon_\perp\varepsilon_{/\!/}}$
$C /\!/ x$	$\varepsilon_{/\!/}$　$\varepsilon_\perp$　$\varepsilon_\perp$	$k_x^2=\varepsilon_\perp\dfrac{1-\varepsilon_{/\!/}}{1-\varepsilon_\perp\varepsilon_{/\!/}}$

显然，各向异性晶体的表面模只在 $\varepsilon_x(\omega)<0$ 时存在（类似地，各向同性晶体中接近表面定域的必要条件是 $\varepsilon(\omega)<0$）。在式（2.2.22）中，对实数频率值来说，不等式 $\varepsilon_x(\omega)<0$ 只能在两种情形下有效。

$$\text{I}:\varepsilon_x<0,\varepsilon_z<0 \tag{2.2.26a}$$

$$\text{II}:\varepsilon_x<0,\varepsilon_z>k_x^2 \tag{2.2.26b}$$

I 类表面模仅在 $k_x^2>1$ 时存在，这是在理论上通过忽略延迟效应得到的。延迟效应在一个较小的 q_x 范围内导致色散曲线发生“畸变”。这种表面振动被 Hartstein 等称为实际的表面电磁声子。从某种意义上说，它们类似于各向同性晶体的表面振动，是 I 类表面模的一个特例。对于这些模式，当电介质张量中的一个分量($\varepsilon_x(\omega)\equiv\varepsilon_z(\omega)$)时，色散关系式（2.2.23）成立。

II 类表面模仅在 $q_x<\omega/(c/\sqrt{\varepsilon_z})(k_x<\sqrt{\varepsilon_z})$ 足够小时才存在。与各向同性晶体不同，这些振动分支的主要特性与大声子作用相反，因此它们通常被看作是虚表面模。随着 q_x 的增大，这些分支的振动消失。对于 $q_x=\omega/(c/\sqrt{\varepsilon_z})$，即($k_x^2=\varepsilon_z$)的振动存在一个特殊点，在这一点上，表面波的相速度与沿着 z 方向传播的体电磁声子的相速度 $c/\sqrt{\varepsilon_z}$ 相等。因此，表面电磁声子和在 $\boldsymbol{q}/\!/x$ 和 $\boldsymbol{E}/\!/z$ 处的体电磁声子的色散曲线在这一点终止。根据式（2.2.22），$\varepsilon_z=0$，表面和体电磁声子的色散曲线在这一点的交点类似于沿 x 轴偏振的纵向光学声子的曲线（见图（2.2.8）），Falge 和 Otto 将这一点称为“终止点”。

当 $q_x>\omega/(c/\sqrt{\varepsilon_z})$ 时，II 类表面波的振幅与 $\exp(q_z z)$ 成比例，它不能衰减到晶体内($z<0$)，而是呈现出物体的体积振动特性，因此有

$$q_z=\left(\frac{\omega}{c}\right)[(\varepsilon_x/\varepsilon_z)(k_x^2-\varepsilon_z)]^{1/2} \tag{2.2.27}$$

这是因为在 $k_z^2>\varepsilon_x$ 时，q_z 变为虚数。同时，式（2.2.22）中的频率 $\omega(q_x)$ 变得更加复杂，在谐波的近似值中，一个更大的谐波加宽已经发生。这是由于上述提到的表面电磁声子的分支与体电磁声子沿 x 方向的纵向声子传播相互作用引起的，表面电磁声子的能量被传递到大量电磁声子中。

当将负的 ε_x 和 ε_z 的范围放置于与图 2.2.8 不同的情境下时，I 类表面模也能发生。当 ε_z 的一部分是正的，另一部分是负的，则在这种频率范围内，有时 II 类模（$\varepsilon_z>0$）能够发生，而 I 类模的另一部分（$\varepsilon_x<0$）也能够发生。尽管在某些点振动特性可能发生改变，但在这种情况下，被测量的色散曲线是连续的。

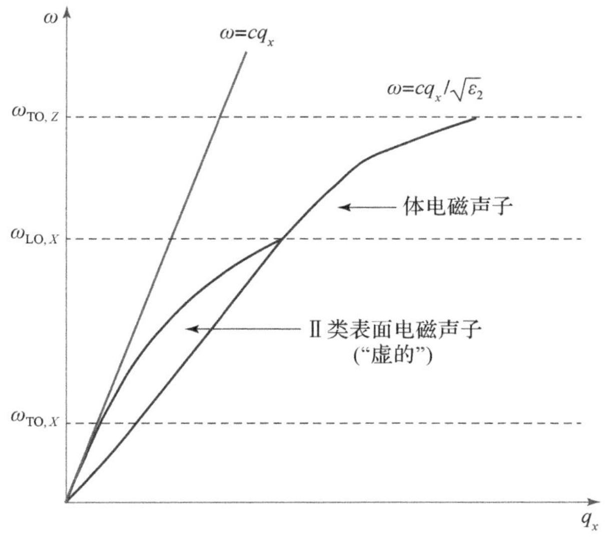

图 2.2.8　Ⅱ类表面电磁声子曲线和体电磁声子曲线与封闭"光线" $\omega = cq_x$ 和 $\omega = cq_x/\sqrt{\varepsilon_2}$ 之间的关系

电介质张量成分的频率相关性可以预测表面声子谱的总体特性。然而，式（2.2.22）~式（2.2.26）是通过谐波近似方法获得的，其中的频率相关性决定了表面模的光谱和存在条件。在分析实际晶体时，没有更大的衰减，一种可能的情况是用实数 $\varepsilon'(\omega)$ 代替 $\varepsilon(\omega)$。

Bryksin 及其团队首次进行了各向异性晶体表面振动的实验，选择了立方晶体 MgF_2 和 TiO_2 作为样品。这些样品具有相同的结构，同时具有两种不同的频率相关性，即 $\varepsilon_{/\!/}(\omega)$ 和 $\varepsilon_{\perp}(\omega)$。这些晶体的体振动光谱是由垂直于立方晶体光轴 C_4 的 3 个晶体振荡器的偏振以及与 C_4 平行的一个晶体振荡器的偏振共同引起的。MgF_2 晶体的频率相关性 $\varepsilon'_{/\!/}(\omega)$ 和 $\varepsilon'_{\perp}(\omega)$ 如图 2.2.9 所示，从图中可以看出，$\varepsilon'_{\perp}$ 的最低频率范围（在 $\omega_{TO} = 247\text{cm}^{-1}$ 处为负）与 $\varepsilon'_{/\!/}$ 的正频率范围相互重叠。

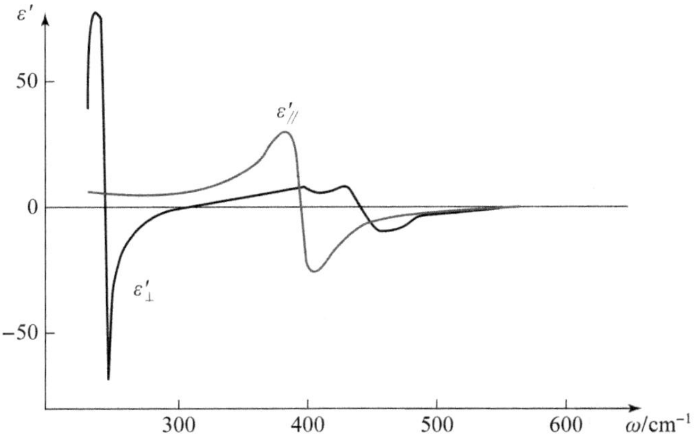

图 2.2.9　在 MgF_2 晶体中对光轴 C_4 的 $\varepsilon'(\omega)$ 与频率的依赖关系

从先前的推导可得，若将 z 轴沿 C_4 方向（$x \perp C_4$），将会出现Ⅱ类表面声子，其色散关系由式（2.2.24）给出。另一方面，如果将晶体沿 $C_4 /\!/ y$ 方向切割，在相同频率范围内，$\varepsilon_x = \varepsilon_z = \varepsilon_\perp$，将发生Ⅰ类表面振动，其色散关系由式（2.2.23）给出。在图 2.2.10 中提供了两种可能的解释，图解说明了在试验中晶体相对位置和 k_x^2 等于 3.9 和 8.1 时出现的相对应的全反射衰减光谱。这意味着 ε_z 值有低有高（当 $\varepsilon_z = 7.8$ 时，在这个范围内存在一个较弱的频率相关性）。

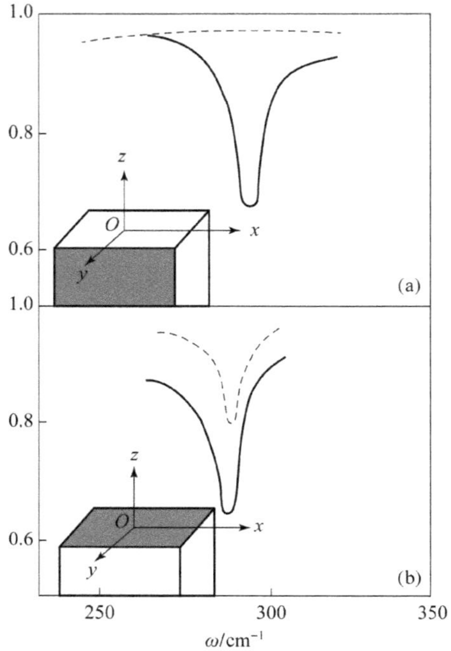

图 2.2.10　在 MgF_2 单轴晶体中晶体方向和 ATR 谱

（a）$C_4 /\!/ z$；（b）$C_4 /\!/ y$。

C_4—轴的方向是由冲击方向来说明，实线是 $q_x = 1.98$；虚线是 $q_x = 2.85$。

单轴中 $C_4 /\!/ z$，当 $k_x = q_x/(\omega/c) = \sqrt{\varepsilon_x}$ 时表面波消失，这个值标在横坐标上。

在 TiO_2 晶体的所有 3 种范围内，当 $\varepsilon'_\perp$ 为负且被负的 $\varepsilon'_{/\!/}$ 在大范围内所叠盖时，在全反射衰减（ATR）中看到的 3 个微弱的谱均属于Ⅰ类表面振动模。

对 α－石英晶体进行了一项深入的实验，这一实验可能涵盖了关于单轴晶体的所有理论预测。在研究 α－石英晶体表面声子方面，Falge 和 Otto、Reshina 和 Zolotarev 采用了 ATR 方法，并对晶体的简单取向（$C /\!/ x$，$C /\!/ y$ 和 $C /\!/ z$）进行了详尽地研究。Lamprecht 和 Merten 的观点是，在 α－SiO_2 中，体振动谱由普通射线（$\boldsymbol{E} \perp C$）的 8 种谐振和特殊射线（$\boldsymbol{E} /\!/ C$）的 4 种谐振组成。关于 $\varepsilon_{/\!/}(\omega)$ 和 $\varepsilon_\perp(\omega)$ 频率相关性以及表面电磁声子，共有 22 个分支与之相关。Falge 和 Otto 观察到了除了 4 种最低频率分支之外的所有分支（因为这 4 种分支的频率超出了所用谱线的范围）。

通过绘制实验结果得到的色散曲线与式（2.2.23）~式（2.2.25）计算的结果非常一致。图 2.2.11 所示为在 α－SiO_2 中Ⅱ类表面电磁声子的终止点（stoppoint），光谱显示了终止点左侧和右侧每个点的 q_x 近似值。在较高的 q_x 值下，即使采用非常小的距离，与Ⅰ类表面电磁声子（$550cm^{-1}$）相对应的微弱谱也难以观察到，而与Ⅰ类表面振动（$510cm^{-1}$）相对应的微弱谱在相同的 q_x 范围内实际上没有变化。

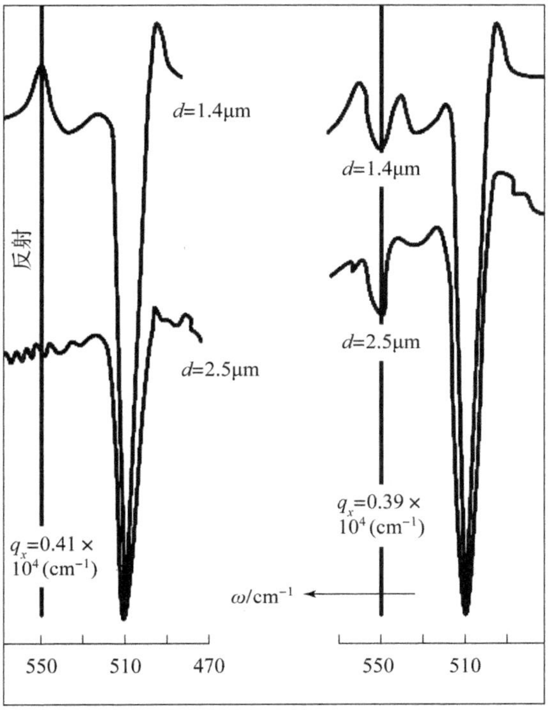

图 2.2.11　α－SiO_2 在 $550cm^{-1}$ 处的Ⅱ类表面电磁声子的终止点

由 Falge 和 Otto，Reshina 和 Zolotarev 展示的表面电磁声子的一个有趣的行为：在频率 $\omega_{TO\perp}=450cm^{-1}$ 处，当 q_x 值较大时，表面电磁声子属于Ⅰ类，因为 $\varepsilon_z'=\varepsilon_{/\!/}'<0$（图 2.2.12），但当 q_x 值减小时，表面电磁声子的频率也减小；在靠近 $\omega_{TO/\!/}=495cm^{-1}$ 时达到一个值，此时 ε_z' 改变了它的符号（图 2.2.13）。

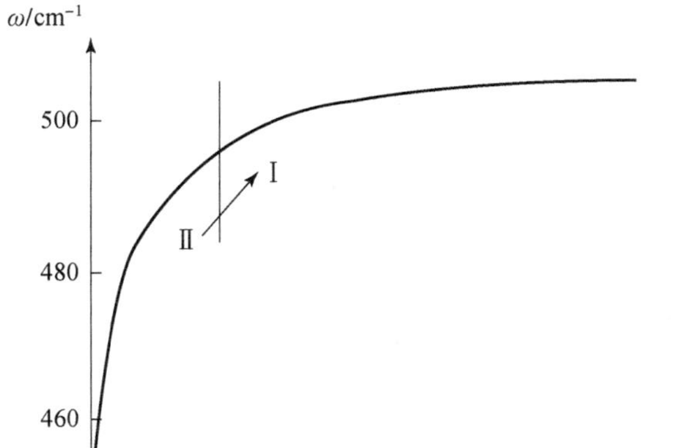

图 2.2.12　α－SiO_2 表面电磁声子一个分支的色散

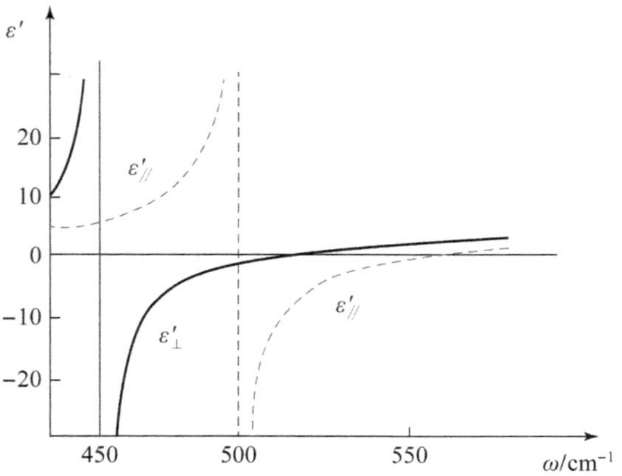

图 2.2.13 $\alpha-SiO_2$ 在 $440\sim580cm^{-1}$ 范围内 $\varepsilon'_{//}$ 和 $\varepsilon'_{\perp}$ 与频率的关系

$\varepsilon'_{\perp}$ 频在 $450\sim510cm^{-1}$ 范围内是负的，注意，当 $\varepsilon'_{//}$ 接近 $495cm^{-1}$ 处将改变符号。

色散曲线实际上是不连续的，因为 $\varepsilon_z'(\omega)$ 在此范围内是一个非常陡的函数，所以 ε_z 在这个范围内改变了符号，即在所有波矢量值下表面电磁声子都存在，在这种情况下，色散关系式为

$$k_x^2=\frac{1-\varepsilon_x}{\left(\frac{1}{\varepsilon_z}\right)-\varepsilon_x} \tag{2.2.28}$$

可以看出，在靠近谐振的狭小范围内，$1/\varepsilon_z$ 非常小，ε_z 值对表面电磁声子的色散有着微弱的影响。

对于任意几何图形的概括中，各向异性晶体的表面 TM 波表现得异常复杂，如果表面波的垂直方向是沿着电介质张量方向，这个波原则上是衰减的，电磁场按指数衰减进入晶体内，$E\sim\exp(q_z z)$；$z<0, q_z>0$。在其他情况下，q_z 很复杂，并且只有 $\mathrm{Re}q_z>0$，这时，在 z 方向（垂直与表面）的衰减不再单调：它是指数和振荡成分的乘积。Falge 等研究过这样的综合表面波，并用 ATR 方法获得了 α－石英晶体的 45°切割的色散实验结果。

各向异性晶体表面波的 TM 波仅在特殊的垂直方向出现。例如，在单轴晶体中，当光轴位于 XZ 平面且在 z 轴方向上是任意角度时，表现为对表面垂直；在任意几何体的综合情形中，表面波是具有不同衰减常数的两个波的复合，所以它们不可能是 TM 波。Schuller 等从理论和实验上研究了 $\alpha-SiO_2$ 中这种波的 ATR 谱，$\alpha-SiO_2$ 晶体中与 XZ 平面 45°处被用作光轴，然而，这种情形下已被激励的表面电磁声子不是沿着 x 轴（它们是 TM 波），而是沿着 y 轴，即 $|q|=q_y$。

从理论上讲，情况可以被简化。在 $q_x>\omega/c$ 的极限情形下，可由解析式直接获得相应的结果。在这种情况下，忽略阻尼时，Agranovich 提出了一种简单的表示方法，极限频率 ω_s（与前文意义相同）可以从置于电介质常数 ε_1 的介质中的任意各向异性晶体中算出，这些频率符合下列方程：

$$\varepsilon_1=\sqrt{\varepsilon_{11}(\omega)\varepsilon_{33}(\omega)-\varepsilon_{13}(\omega)} \tag{2.2.29}$$

在式（2.2.29）中，同样的系统中，电介质张量 $\varepsilon_{ij}(\omega)$ 的分量原则上依赖于张量

的衰减方向，这导致了表面波垂直方向上 ω_s 频率的强烈相关性，在一个特殊情况下，张量 ε_{ij} 在 xyz 对角线方向衰减：$\varepsilon_{13}(\omega)=0$ 和 $[\varepsilon_x(\omega)\varepsilon_z(\omega)]^{1/2}=\varepsilon_1$，对于真空边界 $(\varepsilon_1=1)$ 的 ω_s，其公式如上所示。

2.2.3　吸附表面的振动

人们对晶体表面上吸附质点（原子或分子）的振动模式感兴趣的原因有两点：一是吸附振动谱可以提供很多信息来研究这个吸附系统；二是通过对局部振动的检验，可以对复杂的表面动力学过程有更多的了解。

1. 表面吸附原子的激励振动

假设吸附质点的原子在基底的原子之上，吸附原子和晶体表面原子的平衡势分别用 u_a 和 u_s 表示，则它们之间的相互作用能 H_{int} 可以互相取代：

$$H_{int}=V(u),u=u_a+u_s \tag{2.2.30}$$

当基底温度为 0K 时，常见的 Green 函数为

$$\begin{cases} G(t)=i\langle \tilde{T}u(t)u(0)\rangle \\ G(\omega)=\int_{-\infty}^{\infty}\exp(i\omega t)G(t)\mathrm{d}t \end{cases} \tag{2.2.31}$$

式中：$\tilde{T}$ 为时间有序化的算符。

Green 函数式（2.2.31）满足 Dyson 公式：

$$G=G_0+G_0\Pi G=(1-G_0\Pi)^{-1}G_0 \tag{2.2.32}$$

式中：$\Pi(\omega)$ 为极化算符，它由图 2.2.15 的图形的规范化准则来决定。由零级有序化近似的 G_0，可以得到没有相互作用的系统中（$H_{int}=0$）的 Green 函数为

$$G_0(\omega)=m_a{}^{-1}(\omega^2-i_0)^{-1}+m_s{}^{-1}S(\omega) \tag{2.2.33}$$

式中：m_a,m_s 分别为吸附原子和基底原子的质量。

吸附质点在基底上增格点的 Green 函数为

$$S(\omega)=-\mathrm{i}m_s\int_{-\infty}^{\infty}\exp(\mathrm{i}\omega t)\langle \tilde{T}u_s(t)u_s(0)\rangle\mathrm{d}t \tag{2.2.34}$$

上式与表面声子的局域态密度 $\rho_b(\omega)$ 有联系，$\rho_b(\omega)$ 由下面的关系式决定：

$$\rho_b(\omega)=-\left(\frac{2}{\pi}\right)\omega\mathrm{Im}S(\omega) \tag{2.2.35a}$$

图 2.2.14（a）给出的简单图解对极化算符的贡献为

$$\Pi_2=V''(0)=\left.\frac{\partial^2V(u)}{\partial u^2}\right|_{u=0} \tag{2.2.35b}$$

这样，可将 Green 函数近似地写为调和函数：

$$Q_h(\omega)=\frac{m_a^{-1}J(\omega)}{\omega^2-\omega_a^2J(\omega)+i_0} \tag{2.2.36a}$$

$$J(\omega)=1+\frac{m_a}{m_s}\omega^2S(\omega) \tag{2.2.36b}$$

其中

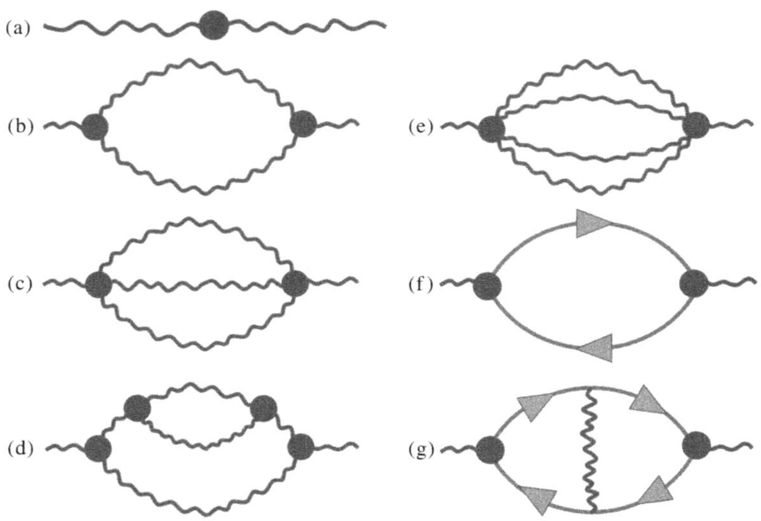

图 2.2.14　极化算符 $\Pi(\omega)$ 的图解

(a) 外面势的作用；(b),(c),(d),(e) 进入基底的声子衰减；(f),(g) 同时进入 e－h 基底的衰减。

$$\omega_a^2 = (V''/m_a)^{\frac{1}{2}} \tag{2.2.37}$$

表示刚性表面上吸附原子的振动频率。基底原子的振动频率由重整化的振动频率 ω_0 表示：

$$\omega_0{}^2 = \omega_a^2 \mathrm{Re} J(\omega_0) \tag{2.2.38}$$

频率 ω_0 比基底原子的振动频率最大值 ω_m 要低些。

吸附原子的振动是有效的，且以线宽为特征，该线宽可表示为

$$\gamma = -\omega_0 \omega_a^2 \left(\frac{m_a}{m_s}\right) \mathrm{Im} S(\omega_0) = (\pi/2)(m_a/m_s)\omega_a^2 \rho_a(\omega_0) \tag{2.2.39}$$

在相反的情形中，$\omega_0 > \omega_m$，振动是局域的，是由于算符作用的结果，如图 2.2.14 中的(b)～(g)所示。振动频率的超前位移为

$$\delta\omega = (\omega_0/2m_a\omega_a^2)\mathrm{Re}\delta\Pi(\omega_0) \ll \omega_0 \tag{2.2.40}$$

对振动线宽的贡献为

$$\gamma = (-\omega_0/m_a\omega_a^2)\mathrm{Im}\delta\Pi(\omega_0) \ll \omega_0 \tag{2.2.41}$$

此外，如果用 Morse 势来表示，则有

$$V(u) = E_d[1 - \exp(-ku)]^2 \tag{2.2.42}$$

式中：E_d 为吸附能；$k = \omega_a(m/2E_d)^{1/2}$。在局部振动的情形中，用微扰理论的图解规则计算线宽比例 γ，将有以下几种情况。

(1) 因子 λ_n。

$$\lambda_n = -\mathrm{i}\frac{\partial^n V(u)}{\partial u^n}\bigg|_{u=0} \approx E_d \omega_0{}^n (m_a/E_d)^{n/2} \tag{2.2.43}$$

与 n 个线性算符中的每个顶点均有联系。

(2) 函数 $\mathrm{i}Q(\omega)$ 对每个线性算符都适合（参看图 2.2.14）。在 $\omega_0 \gg \omega_m$ 的情形中，当 $\omega < \omega_m$ 时，$Q(\omega)$ 可以近似地表示为

$$\mathrm{Im}G_{\mathrm{h}} \approx -\left(\frac{\pi\omega^3\rho_{\mathrm{b}}(\omega)}{2m_{\mathrm{s}}\omega_0^4}\right) \approx -(1/m_{\mathrm{s}}\omega_0^2)(\omega_{\mathrm{m}}/\omega_0)^2 \tag{2.2.44}$$

（3）以载流子输运的自由能为参数进行积分 $\left(\int_{-\infty}^{\infty}\mathrm{d}\omega'/2\pi\right)$，大体上可以给出输运者 ω_{m} 的系数。例如，图 2.2.14（b）是个简单的声子回路。该图解表示局部振动衰减进入的 2 个声子，其线宽可由下式表示：

$$\gamma_2 = r_0^2(\mathrm{Im}G_{\mathrm{h}})^2\lambda_3^2\omega_{\mathrm{m}} = \omega_0\,(m_{\mathrm{a}}/m_{\mathrm{s}})^2(\omega_0/E_{\mathrm{d}})(\omega_{\mathrm{m}}/\omega_0)^5 \tag{2.2.45}$$

式中：$r_0 = (2m_{\mathrm{a}}\omega_0)^{-1/2}$ 为量子振动的振幅。

局部振动衰减进入 3 个声子的情形，在对应的 H_{int} 中由较高的非谐振项向顶点增加［参考图 2.2.14（c）］，其结果通过式（2.2.45）中参数的微小变动而变化的增量为

$$\xi \approx (\mathrm{Im}G_{\mathrm{h}})(\lambda_4/\lambda_3)^2\omega_{\mathrm{m}} = (m_{\mathrm{a}}/m_{\mathrm{s}})(\omega_0/E_{\mathrm{d}})(\omega_{\mathrm{m}}/\omega_0)^3 \ll 1 \tag{2.2.46}$$

这个局部振动衰减进入 3 个声子，可由二阶微扰理论来描写［参考图 2.2.14（d）］。在式（2.2.45）中随参数微小变化而变化的增量为

$$\xi' \approx (\mathrm{Im}G_{\mathrm{h}})^3\lambda_3^3\omega_{\mathrm{m}} \approx (m_{\mathrm{a}}/m_{\mathrm{s}})^3(\omega_0/E_{\mathrm{d}})(\omega_{\mathrm{m}}/\omega_0)^7 \ll 1 \tag{2.2.47}$$

比较式（2.2.46）和式（2.2.47），可以发现 $\xi' \ll \xi$。所以，微扰理论的高阶部分可以忽略不计。例如，当 $\omega_0^{\perp} \approx 3.7\omega_{\mathrm{m}}$，$m_{\mathrm{s}}/m_{\mathrm{a}} = 184$，$E_{\mathrm{d}} \approx 3\mathrm{eV}$ 和 $\omega_{\mathrm{m}} = 35\mathrm{meV}$ 时，将得到 $H-V$ 附加系统，它是吸附原子振动进入基底的 4 个声子［参考图 2.2.14（e）］：

$$\mathrm{Im}\Pi(\omega_0) = |\lambda_3|^2 Z(G_1, G_2; \omega_0) \tag{2.2.48}$$

$$\begin{aligned} Z(G_1,G_2;\omega_0) = {} & \int_0^{\omega_{\mathrm{m}}}\left(\frac{\mathrm{d}\omega'}{\pi}\right)\mathrm{Im}G_1(\omega')\,\mathrm{Im}G_2(\omega-\omega')\,[1+v(\omega')+v(\omega-\omega')] + \\ & \int_0^{\infty}\left(\frac{\mathrm{d}\omega'}{\pi}\right)[\mathrm{Im}G_1(\omega')\,\mathrm{Im}G_2(\omega+\omega') + \\ & \mathrm{Im}G_2(\omega')\,\mathrm{Im}G_1(\omega+\omega')][v(\omega')-v(\omega+\omega')] \end{aligned} \tag{2.2.49}$$

式中：$v(\omega) = [\exp(\omega/T) - 1]^{-1}$ 为 Bose 分布函数。

在区间 $(\omega_0 - \omega_{\mathrm{m}}) < \omega < \omega_{\mathrm{m}}$，忽略 $\mathrm{Im}G(\omega)$ 对 ω 的依赖关系，可以得到一个近似的公式：

$$\begin{cases} \gamma(T) = \gamma(0)A(T) \\ A(T) \approx \dfrac{2T}{2\omega_{\mathrm{m}} - \omega_0}\ln\left(\dfrac{\sinh(\omega_{\mathrm{m}}/2T)}{\sinh[(\omega_0 - \omega_{\mathrm{m}})/2T]}\right) \end{cases} \tag{2.2.50}$$

在低温时，$T \ll (\omega_0 - \omega_{\mathrm{m}})$，有

$$A(T) \approx 1 + \frac{2T}{2\omega_{\mathrm{m}} - \omega_0}\exp[-(\omega_0 - \omega_{\mathrm{m}})/T] \tag{2.2.51}$$

在高温时，$T \gg \omega_{\mathrm{m}}$，有

$$A(T) \approx \frac{2T}{2\omega_{\mathrm{m}} - \omega_0}\ln[\omega_0/(\omega_0 - \omega_{\mathrm{m}})] \tag{2.2.52}$$

类似地，在高温时这个衰减过程将会有 n 个声子进入，此时有 $\gamma(T) \propto T^{n-1}$。

因此，在这个局部振动衰减过程中，第一次进入基底的声子的比例将取决于 $\omega_0/\omega_{\mathrm{m}}$ 和相互作用势的非谐振频率。该声子衰减过程的作用范围在 $\omega_0/\omega_{\mathrm{m}} < 2 \sim 3$。

2. 吸附质点振动模的能量交换

表面吸附质点与基底之间的能量交换，可以通过实验直接或间接测量。直接测量可

运用纳米激光脉冲来测量振动态的数目占有率是否减少；间接测量可测振动谱线 $L(\omega)$ 的形状和线宽 γ 与能量交换率 Γ 之间的关系。在吸附系统中，函数 $L(\omega)$ 通常由灵敏度来决定：

$$\begin{cases} L(\omega) \propto \mathrm{Im}\alpha(\omega) \\ \alpha(\omega) = \int_{-\infty}^{\infty} \exp(\mathrm{i}\omega t)\alpha(t)\,\mathrm{d}t \\ \alpha(t) = \mathrm{i}\theta(t)\langle \hat{P}(t)\hat{P}(0) - \hat{P}(0)\hat{P}(t)\rangle \end{cases} \tag{2.2.53}$$

式中：$\hat{P}$ 为动力学偶极矩算符，$\hat{P}=e^{*}u$，而 $e^{*}=(\partial P/\partial u)_{u=0}$。若动态电荷 e^{*} 在振动期间是常数，则有 $L(\omega)\propto \mathrm{Im}G(\omega)$，$G$ 是在吸附质点置换时常见的延迟 Green 函数。

吸附层中的质点通过各种振动方式进行能量交换，这使得吸附质点的额外能量能够传递到基底层。同样地，基底层的能量也可以通过振动传递到吸附质点，这解释了表面吸附、脱附、扩散等一系列动力学过程发生的原因。现在，简要地讨论一下这些过程。首先，假设有两个相同的原子分别吸附在位置 r_1 和 r_2 处，它们之间总会存在一些相互作用能 $U_{\mathrm{int}}(r_1,r_2)$。吸附质点之间的不同相互作用机制会直接或间接地引起静电学（例如偶极子－偶极子）和弹性相互作用。这些近似谐波的相互作用对振动频率产生的超前位移为

$$\delta\omega \approx {r_0}^2 \left[\frac{\partial^2 U_{\mathrm{int}}}{\partial {u_1}^2}\right]_{u_1=u_2=0} \tag{2.2.54}$$

对频率的分裂为

$$\begin{cases} \omega_{\pm} = \omega_0 \pm \gamma \\ \gamma = {r_0}^2 \left[\dfrac{\partial^2 U_{\mathrm{int}}}{\partial u_1\, \partial u_2}\right]_{u_1=u_2=0} \end{cases} \tag{2.2.55}$$

如果第一个原子受到激励，而第二个原子不受激励，那么第一个吸附原子对于第二个原子的激励传递时间被定义为 $\tau=\gamma^{-1}$。在吸附原子保持不动的情况下，晶格的 γ 由局部振动的色散性质来决定。当吸附原子层存在无规律的情况时，$\delta\omega$ 和 γ 值由不均匀的振动线增宽的值 γ_x 来决定。在某些吸附系统中，估算出的 γ 值为 $\gamma\approx 10^{-2}\omega_0$。

最后，在只有一个吸附原子存在的情况下，吸附原子的各种振动模式总是非线性耦合的。如果这种耦合导致能量交换比较小，那么可以用两种振动模式来描述这一过程，如图 2.2.15（a）所示。基底中的一个声子从局部振动模式 A 衰减到另一个局部振动模式 B，从而导致基底中的声子以能量 $\omega_{ab}=|\omega_a-\omega_b|$ 的方式获取。在这个过程中，能量交换率 Γ 与声子的局部态密度 $\rho_b(\omega_{ab})$ 成正比，必须满足 $\omega_{ab}<\omega_{\mathrm{m}}$，其中 ω_{m} 是某一最大振动频率。这个过程已经被 Ariyasu 等在 S－Ni 和 O－Ni 吸附系统中以及 Braun 等在 H－W 吸附系统中进行了研究。图 2.2.15（b）显示了在基底中具有电子－空穴对称性的情况下，能量为 ω_{ab} 的振动模式。

图 2.2.15（a）和（b）是局部振动衰减过程中进入 2 个玻色子形成的。因此，γ 值主要取决于温度 T。如果 $\omega_a>\omega_b$，则由式（2.2.48）和式（2.2.49）容易得到“向下的”衰减过程 $A\rightarrow B$，即

$$\gamma(T)/\gamma(0) \approx 1 + \upsilon(\omega_b) + \upsilon(\omega_{ab}) \tag{2.2.56}$$

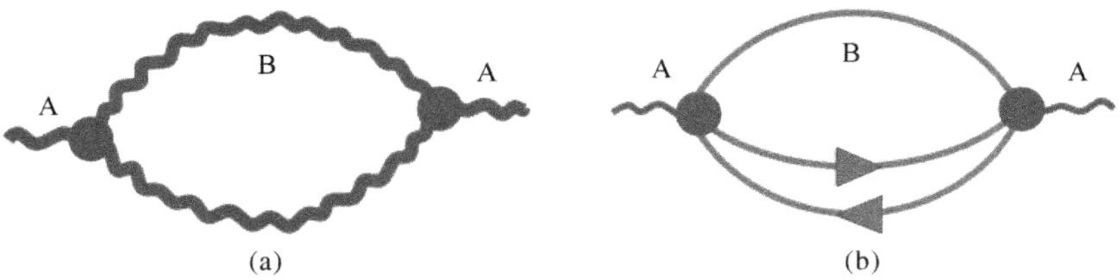

图2.2.15 基底声子由局部振动模A衰减进入另一种局部振动模B的示意图

(a) 基底声子；(b) e-h对称性。

以及“向上的”衰减过程 $B\to A$，在 $T\neq 0$，有

$$\gamma(T)/\gamma(0)\approx \upsilon(\omega_{ab})-\upsilon(\omega_a) \tag{2.2.57}$$

这是吸附层中残余激励振动交换能量的情形，它对吸附层的应力有重要影响。

3. Ni(100)表面上氧的 $C(2\times2)$ 覆盖层的表面声子

图2.2.16 (a) 展示了Ni(100)表面上氧的 $C(2\times2)$ 覆盖层，这里假设吸附原子占据了4倍的空位。对于具有相同结构的二维布里渊区，如图2.2.16 (b) 所示，二维单位晶胞包含两个基底原子（$k=1$ 和 2）以及一个吸附原子。每个原子的平衡位置由矢量 $\boldsymbol{R}_0(\boldsymbol{I}_{11},\boldsymbol{I}_z;\boldsymbol{k})$ 标示，其中 $\boldsymbol{I}_{11}$ 表示与表面平行的表面单位晶胞的位置，$\boldsymbol{I}_z$ 表示原子所在的层，k 表示单位晶胞内的不同原子。

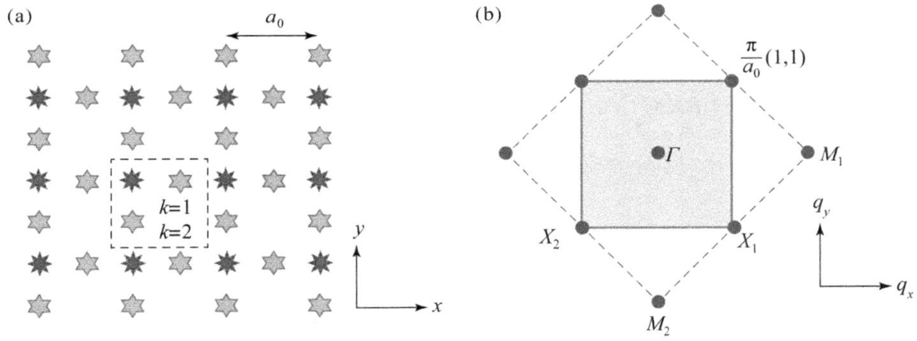

图2.2.16 Ni(100)表面结构与布里渊区示意图

(a) 面心立方晶体 (100) 表面 $C(2\times2)$ 覆盖层的示意图，吸附原子占据4倍空位，虚线表示单位晶胞，原子核的第一层中央有两个基底原子，覆盖层有一个吸附原子；(b) 实线是在有 $C(2\times2)$ 覆盖层时二维Brillouin区，虚线是清洁的 (100) 表面。

当从二维布里渊区的 $\bar{\Gamma}$ 点移开时，平行于表面的氧原子的振动将直接影响第一层镍原子的位移。氧-镍键的对称和不对称伸缩振动将发生耦合，并远离 $\bar{\Gamma}$ 点；而这两种振动在二维布里渊区的高对称点 $\bar{X}$ 再次解耦。实际上，氧原子的垂直振动仅能耦合到镍原子的平行振动中，而氧原子的平行振动仅能耦合到镍原子的垂直振动中。图2.2.17解释了在 $\bar{X}$ 点上的振动模式。

根据上述模型以及Ni-(2×2)-O的EELS（电子能量损失谱）实验结果，通过计算得到了Ni(110)表面上氧的 $C(2\times2)$ 覆盖层在二维布里渊区中沿着 $\bar{\Gamma}$ 到 $\bar{X}$ 的表面声子和表面共振的色散曲线，如图2.2.18所示。在图2.2.18中，实线表示理论预测的结果，虚线则试图描述低氧模型。由于该模型被假设得非常简单，偶极子-偶极子相互作

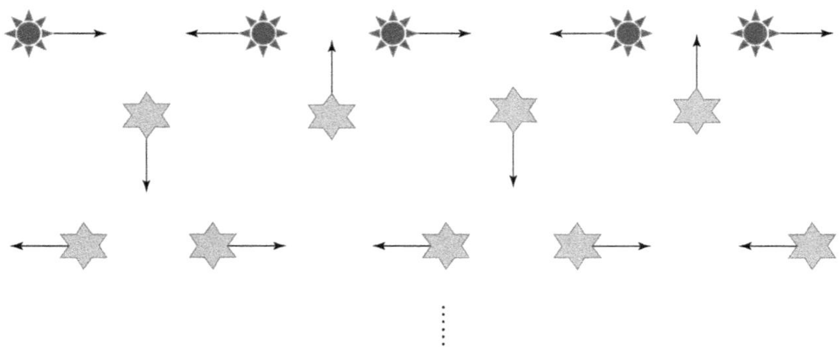

图 2.2.17　在二维 Brillouin 区 $\bar{X}$ 点上氧覆盖层上原子运动的侧视图

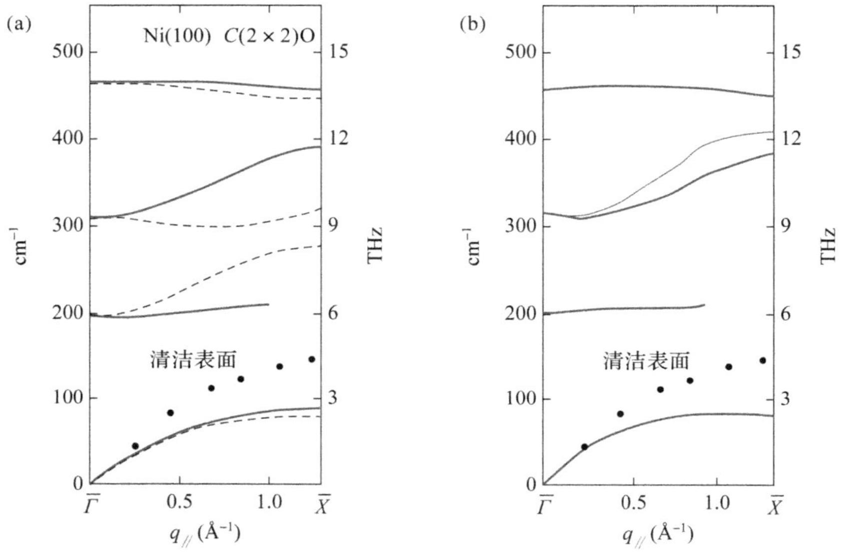

图 2.2.18　表面声子和表面共振的色散曲线

(a) 表面上氧覆盖层为 0.9Å（实线）和 0.26Å（虚线）的模型；
(b) 利用电子能量损耗谱（EELS）计算各种色散关系。

用被忽略。实际上，如果对 $\bar{X}$ 方向附近氧覆盖层的高频表面声子进行详细检验，将清晰地观察到频率向 $\bar{\Gamma}$ 移动。这实际上是偶极子 - 偶极子与氧原子振动之间相互作用的结果。

图 2.2.18 展示了由偶极子 - 偶极子相互作用计算得到的新的色散曲线。这些结果有助于更深入地理解表面振动和相互作用在这个系统中的行为。

2.3　表面扩散动力学

2.3.1　扩散规律和机理

扩散是指材料中存在浓度梯度时，原子发生有方向性移动的现象。通常情况下，扩散主要分为以下几种。

（1）顺扩散：原子会从浓度较高的区域向浓度较低的区域移动的现象（下坡扩散）。

（2）逆扩散：原子会从浓度较低的区域向浓度较高的区域移动的现象（上坡扩散）。

（3）互扩散：两种或多种不同的物质相互交叉影响、传播或扩散的过程。

（4）自扩散：同一种物质内部的扩散，分子或原子在其自身的体积内移动和扩散。

（5）体扩散：在晶粒内部进行的扩散。

（6）表面扩散：在表面进行的扩散。

（7）晶界扩散：沿晶界进行的扩散。

以下主要讨论一维情况下的顺扩散。

1. 扩散定律

费克（Fick）第一定律是描述扩散流（通量）J 和浓度梯度 $\mathrm{d}C/\mathrm{d}x$ 间关系的，有

$$J = -D\frac{\mathrm{d}C}{\mathrm{d}x} \tag{2.3.1}$$

式中：D 为扩散系数，与温度有如下关系：

$$D = D_0 \mathrm{e}^{-E/kT} = D_0 \mathrm{e}^{-Q/kT} \tag{2.3.2}$$

D_0 称为与温度无关的频率因子（temperature - independent frequency factor），这就是著名的 Arrhenius 关系，其适用于许多需要热激活的过程。在式（2.3.2）中，E 和 Q 分别表示激活能，激活能可以分为缺陷形成能和缺陷在移动时克服的势垒两个部分。Q 的一般单位是 kcal/mol①，而 E 的单位通常是电子伏特（eV）。

Fick 第一定律适用于稳定态情况，即在扩散过程中各处的浓度梯度不随时间而变。但是实际过程中随着扩散过程的进行，各点浓度均会随时间而变。根据扩散物质浓度的变化，可推导出 Fick 第二定律：

$$\frac{\mathrm{d}C}{\mathrm{d}t} = \frac{\mathrm{d}}{\mathrm{d}x}\left(D\frac{\mathrm{d}C}{\mathrm{d}x}\right) \tag{2.3.3}$$

若 D 与浓度无关，则 Fick 第二定律为

$$\frac{\mathrm{d}C}{\mathrm{d}t} = D\frac{\mathrm{d}^2 C}{\mathrm{d}x^2} \tag{2.3.4}$$

上式用来描述非稳定态扩散。这是一个二阶微分方程，给定初始条件和边界条件，便就可求出扩散物质的浓度分布 $C = C(x,t)$。

设式（2.3.4）初始边界条件为$\begin{cases} C = C_0, t = 0,\ 0 < x < \infty \\ C = C_s, x = 0,\ 0 < t < \infty \end{cases}$，则其解为

$$\frac{C_x - C_0}{C_s - C_0} = 1 - \mathrm{erf}\left(\frac{x}{2\sqrt{Dt}}\right) \tag{2.3.5a}$$

① 1cal = 4.18J。

或

$$\frac{C_s - C_x}{C_s - C_0} = \mathrm{erf}\left(\frac{x}{2\sqrt{Dt}}\right) \tag{2.3.5b}$$

式中：$\mathrm{erf}(y) = \frac{2}{\sqrt{\pi}}\int_0^y \exp(-z^2)\mathrm{d}z$ 为高斯误差函数（Gaussian error function）；C_0 为 $t=0$ 时体内浓度分布；C_s 为表面浓度。

由式（2.3.5b）可以证明，当 $C_0=0, \frac{x}{\sqrt{Dt}}=1$ 时，则 $C_x=\frac{C_s}{2}$，即体内浓度等于表面浓度的一半。由于浓度随距离的分布接近指数式，所以通常把 $C_x=\frac{C_s}{2}$ 对应的距离 $x=\sqrt{Dt}$，以此作为扩散原子在时间 t 时的扩散浓度。

2. 扩散机理

由于固体是一种凝聚态物质，原子在扩散运动时，除了原子半径较小可以直接在填隙位置迁移之外，通常情况下不能直接从一个区域运动到另一个区域，而是需要借助材料中的缺陷。目前已经确认了 3 种扩散机制，包括填隙原子、空位和原子团互换位置。扩散的本质可以看作是一种布朗（Brownian）运动，因此扩散系数（D）、粒子电荷（q）和迁移率（μ）之间满足爱因斯坦（Einstein）关系，表示为

$$D = \frac{a\mu kT}{q} \tag{2.3.6}$$

从式（2.3.2）可以得出，原子的扩散系数与温度之间存在指数关系。

扩散系数可以用以下公式表示：

$$D = al^2 vA\exp(-Q/RT) \tag{2.3.7}$$

式中：v 为原子的振动频率；l 为缺陷跳跃的平均距离；A 为与温度和原子浓度有关的系数；a 是一个参数，其取值取决于扩散的维度，例如一维扩散为 1/2，二维扩散为 1/4，三维扩散为 1/6。

3. 几种扩散的比较

杂质原子在固体中通过缺陷进行扩散运动，而这些缺陷在不同区域，如表面、交界面和晶界，具有不同的特性，包括形成能、浓度以及原子在运动时所需克服的势垒。因此，扩散过程通常可以分为 3 种类型，即体扩散、表面扩散和界面（晶界）扩散。

在表面或界面处，缺陷的种类比在体内多，浓度也更大，原子跳跃的距离也更远。因此，原子在这些区域通过周围的缺陷运动所需的激活能较低，即遇到的势垒较小。这可以用不等式表示：$Q_s < Q_b < Q_l$，s、b、l 分别为表面、晶界和晶格（体内）的脚标。通常 $v_s > v_b > v_l$。

由于体内原子具有较强的凝聚性，因此缺陷跳跃的距离 l_l 受到明显的限制，大致与晶格常数相当。而在界面和表面区域，原子排列较为疏松，有更大的空间可供原子运动，因此 $l_s > l_b > l_l$。

综上所述，对于相同成分的材料，在平衡状态下，不同类型的扩散系数之间有以下关系：$D_s > D_b > D_l$。

在某些文献中，激活能 Q 常常以材料的熔点 T_m 的倍数表示。如果扩散系统的表示式为 $D = D_0 \exp\left(-\frac{Q}{RT}\right)$，那么对于多晶金属和合金，各种扩散系数的数据可以按照表 2.3.1 中的数据来表示。

表 2.3.1　各种扩散的数据

过程	Q	D_0
表面扩散	$13T_m$	0.014
晶界扩散	$17T_m$	0.3
分散位错扩散	$25T_m$	0.3
体内（晶格）扩散	$34T_m$	0.5

注：表中数据均于温度大于 $0.5T_m$ 时测量所得。

2.3.2　表面扩散

表面扩散是指原子沿着表面区内的物质输运。表面区约为单位面间距（一般为 2×10^{-8}cm），所以表面扩散主要发生在距表面 2～3 层原子面的范围。表面扩散不仅依赖于外界环境（温度、气压、湿度、气氛等），还受到晶面取向、表面化学成分电子结构及表面势等因素的影响，因此情况比较复杂。

1. 表面扩散的主要特征

根据表面的 TLK 缺陷模型，表面存在平台吸附原子、平台空格点以及在台阶（ledge，有时也被称作边壁）处的吸附原子和台阶空格点等缺陷。它们在扩散过程中的作用类似于晶体内部的填隙原子，但它们的形成能量较体内扩散时的跃迁能（也称徒动能）要小。不过，表面扩散与体内扩散存在一些不同之处。

以体心立方金属（100）平台上吸附原子的运动为例，图 2.3.1 所示为它的行为。声子相互作用（热涨落现象）在某一时刻会使该吸附原子从平衡位置越过能垒跃迁到邻近位置。在这个过程中，原子的最小能量路径沿着晶体的⟨110⟩方向，如图中的标记为①。这一过程需要经过一个鞍点，鞍点位置的能量被称为徒动能，用 ΔH^{++} 表示。原子的跃迁距离与点阵原子间距相近，但也可以跃迁到次邻近的 A 或 B 位置，此时的徒动能会略高于 ΔH^{++}。由于原子位于表面，只要它的能量足够高，它可以跃迁到图中标记为②的位置，这需要的能量是 ΔH^{*}。明显地，$\Delta H^{++} < \Delta H^{*} < \Delta H_s$。这里的 ΔH_s 代表平台吸附原子的束缚能。一般来说，位置①、A、B 等被称为局域态，而位置②则是非局域态。

在图 2.3.1（b）中，标出了吸附原子在局域扩散、非局域扩散和处于蒸发状态下的能量。在局域扩散状态下，原子有两个振动自由度和一个平移自由度。而在非局域扩散状态下，原子具有两个平移自由度和一个振动自由度。对于大分子，当它们处于表面的定域态或非定域态时，其自由度分布会更为复杂。

通过上述分析，可以看出，表面扩散与体内扩散的一个主要区别在于，表面扩散时，原子可能会逃逸到固体表面上的三维空隙位置，然后进入另一个新位置（其能量高于 ΔH^{*} 但低于 ΔH_s）。而这种情况在体内扩散时是不会发生的。

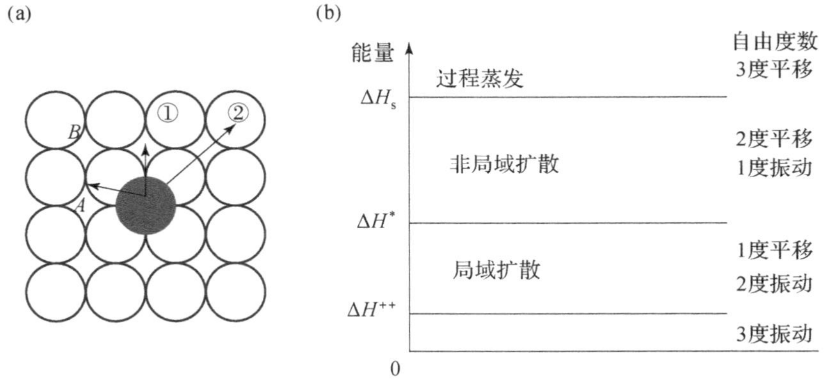

图 2.3.1　体心立方（100）表面原子的运动及其激活能

（a）吸附原子的假想平衡位置及可能的跳跃路径；（b）吸附原子局域、非局域以下蒸发态下的能量图。

2. 表面扩散的种类

1）由于原子浓度梯度引起的表面扩散

对于这种扩散，当扩散系数已知时，可以用 Fick 第一定律或 Fick 第二定律，根据边界条件求解，其步骤与处理体扩散类似。

2）由毛细管作用力引起的表面扩散

毛细管作用（也就是表面自由能最小化）可以作为表面扩散的一种驱动力。粉体烧结、粒子聚结、晶界沟槽（groove）等都是由于毛细管作用所引起。

如图 2.3.2 所示，刚开始时，两晶粒表面与晶界面均为平面，与表面垂直。晶界界面张力为 γ_b，它的作用是使晶界尽量缩小。平衡时，

$$\gamma_b = 2\gamma_s \sin\theta \qquad (2.3.8)$$

式中：γ_s 为固－气表面张力；θ 为夹角。

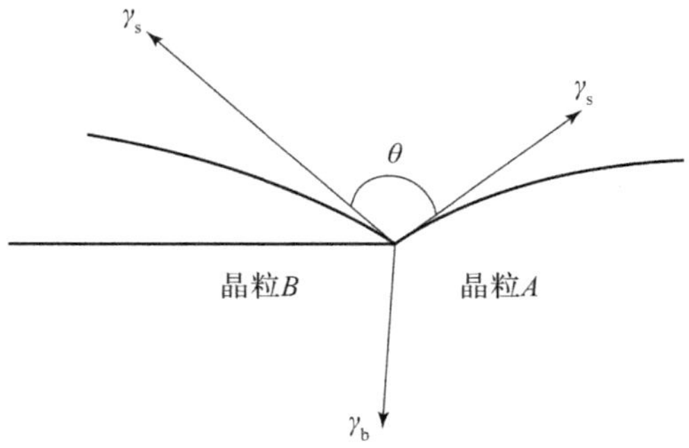

图 2.3.2　沟槽的形成

在界面张力（界面能）的作用下，晶界与表面处出现沟槽。沟槽一经形成，两边的表面出现曲率半径 R，在相同温度和压力下，在该处的原子比表面处的原子具有更高的吉布斯自由能（也就是化学势 μ）。化学势差由 Gibbs－Thomson 方程决定：

$$\Delta\mu = \frac{\gamma_b V_a}{R} = \gamma_b V_a K \qquad (2.3.9a)$$

式中：V_a 为原子体积；K 为表面曲率（$=1/R$）

$$K = \frac{\dfrac{d^2y}{dx^2}}{\left[1-\left(\dfrac{dy}{dx}\right)^2\right]^{\frac{3}{2}}} \qquad (2.3.9b)$$

一般情况下，$\gamma_b/\gamma_s \approx 1/3$，$\theta$ 角较小，$(dy/dx)^2 \ll 1$，故

$$\Delta\mu = \gamma_b V_a \frac{d^2 y}{dx^2} \qquad (2.3.9c)$$

在晶界处（选为 $x=0$），化学势最高，此时 μ 的梯度将驱使原子由晶界流向两侧，这种扩散流也能使沟槽加深加宽。加深加宽都是在低于熔点（或烧结温度）下发生的，因此可以通过观察晶界（热蚀）来有限度地控制晶界的形貌。

3. 各种材料的表面扩散

1）金属表面的扩散

近年来对 W、Cu、Ni 等金属表面的自扩散进行了测量，对 W（110）、（321）、（211）表面测得的数据较好。实验发现，表面吸附的杂质对自扩散起着抑制或增强作用。图 2.3.3 所示为铜表面自扩散系数 D_s 的杂质效应。

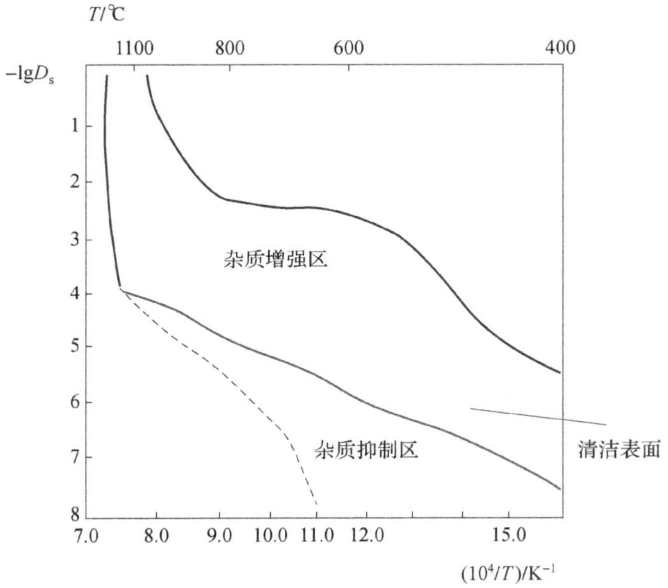

图 2.3.3　Cu 表面吸附杂质对自扩散系数的影响

在铜中，使表面扩散系数 D_s 减小的杂质有 C、Ca、Mn 和 O_2；使 D_s 增大的有 Cl。

根据实验，发现以下规律：熔点高于衬底材料熔点的杂质（高内聚能），能使自扩散系数 D_s 减小；熔点低于衬底材料的杂质，可能使 D_s 增大，其增大的量值取决于杂质的覆盖度。

2）合金表面扩散

对于具有 Schottky 缺陷的 $A_\alpha B_\beta$ 型晶体，若组元 A 和 B 各自的扩散系数分别为 D_{sA} 和 D_{sB}，则晶体的有效扩散系数 D_{eff} 为

$$D_{eff} = \frac{D_{sA} + D_{sB}}{\alpha D_{sB} + \beta D_{sA}} \qquad (2.3.10)$$

上式已通过对分别含有 54.4% 和 27.2% Ag 的两种 Au－Ag 二元合金在温度 $T=950℃$ 下的表面扩散研究得到证实。

3）金属氧化物和碱金属卤化物表面扩散

在 Al_2O_3 中含有微量的 Si 和 Ca 时，这两种杂质会在自由表面上聚集，形成一个低

熔点薄层，导致表面扩散系数（D_s）增大。类似的杂质效应也在其他多元材料的表面扩散中被观察到。

研究 Al_2O_3 和 MgO 等材料的表面扩散相对较为困难，因为这些材料中原子（离子）的键合能较高，在表面上发生解离的可能性较小。因此，Al 离子和 O 离子对于表面自扩散的贡献可以被忽略。如果这些材料的表面扩散发生在高温下，那么很可能是一种局域扩散。

碱金属卤化物的表面扩散激活能较低，一般在 3 ~ 16kcal/mol 之间。正负离子几乎具有相同的激活能。Volmer 提出，在扩散过程中，正负离子交替跳跃形成中性分子扩散，如图 2.3.4 所示。

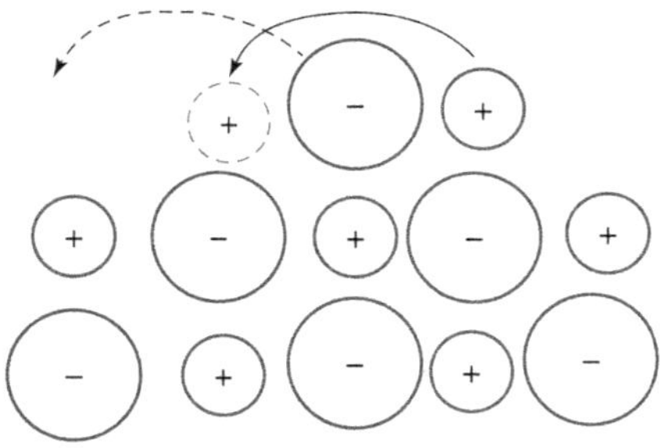

图 2.3.4　NaCl 表面扩散机理示意图

2.3.3　晶粒间界扩散

1. 晶界扩散的动力学模型

根据晶界扩散与体扩散之间的关系，哈里森（Harrison）将晶界扩散分为 A、B、C 三种，如图 2.3.5 所示。根据扩散时不同的温度和边界条件，可以求出 3 种动力学模型的浓度与时间、距离的解析式，为了避免烦琐的推导过程，下面进行定性分析。

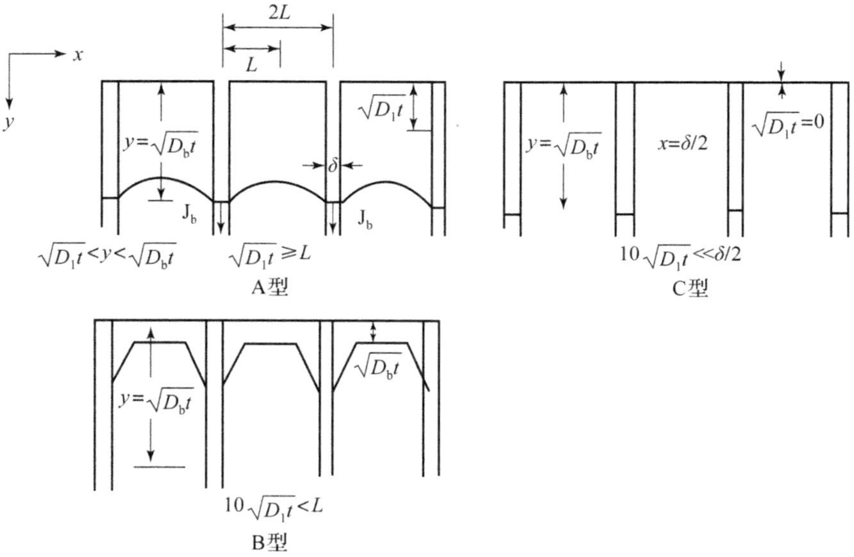

图 2.3.5　A 型、B 型、C 型晶界扩散动力学示意图

1）A 型

$$(D_1t)^{1/2}\geqslant L \tag{2.3.11}$$

式中：D_1 为晶格扩散系数，晶界的宽度为 δ，晶界之间的距离为 $2L$。A 型扩散中，晶粒内的扩散速度相对较快，而晶界内的扩散速度更快，两者混合在一起，可以近似看作在晶体内部均匀地扩散。当杂质通过晶界向内扩散时，同时也朝晶粒内扩散，这是因为 $(D_1t)^{1/2}\geqslant L$。通常，晶界的宽度 δ 为 5 ~ 10Å 之间，而晶粒的典型尺寸在几百到几千埃之间，这也是晶界距离 L 的数量级。一般可以认为 $(D_1t)^{1/2}$ 代表在时间 t 内杂质扩散的深度，因此在 A 型扩散情况下，杂质分布的截面基本上是一个平面。

对于 A 型扩散，如果使用归一化晶粒尺寸 $\Lambda(\Lambda = L/(D_1t)^{1/2})$，且 Λ 不大于 0.1，则其截面浓度可以表示为

$$C=\frac{M}{(\pi D_\mathrm{b}t)^{1/2}}\exp\left(-\frac{x^2}{4D_\mathrm{b}t}\right) \tag{2.3.12}$$

式中：M 为 $x=0, t=0$ 时杂质（扩散源）总数；D_b 为晶界扩散系数。

2）B 型

$$10\sqrt{D_1t}<L \tag{2.3.13}$$

此时类似于晶格扩散较慢，晶界扩散更快，而扩散的结果是晶界附近“包”上一层杂质。陶瓷晶界层电容器就是利用这类扩散，使在半导体陶瓷晶粒周围包一层绝缘物。

3）C 型

$$10\sqrt{D_1t}<\frac{\delta}{2}\quad \sqrt{D_1t}\approx 0 \tag{2.3.14}$$

这是一个特殊情况，可以理解为杂质主要通过晶界渗透到内部，而在晶体内部几乎没有杂质扩散。在低温条件下，晶界扩散变得明显，一些快速扩散的离子，例如钠（Na）、钾（K）、氯（Cl）等，可以在低温时进入内部的各个晶界位置。然后，在热处理过程中，它们再从晶界向晶体内部扩散，这导致了杂质在整个样品中很快传播，污染整个晶体。

2.3.4　异质界面扩散

1. Kirkendall 扩散

正如图 2.3.6 所展示的，将细钼丝放置在具有立方截面的 α 黄铜表面，随后电镀上纯铜，以确保钼丝被铜和 α 黄铜所包围。随后，将试样在 785℃ 的温度下进行保温。实验证明，保温一天后，钼丝向黄铜内部移动了 0.0015cm。而在保温 56 天后，钼丝的“移动”达到了 0.0124cm，即铜 – 黄铜界面发生了移动。这种扩散效应称为 Kirkendall 扩散。

黄铜是铜和锌的合金。在图 2.3.6 中，α 黄铜中的锌通过界面外部扩散，而铜则向内部（α 黄铜中）扩散。实验证明，当两种原子进行相互扩散时，通常熔点较低、质量较轻的原子会扩散速度较快。因此，在 α 黄铜中，锌向铜中的扩散速度比铜向锌中的扩散速度快。在保温一段时间后，锌在铜中达到一定浓度，使其成为 α 黄铜。因此，在保温过程中，铜 – α 黄铜界面不断移动，而钼丝保持固定。相对而言，钼丝似乎朝向

α 黄铜内部移动。这种观察已经在铜 - 锡、铜 - 镍、铜 - 金、铜 - 银、金 - 铝等许多双金属界面得到证实，展现了 Kirkendall 扩散效应。

2. Kirkendall 扩散与疏孔

Kirkendall 扩散是一个重要的现象，其特征不仅包括界面的移动，还包括由此移动所引起的后果。在铜 - 镍互扩散中，这一现象是通过空位机制实现的。铜的扩散速度大于镍，这意味着在界面附近，靠近铜的一侧会有空位进入。这些空位通常来自附近的位错，它们发生特殊的滑移或攀移运动。在镍一侧，空位不断被铜占据，因此在镍界面附近会有原子积累，形成扩张区，而在铜界面附近由于空位积累形成了收缩区。当空位浓度达到一定的临界值时，它们会凝聚成宏观的疏孔，如图 2.3.7 所示。

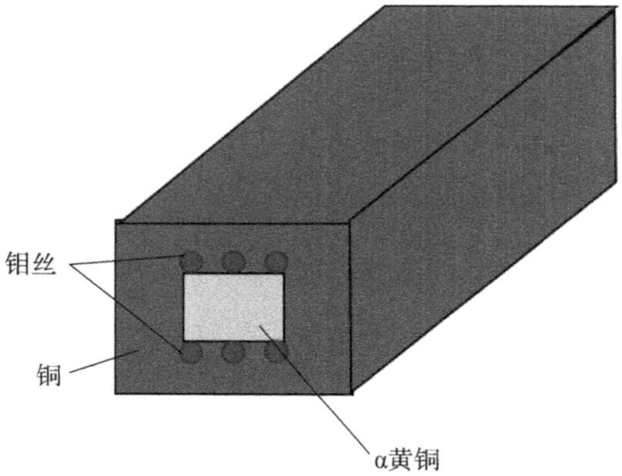

图 2.3.6 Kirkendall 扩散

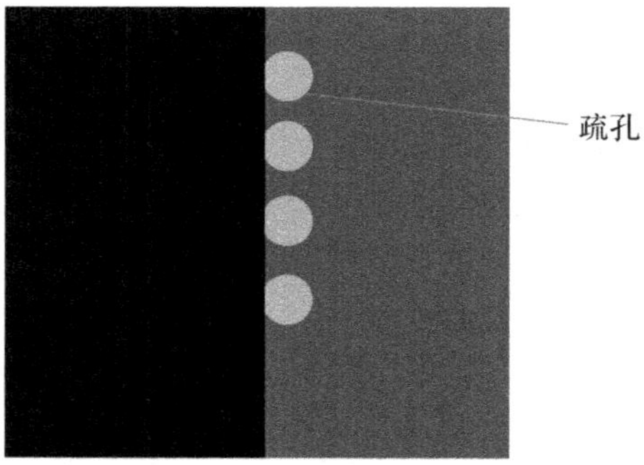

图 2.3.7 Kirkendall 疏孔

Kirkendall 扩散本身是一种体扩散，通常只在较高的温度下才明显发生。这种扩散导致了附加应力和疏孔的产生，这些疏孔可以吸附水汽、工业污染气体（如 SO_2 和 CO_2）等，从而形成原电池。这会导致两种金属的交界面易受腐蚀，从而对附着力、噪声、接触电阻等产生重要影响。

3. 生成化合物的 Kirkendall 扩散

除了生成固溶体外，Kirkendall 扩散还能导致金属间化合物的生成。例如，在 Ni - Al、Ta - Au、Al - Ti、Au - Al 等双金属界面上，Kirkendall 扩散可以导致金属间化合物的形成。

在固体器件和集成电路中，广泛使用 Au - Al 系的接触互连。这些互连形式包括铝膜金丝、金膜铝丝等，它们通常通过热压焊或超声焊来制造。在焊接和热处理过程中，金 - 铝系的界面由于 Kirkendall 扩散而生成各种金属间化合物。

最早被发现的金铝化合物是 $AuAl_2$，因为它呈紫色而被称为紫斑。在很长一段时间里，人们错误地认为紫斑是金 - 铝系统失效的主要原因。后来才明白，实际的失效与紫斑并无直接关系，而是由 Kirkendall 反应引发的疏孔。金 - 铝系统中已知的金属间化合物共有 5 种，它们的性质如表 2.3.2 所列。

表 2.3.2　金、铝及其化合物的主要性能

	晶体结构	晶格常数 /Å	电阻率 /(μΩ·cm)	线膨胀系数 /(×10⁻⁵)	威氏硬度	撕裂强度 /kgf①	颜色
Al	面心立方	4.05	3.2	2.3	20~30		银白
$AuAl_2$	面心立方	6.00	7.9	0.92	236	10	紫
AuAl	面心立方	6.05	12.4	1.2	249	26	灰白
Au_2Al	不明	不明	13.1	1.3	130	15	淡黄
Au_3Al_2	y 黄铜	不明	25.5	1.4	271	54	淡金黄
Au_4Al	立方晶格	6.92	37.5	1.2	334	19	金黄
Au	面心立方	4.08	2.3	1.42	60~90		金黄

图 2.3.8 所示为金铝系在经过 400℃保温 100min 后的电子探针分析结果，呈现了不同金属间化合物的原子浓度分布截面图。在 5 种金－铝金属间化合物中，尽管 $AuAl_2$（紫斑）常见，但主要相是 Au_5Al_2。AuAl（白斑）仅在低温下出现且难以生长，Au_2Al 的核难以形成，但一旦形成，生长速度很快，而 Au_4Al 则难以扩大。图 2.3.9 为不同金－铝金属间化合物的厚度随时间的变化关系，显示它们都符合抛物线律。由于生长条件的变化，5 种金铝化合物不会一直同时存在，但不管在哪种样品中，$AuAl_2$ 和 Au_5Al_2 这两种金属间化合物总是存在的。

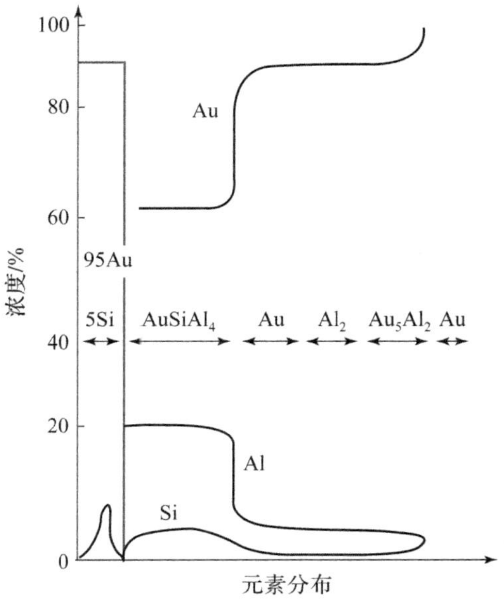

图 2.3.8　金、铝交界处原子浓度分布截面图

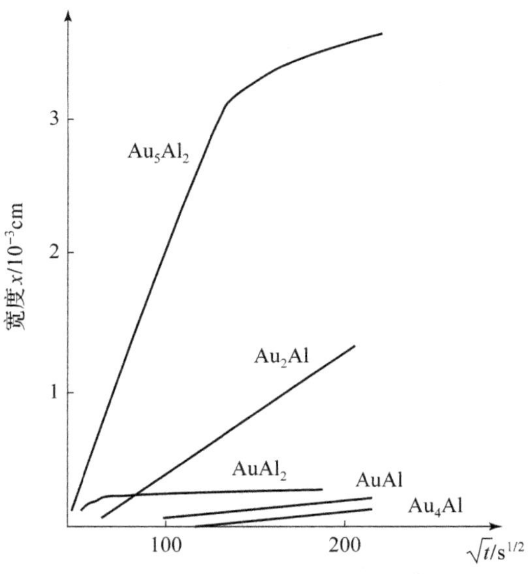

图 2.3.9　金－铝系在 400℃时生成各种化合物的厚度（x）与时间（$\sqrt{t}$）的关系

根据表 2.3.2 的数据，这 5 种金－铝化合物都具有较好的硬度和断裂强度。根据相关信息分析，当在约 300℃附近时，Au_5Al_2 中的铝会迅速向金富集区进行 Kirkendall 扩

① 1kgf = 9.8N。

散，这会导致在金－铝交界附近产生一定数量的宏观空洞。这些空洞减弱了金铝键合区的机械强度，从而增加了器件和电路的故障率。

2.4 表面缺陷

固体表面缺陷以及与之相关的传输过程是表面物理研究领域的一个重要课题。它在众多领域中发挥着关键作用，包括薄膜制备、半导体器件工艺、烧结、催化等热力学过程。

晶体的表面和界面本身就存在一定的结构上的缺陷特性。此外，体内位错也可以导致在表面出现多余的半个原子层，或者晶粒边界延伸至晶体表面，这些都可以归类为线缺陷。然而，在固体表面上，点缺陷是最常见的类型。点缺陷的形成主要涉及热激发和电子转移等机制，包括热缺陷、色心和激化子。

表面缺陷特别容易在 TLK（平台－台阶－扭折）结构的台面上发生。关于这方面的研究，有大量的观察、实验和计算资料可供参考，这里简要介绍其基本规律。

2.4.1 表面热缺陷

这些表面热缺陷是由热激发引起的，其中以点缺陷为主要形式。这些点缺陷的产生既可能与晶体内部的热缺陷（如弗伦克尔缺陷或肖特基缺陷）相伴随，也可能是由晶体表面原子的迁移、脱位或吸附等过程所引起的。一般来说，这些热缺陷包括表面空位、表面附加原子以及表面杂质原子等。这些情况在图 2.4.1 中有所表示，其中的①和②表示刃位错和螺旋位错两种线缺陷，而其余的则为点缺陷。

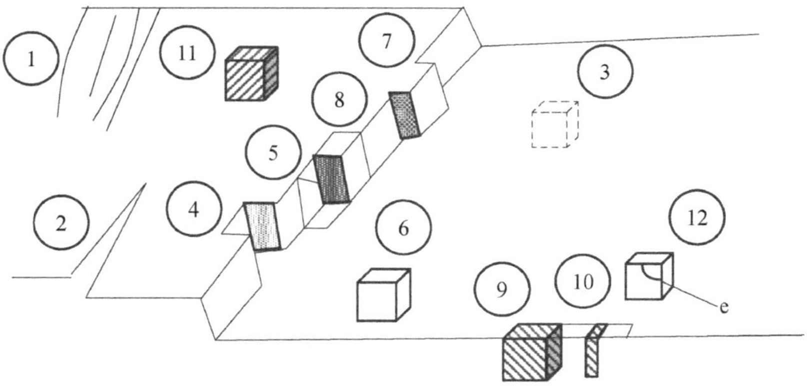

图 2.4.1 TLK 表面缺陷

1. 表面空位

表面空位是指在二维点阵的晶体格点上存在缺失原子，形成的一种缺陷。这种缺陷通常发生在晶体的表面，其中原子失去了其正常位置。举例来说，考虑稳定的 Si{111} 7×7 结构，其中在一个 7×7 再构晶胞中存在 16 个空位，这些空位被视为表面空位缺陷的一部分。

表面空位缺陷经常在不同晶体表面结构中出现，如 TLK 结构。它们可以出现在表面平坦区域，形成台面空位，就像图 2.4.1 中的③。它们也可以出现在台阶上，形成台阶空位，类似于两个相对的拐点，就像图中的④。此外，它们还可以出现在拐点处，形成拐构空位，就像图中的⑤。这些不同类型的表面空位缺陷在晶体表面的不同区域产生，并且对材料的性质和行为有重要影响。

当晶体内部出现弗伦克尔缺陷时，表面空位缺陷通常会伴随其产生。这是因为晶体内的原子可能会离开它们的正常位置，进入晶体内部，形成填隙原子，同时在表面留下空位。此外，表面原子也可能因受到热激发而离开其正常位置，蒸发或在晶体表面迁移，导致表面空位的形成。

2. 表面增原子

在 TLK 表面，通常会观察到额外的同类原子出现在二维点阵之外。这些额外的原子可以占据台面的上一层格点位置，形成台面增原子，就像图 2.4.1 中的第⑥种情形。它们也可以占据表面上方的新格点，位于台阶边缘，形成台阶新原子，类似于图中的第⑦情形。此外，它们还可以在拐点末端出现，形成增原子，就像图中的第⑧情形。这些表面增原子缺陷改变了晶体表面的原子排列，因此对表面性质产生了影响。

3. 表面杂质原子

表面杂质原子缺陷包括异类原子取代表面原子以及占据表面点阵空位（如图 2.4.1 中的⑨）、填充表面原子之间的空隙（如图中的⑩），或占据表面的上一层格点（如图中的⑪）。这些异类原子在表面产生杂质原子缺陷，可能由吸附或来自晶体内部向表面扩散的杂质引起。此外，当表面与吸附原子形成表面合金时，合金原子也属于表面杂质原子缺陷的一部分。

这些不同类型的表面缺陷在材料科学中具有重要意义，因为它们影响着材料的性质、化学反应，如半导体制造和催化剂设计。通过研究和理解这些表面缺陷，可以更好地控制和优化材料的性能。

2.4.2　色心和极化子

在碱卤化合物等离子晶体表面，通常会出现正、负离子缺位或电子进入表面而形成带电中心。这种类型的缺陷被称为色心和极化子。

当碱卤化合物晶体在碱金属蒸气中加热后骤然冷却至室温时，过量的碱金属原子会扩散至晶体表面，以一价离子的形式占据晶体中的正离子位置，与此同时，相应地出现一个卤族负离子缺位。这个负离子缺位能够俘获碱金属原子上的一个电子，并将其束缚在自身周围，这个电子受到周围正离子的共享。这导致晶体表面出现一个带正电的空位缺陷，如图 2.4.1 中的标记为⑫的位置所示。

这个负离子缺位加上其所俘获的电子一起被总称为“F 心”。在光谱研究中，可以在可见光区域观察到一个吸收峰值带，如图 2.4.2（b）所示。这表明晶体表面存在一个吸收中心，被称为色心。F 心是色心的一种，具有可见光吸收的峰值。色心的形成过程称为增色过程。碱卤化合物如 NaCl、LiCl、KCl、RbCl、CsCl 等都可以观察到 F 心的吸收谱，这个吸收带称为 F 带。

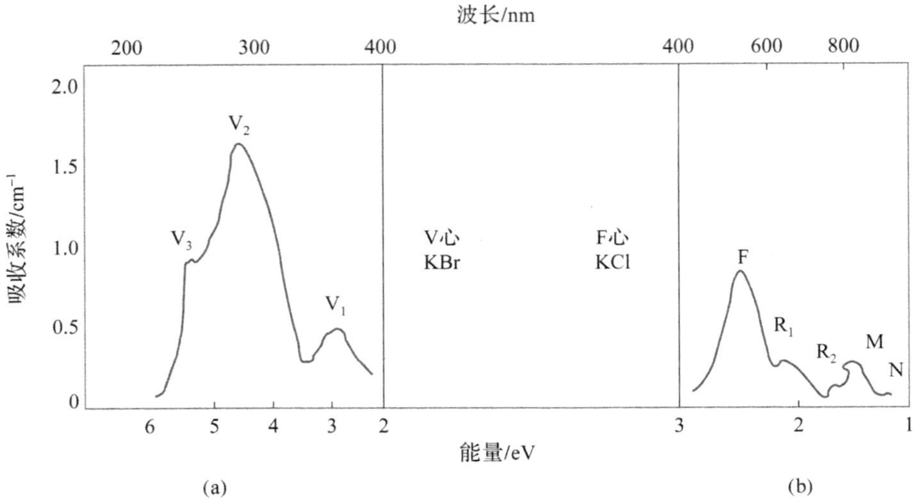

图 2.4.2　碱卤化合物光谱中的吸收带

与 F 心相关的还有 M 心，由一个 F 心和一对正负离子缺位聚集而成。N 心是由一个 F 心和两个负离子缺位聚集而成。R_1 心由一个 F 心和另一个负离子缺位聚集而成，两个负离子缺位共同俘获一个电子。R_2 心是两个 F 心的聚集，如图 2.4.3 所示。

当将碱卤化合物晶体置于卤素气氛中进行增色时，在紫外光区和紫色光区会出现另一个吸收带，如图 2.4.2（a）所示，被称为 V 带。相应的吸收中心称为“V 心”。V 心的形成是由于过量的卤素原子在晶格中造成了正离子缺位。正离子从卤素原子中俘获一个电子并以原子形式离开格点，导致负离子电子组态中出现一个空穴。这个空穴被束缚在正离子空位周围，为近邻的负离子所共有。这个正离子缺位形成了一个负电中心，连同一个被束缚的空穴共同构成了一个“V 心”。图 2.4.3 右图为 V 心的模型示意图。V 心一般标记为 V_1 心。与 V_1 心相关的还有诸如 V_2 心，由两个 V_1 心聚集而成。V_3 心是由两个正离子缺位共同俘获一个空穴而构成。V_4 心由 V_1 心和一对正负离子缺位聚集而成，等等。在碱卤化合物等离子晶体表面，常见正负离子缺位或电子进入形成带电中心，即色心和极化子。

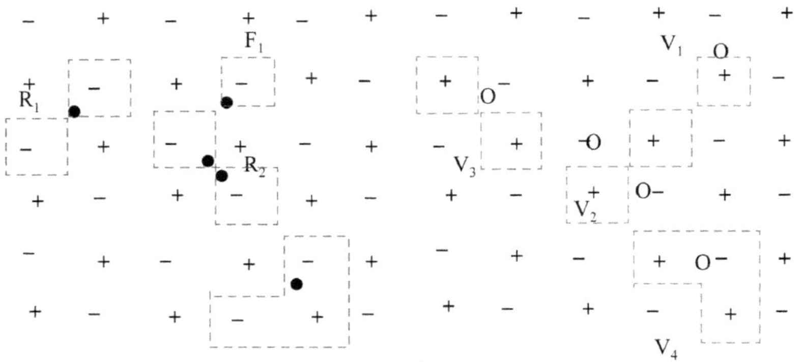

图 2.4.3　F 心、V 心模型示意图

极化子是指电子进入离子晶体表面引发的点阵畸变。电子进入晶格后，会与邻近的正离子发生相互作用，引起正离子的吸引和离子的排斥，由此产生离子位移并形成极化。产生的库仑场形成一种束缚电子的陷阱，将电子限制在一定的区域内，使其处于一种被称为“自陷”束缚态的状态。一个“自陷”态电子与晶格的极化畸变共同构成了一种“准粒子”，即“极化子”，如图 2.4.4 所示。

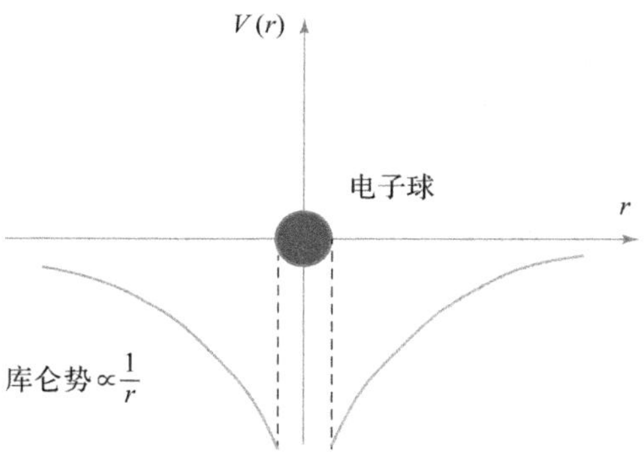

图 2.4.4 极化子模型

极化子是一种没有固定中心的准粒子，它们在晶格中不断地移动。极化子的存在对于理解晶体电阻率随温度变化的规律具有深远的意义。此外，极化子还引入了声子 - 极化子相互作用的概念，这对于解释晶体电阻率的机制非常重要。

2.4.3 表面缺陷的形成和迁移

形成表面缺陷涉及表面势场和表面原子的热运动，这是一个复杂的过程。虽然形成能和迁移能的讨论理论上应该应用量子理论来进行严格计算，但由于计算的复杂性，通常采用经典的近似方法。

1. 表面点缺陷的形成能

在表面原子总数不变的情况下，表面点缺陷的形成能需要考虑整个过程中的总能量。

在 TLK（平台 - 台阶 - 扭折）结构中，从平台上移动一个原子离开平台点阵需要能量 ΔE_{T}。当这个原子落入另一个格点（扭折或台阶边缘）时，需要消耗能量 ΔE_{K}。同时，当平台失去一个原子后，平台空位周围的点阵会发生弛豫畸变，这也会耗能，表示为 $\Delta E_{\mathrm{R}}^{\mathrm{V}}$。因此，形成表面空位的全过程的能量，即形成能，可以表示为

$$\Delta E_{\mathrm{f}}^{\mathrm{V}} = \Delta E_{\mathrm{T}} - \Delta E_{\mathrm{K}} - \Delta E_{\mathrm{R}}^{\mathrm{V}} \tag{2.4.1}$$

式中：$\Delta E_{\mathrm{f}}^{\mathrm{V}}$ 为空位（vacancy）缺陷的形成能。

同样，表面增原子（adatom）的形成能 $\Delta E_{\mathrm{f}}^{\alpha}$ 可表示为

$$\Delta E_{\mathrm{f}}^{\alpha} = \Delta E_{\mathrm{K}} - \Delta E_{\mathrm{T}} - \Delta E_{\mathrm{R}}^{\alpha} \tag{2.4.2}$$

式中：ΔE_{K} 为原子脱离格点（多自扭折处）所需能量；ΔE_{T} 为原子占据台阶格点位置耗能；$\Delta E_{\mathrm{R}}^{\alpha}$ 为由于平台或台阶吸附一个增原子而引起点阵畸变所消耗的表面弛豫能。

以上各项能量，与表面原子之间的结合势有关，称为表面势。

计算缺陷形成能需要根据大块晶体的晶格常数、压缩系数、升华热等参数选择适当的函数。一般情况下，选择一个体积为 4 ×4 ×2（或类似的尺寸）的长方体，其中包含的原子数量可能达到亿级数量级。

Wynblatt 等（1968）使用 Morse 势对立方晶体如铜（Cu）、钨（W）等材料进行了计算。根据他们的数据，可以看出在原子密度较大的｛111｝面上，空位缺陷的形成能

ΔE_f^V 为 19.3kcal/mol，而增原子缺陷的形成能 ΔE_f^α 为 22.8kcal/mol。与此形成能相比，这些晶体的结合能约为 80.4kcal/mol，大约是表面缺陷形成能的 4 倍。

Allen 等（1980）使用紧束缚近似计算了体心立方和面心立方过渡族金属的表面空位形成能，在原子密排的晶面上，缺陷形成能约为结合能的 1/4。

2. 表面缺陷迁移能

表面缺陷在表面上的迁移是一个复杂的过程，涉及缺陷的不断形成和复合。当一个空位缺陷出现在表面时，有几种可能的情况发生。首先，邻近的原子可能会占据这个空位，从而导致空位的复合，同时在另一个格点上形成了一个新的空位。此外，格点上的原子也可能获得足够的能量，以越过能垒，并进行较远距离的迁移。

迁移过程涉及表面原子或空位从一个平衡位置跃迁到邻近的格点位置，这需要克服一个能垒，这个能垒的高度用 ΔE_m 表示。ΔE_m 表示表面原子或空位在迁移过程中所需的能量，通常等于原子间相互作用的势垒高度，如图 2.4.5 所示。

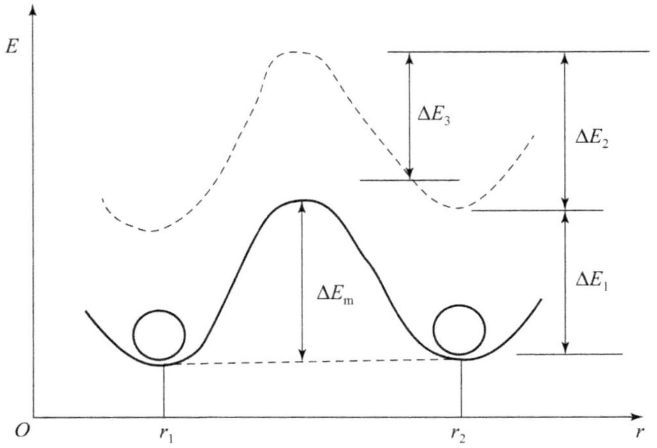

图 2.4.5 跃迁势垒 ΔE_m

因为缺陷在其迁移过程中受到周围格点的弛豫影响，因此缺陷的迁移能实际上包括了原子在势垒和势谷时格点的弛豫能。在图 2.4.5 中，虚线表示原子在跃迁过程中受到周围格点弛豫的势场影响。ΔE_1 表示势谷弛豫，ΔE_2 表示势垒弛豫，ΔE_3 表示弛豫势垒高度。则迁移能 ΔE_m 由 3 项构成，有

$$\Delta E_m = \Delta E_1 + \Delta E_2 - \Delta E_3 \tag{2.4.3}$$

Wynblatt 等关于 Cu 晶体的计算结果如表 2.4.1 所列。

表 2.4.1 表面缺陷形成能和迁移能

表面	ΔE_f/(kcal/mol)		ΔE_m/(kcal/mol)		$\Delta E_D = \Delta E_m + \Delta E_f$	
	ΔE_f^V	ΔE_f^α	ΔE_m^V	ΔE_m^α	ΔE_D^V	ΔE_D^α
{100}	11.3	23.5	3.9	5.7	15.2	29.2
{110} [110]	11.7	13.8	7.0	1.4	18.7	15.2
{111}	19.3	22.8	15.1	-0.6	34.4	-23.5

晶体表面缺陷的迁移受到表面点阵结构的影响,因此原子的迁移方向表现出不同的能垒。以面心立方结构的{110}表面为例，在这种情况下，存在一种特定的迁移“沟道”，沿[110]晶向形成的这个沟道，原子在迁移时需要克服较低的能垒，因此迁移能较低。相比之下，沿着沟道之外的其他方向，原子必须克服更大的能垒，因此迁移能更大。这使得原子更容易沿着这个特定的沟道进行迁移。

然而，也存在一些例外情况，如金属铂和铱的{110}表面。在这些材料中，沿着沟道和跨越沟道的迁移能垒之间的差异相对较小，使得在这两个方向上的迁移相差无几。这表示在某些特定的材料和晶面情况下，原子的迁移能垒可能不会显示出明显的优势方向，而原子可能在多个方向上以相似的能垒进行迁移。

3. 表面缺陷形成熵

通过使用原子的势函数，能够基于晶格振动模型来计算原子在晶格点附近的本征振动频率 v_0，以表示理想表面上的原子振动行为。然而，当表面出现缺陷时，缺陷周围的晶格结构发生畸变，导致原子的振动频率与其固有频率 v_0 不同。用 v_f 表示出现缺陷时的晶格振动频率。

现在，考虑表面上出现额外原子的情况。利用玻尔兹曼关系 $S = k\ln W$，可以计算表面增原子缺陷引起的熵增。这里的 S 是组态熵，也称为表面缺陷的形成熵，可以表示为

$$\Delta S_{\mathrm{f}} = k\ln\frac{W_{\mathrm{f}}}{W_0} \tag{2.4.4}$$

式中：W_0 为表面没有缺陷时的平衡态热力学可几率；W_{f} 为表面出现缺陷时的非完整表面平衡态热力学可几率；k 为玻尔兹曼常数。

将晶体视为“爱因斯坦固体”（Einstein Solid），这是一种假设模型，它在固体比热计算中的爱因斯坦模型中使用。在这个模型中，假设固体中的原子都以相同的频率振动。假设表面上有 N 个原子，那么表面振动频率总数为 $3N$（每个原子有 3 个振动方向）。

这些振动频率的固有值可以表示为 v_{0i}，其中 $i = 1,2,\cdots,3N$。然而，对于表面增原子的情况，其形成熵可以表示为表面原子振动频率的函数。当出现表面增原子缺陷后，晶格的振动频率变为 $v_{\mathrm{f}i}$，同样有 $3N$ 个可能的振动频率。因此，表面增原子的形成熵可以表示为

$$\Delta S_{\mathrm{f}} = k\ln\left(\frac{\prod_i^{3N} v_{\mathrm{f}i}}{\prod_i^{3N} v_{0i}}\right) \tag{2.4.5}$$

在这个公式中，考虑了 $3N$ 个不同振动频率的比值。需要注意的是，在常温下，声子能级的能量远小于热能 kT，因此可以近似地计算表面缺陷的形成熵。

Wynblatt 等在 1969 年进行了计算，并将结果列于表 2.4.2 中。这些计算有助于理解表面缺陷的形成熵，以及它们在材料科学和固体物理领域的重要性。

4. 表面缺陷迁移熵

表面缺陷在原子迁移过程中起着关键作用。当缺陷处于平衡位置（势谷）时，晶格的振动状态与缺陷迁移过程中的位置（处于势垒位置）时的振动状态明显不同。不

同的振动状态导致了系统整体的熵增加，这一现象称为表面缺陷迁移熵，用 ΔS_m 来表示。

继续考虑表面增原子的情况。假设用 υ_i 来表示缺陷在迁移前的振动频率，这里假定振动在缺陷迁移的过程中被限制在垂直方向。因此，υ_i 代表约束状态下的振动频率，而 υ_{mi} 代表缺陷处于势垒顶部位置时晶格的振动频率。可以用以下方式表示表面缺陷迁移熵：

$$\Delta S_m = k\ln\left(\frac{\prod_i^{3N-1}\upsilon_{mi}}{\prod_i^{3N-1}\upsilon_i}\right) \tag{2.4.6}$$

式中：υ_{mi}，υ_i 可通过势函数得到。

Wynblatt 等对于铜（Cu）的表面缺陷迁移熵进行了计算，计算结果详见表 2.4.2。从这个表格可以看出，除了{110}面上的增原子迁移熵较大外，其他表面和表面空位的迁移熵都明显较小。这表明，在一般情况下，缺陷引起的振动频率变化在迁移前后相对较小。此外，表面缺陷的形成引起的熵增加要大得多，与缺陷的迁移熵相比，更为显著。

表 2.4.2　表面缺陷形成熵与迁移熵

表面	$\Delta S_f/k$		$\Delta S_m/k$		$D_0/(cm^2/s)$	
	υ	a	υ	a	υ	a
{100}	2.82	1.46	0.095	0.28	3.38×10^{-2}	9.28×10^{-3}
{110}	0.58	0.90	0.10	1.15	2.45×10^{-3}	6.17×10^{-3}
{111}	1.04	2.45	0.056	-0.24	1.51×10^{-2}	2.49×10^{-3}

表中 υ 表示表面空位，a 表示表面增原子，ΔS_f 为形成熵，ΔS_m 为迁移熵，D_0 为频率因子，量纲为[cm^2/s]，定义为

$$D_0 = \alpha l2\upsilon\exp\left[\frac{\Delta S_f + \Delta S_m}{k}\right] \tag{2.4.7}$$

式中：α 为一个常数；υ 为频率；l 为缺陷迁移的平均自由程。

可以看到，D_0 与表面扩散密切相关。铜在低温下的表面扩散实验数据与上述计算结果基本相符。

需要强调的是，莫尔斯势是一个有心力场势函数，适用于金属键晶体。然而，当应用于金属键晶体时，其计算并非完全理想。举例而言，对于钨的计算存在相当大的误差。严格准确的计算要求采用量子力学方法。

2.4.4　表面点缺陷浓度

由热力学公式

$$F = E - TS \tag{2.4.8}$$

在等温情况下自由能改变

$$\Delta F = \Delta E - T\Delta S \tag{2.4.9}$$

点缺陷形成时自由能改变为

$$\Delta F_f = \Delta E_f - T\Delta S_f \tag{2.4.10}$$

若表面单位面积的原子数为 N，形成点缺陷数为 n，由于 n 的变化而引起自由能的改变，在温度 T 达到平衡时应满足

$$\left(\frac{\partial F_f}{\partial n}\right)_T = 0 \tag{2.4.11}$$

当 $N \gg n$ 时，可得

$$n = AN\exp(-\Delta E_f / kT) \tag{2.4.12}$$

式中：A 为不依赖温度的浓度系数，与点缺陷的形成熵有关，其值约为 10 个数量级。

由表 2.4.1 中的 ΔE_f 数值进行计算，当温度 $T = 10^3$ K 时，金属 Cu 的 3 个表面空位缺陷浓度之比为

$$n_{100}^{V} : n_{110}^{V} : n_{111}^{V} = 5.44 : 4.45 : 0.01 \tag{2.4.13}$$

可以看出，(111) 面上的空位浓度显著地低于其他表面。由于表面增原子的形成能，(111) 表面的增原子浓度在高温下远大于其他表面，这与表面上的原子密度有一定的关系。

思考题

1. 单原子链的边界条件如何影响振动模式？考虑链的两端原子的不同情况。

2. 双原子链中的声子色散关系是怎样的？双原子链的周期性结构如何影响声子频率？

3. 双原子链中可能存在哪些光学模式和声学模式？它们的频率和性质有何不同？

4. Ⅰ类表面模与Ⅱ类表面模的区别以及对应条件。

5. 在晶体表面上，吸附质点可能引起哪些不同的振动模式？探讨这些振动模式的性质和相互作用。

6. 推导描述表面扩散的基本方程。考虑扩散系数与温度的关系，以及可能的非线性效应。如何解决这些方程以获得关于扩散过程的信息？

7. 探讨表面扩散动力学在实际应用中的角色。例如，在材料科学、催化剂设计或生物学中，如何利用对表面扩散的理解来改善材料性能或过程效率？

8. 描述不同类型的表面扩热缺陷，例如吸附位点、吸附原子、空位和步缺陷。这些缺陷是如何形成的？它们如何影响晶体表面的性质和行为？

9. 描述在表面扩热缺陷中极化子是如何形成的。极化子与色心之间是否存在相互关系？极化子的形成是否受到表面结构的特定影响？

10. 分析表面扩热缺陷的形成所涉及的能垒和活化能。这些能垒如何影响缺陷的密度和稳定性？如何通过调控温度和压力来影响缺陷的形成和迁移？

参考文献

[1] 方俊鑫，陆栋. 固体物理学［M］. 上海：上海科学技术出版社，1981.

[2] ALLEN P B. An Introduction to Solid State Physics and its Applications by R. J. Elliott and A. F. Gibson [M]. London: The Macmillan Press Ltd, 1974.

[3] GAZIS D C, HERMAN R. Surface elastic waves in cubic crystals [J]. Physical Review, 1960, 119: 533.

[4] NKOMA J, LOUDON R, TILLEY D R. Elementary properties of surface polaritons [J]. Journal of Physical Chemistry, 1974, 7: 3547.

[5] BRYKSIN V V, MIRLIN D N, FIRSOV Y A. Surface optical phonons in ionic crystals [J]. Soviet Physics Uspekhi, 1974, 17: 305.

[6] KLIEWER K L, FUCHS R. Optical Modes of Vibration in an Ionic Crystal Slab Including Retardation [J]. Physical Review, 1966, 144: 495.

[7] AGRANOVICH V M, MILLS D L. Surface Polaritons [M]. New York: North – Holland, 1982.

[8] HARTSTEIN A, BURSTEIN E, BRION J J, et al. Surface polaritons on semi – infinite anisotropic media [J]. Surface Science, 1973, 34: 81.

[9] FALGE H J, OTTO A. Dispersion of phonon – like surface polaritons on α – quartz observed by attenuated total reflection [J]. Physica Status Solidi B – Basic Solid State Physics, 1973, 56: 523.

第3章 表面与界面热力学

3.1 热力学表面能

在晶体处于平衡态时，通常呈现最低的表面能，表现为一种稳定的结构。然而，在材料制备过程中，由于多种因素影响，如工艺条件等，晶体表面往往会呈现亚稳态，尤其是像未经过退火的硅、锗解理面等情况。在这种情况下，晶体表面可能会经历多种变化以降低其表面能。本章将首先深入探讨表面能，这是理解晶体表面现象的基础知识。

由热力学关系可知，表面能包括自由能与束缚能：

$$E_S = F_S - TS_S \tag{3.1.1}$$

式中：E_S 为表面总能量，代表表面分子相互作用的总内能；F_S 为表面自由能；S_S 为表面熵；TS_S 为表面束缚能。

在一定温度下，束缚能由表面熵 S_S 决定，而表面熵由声子熵、电子熵和组态熵3个部分组成。组态熵为晶体表面晶胞组态简并度对熵的贡献，用 S_0 表示，其遵从玻尔兹曼关系式：

$$S_0 = R\ln W \tag{3.1.2}$$

式中：W 为组态的热力学概率，表示晶体表面不同结构的组态数，即晶体微观状态数。

对于理想的无限大表面，最稳定的结构是表面初基晶胞，其原子数为1，此时表面仅有一种组态，即 $W=1$。因此，对于理想的二维无限晶格，其组态熵 $S_0=0$。

然而，在实际表面中存在着缺陷、台阶等不完整的表面结构，并且表面会出现重新排列的组态。在这种情况下，$W>1$，从而 $S_0 \neq 0$。

可以通过简单地计算获得表面上每个格点的组态熵。举例来说，对于退火的Si(7×7)稳定结构，考虑到（111）表面，在观察范围内，表面格点数约为 10^3 数量级，据此估算每个格点的表面熵。

由式（3.1.2），每个格点的表面熵为

$$S_0/N = R\ln W/N = R\ln 49/10^3 \approx 3.9\times10^{-3}R \tag{3.1.3}$$

在室温下，$T=300\text{K}$，每个格点组态熵束缚能为

$$TS/N = 4\times10^{-24}(J_0) \tag{3.1.4}$$

已知每个表面原子与相邻原子间的相互作用能约为 10^{-19}（J_0），与此相比，S_0 的贡献约为总能量的 10^{-5}，在讨论实际问题时，可以忽略不计。

声子熵，又称振动熵，是热熵的一种，用于描述晶格振动对系统熵的贡献。与组态熵的估算相比，声子熵的计算更为复杂。1968年，研究者对金刚石结构（111）表面的

理想状态进行了声子熵的估算。仅考虑表面最邻近的两层原子之间的耦合作用，每个格点的表面声子熵约为 0.47R。在室温下（300K），每个格点的声子熵束缚能大致为 10^{-21}（J_0）数量级，相当于表面内能的 1% 左右。虽然这一贡献在总能量中占比较小，但由于晶格振动受表面晶格组态的影响较小，而表面内能因表面结构变化而显著不同，相对而言，表面内能因组态而变化的程度远大于熵（$\delta E \gg T\delta S$）。因此，可以在讨论实际问题时忽略声子熵的贡献。

电子熵是指晶体表面自由电子的热运动对系统熵的贡献。在费米统计中已经得到证明。在常温下，金属自由电子对系统能量的贡献相对较小，而在半导体材料中，其贡献更为微小，因此可以忽略电子熵的影响。

总体而言，表面能受表面自由能的影响。如果将固体表面看作是连续介质表面膜，那么可以联系液体表面膜的表面自由能概念，从宏观角度讨论固体表面的各种表面和界面现象。

3.1.1 表面自由能

在液体表面膜中存在使液体表面积缩小的力，即表面张力。表面张力是液体在没有外力作用下保持平衡态时具有最小表面积的性质。增加表面积需要克服表面张力做功，该功的大小用表面自由能来衡量。

$$\delta F_S = -\delta W_S \tag{3.1.5}$$

表面自由能是广延量，与表面积相关，在实际应用中通常引用单位面积的自由能，称为“比表面自由能”，表示增加单位表面积所做的功。用 δA 表示所增加的表面积，δW 表示增加表面积所做的功，则

$$\gamma = -\delta W/\delta A = \delta F/\delta A \tag{3.1.6}$$

式中比表面自由能 γ，简称“表面能”，量纲为（J/cm^2），负号表示外界对系统做功；要注意 γ 本身为正值。对于液体表面，增加表面积需克服表面张力，张力功为

$$\delta W = \sigma\delta l \tag{3.1.7}$$

式中：σ 为表面张力；δl 为表面增加的线度；表面张力的量纲为（Din/cm），定义为表面上单位长度的应力，又称“表面张力系数”。

在处理液体表面膜的问题中，由于（J/cm^2）与（Din/cm）具有相同的量纲，常常把表面张力 σ 与表面能 γ 等同，不影响结果。

表面张力的概念是在研究液体表面状态时引入的，通常不适用于晶体表面问题。液体表面能是各向同性的，呈球形对称性，导致液体在平衡状态下呈球形形状（在无净外力作用下）。相比之下，晶体的平衡形状由不同取向和形状的晶面构成，具有一定的对称性，这表明晶体的表面能是有方向性的，导致其平衡形状不是球形而是稳定的多面体。因此，液体表面能在数值上可能与表面张力相等，但不能等同，还需考虑其方向性。

另外，液体表面张力涉及液体表面的拉伸应力，张力功可以通过表面积测算得出，而晶体表面的增加涉及表面断键密度等概念，因此晶体的表面能具有更复杂的意义。即晶体的表面能在概念上也不等同于表面张力。

然而，在具有足够塑性的晶体中，表面原子可以在一定程度上迁移，特别是在较高温度下，例如接近熔点时。此时，表面原子首先接近于熔融状态，使得表面某些性质类似于液态。例如，金属丝在熔点附近呈现圆滑状，玻璃器皿的边口也呈圆滑形状。因此，常常借用液体表面理论来近似讨论固体表面现象，以避免复杂的数学运算，所得的结果在一定条件下基本符合实验规律。因此，液体表面热力学中的基本公式以及涉及表面张力的物理量，在一般情况下对晶体表面是有效的。

在晶体表面的研究中，引入“比表面积”概念对于颗粒晶体至关重要，特别是在陶瓷材料的制备过程中。颗粒的粉碎导致越来越多的小颗粒表面出现，引起表面能发生巨大的变化。为了描述颗粒体系的表面热力学现象，必须考虑颗粒表面积与颗粒尺寸之间的关系。定义“比表面”为单位体积晶体所占有的表面，而“比表面积”则表示该表面面积。“体积比表面积”以 A_{0V}表示：

$$A_{0V}=A/V \tag{3.1.8}$$

式中：V 为颗粒总体积；A 为颗粒总表面积。

为了方便实际应用，引入“重量比表面积”A_{0M}：

$$A_{0M}=A/M \tag{3.1.9}$$

A_{0M}与 A_{0V}满足关系式：

$$A_{0V}=\rho A_{0M} \tag{3.1.10}$$

颗粒粉碎导致比表面积增加，这表示外界对颗粒所做的机械功被转化为系统表面自由能的增加。表 3.1.1 详细列出一个直径为 1cm 的颗粒在粉碎过程中总表面积增加的情况。可以发现，当 1 个颗粒粉碎为 10^3 个小颗粒时，总表面积将增加 10 倍。由于

$$\mathrm{d}F=-\gamma\mathrm{d}A \tag{3.1.11}$$

导致相应的表面自由能增加。需要注意的是，比表面自由能 γ 并不随表面积的增加而改变，对于具体的物质具有固定的数值。

对于大小不同的颗粒总体，表面自由能的总值（取相对值，以粉碎前为基准）可表示为小颗粒表面能的总和，即

$$F=\sum_i \gamma A_i=\gamma\sum_i A_i,\ i=1,2,3,\cdots \tag{3.1.12}$$

式中：A_i 为第 i 个小颗粒的表面积。

由于总表面积的增加，整个系统的表面自由能也随之增加。

表 3.1.1　颗粒分散程度与表面积间的关系

颗粒直径/cm	颗粒数目	总表面积/cm^2
1	1	3.14
1×10^{-1}	10^3	3.14×10
1×10^{-2}	10^6	3.14×10^2
1×10^{-3}	10^9	3.14×10^3
1×10^{-4}	10^{12}	3.14×10^4

3.1.2 表面能与表面温度

表面能因表面原子的热运动而减小，这种效应体现在表面能与表面温度的关系上，用$\frac{\partial\gamma}{\partial T}$表示。

选取 T、V 为系统的自变量，在系统总体积保持不变的情况下，研究表面自由能随温度变化的规律。实验证明，表面自由能仅与温度有关，与表面积无关。根据热力学公式，可以推导出表面能与温度的关系，根据吉布斯－亥姆霍兹方程：

$$U = F - T\frac{\partial F}{\partial T} \tag{3.1.13}$$

式中：U 为表面内能。

若以 u 表示单位面积表面内能，则有

$$u = \gamma - T\frac{\partial\gamma}{\partial T} \tag{3.1.14}$$

即

$$\frac{\partial\gamma}{\partial T} = \frac{1}{T}(\gamma - u)$$

根据自由能的定义 $F = U - TS$，有 $u - \gamma = TS$，其中 TS 始终为正，可知 $u > \gamma$ 始终成立。由此

$$\frac{\partial\gamma}{\partial T} = -\frac{1}{T}(u - \gamma) \tag{3.1.15}$$

可知$\frac{\partial\gamma}{\partial T}<0$ 恒成立。这表明随着温度的升高，表面能降低。这一结论符合实验结果。图 3.1.1 所示为 CCl_4 表面能随温度变化的曲线。

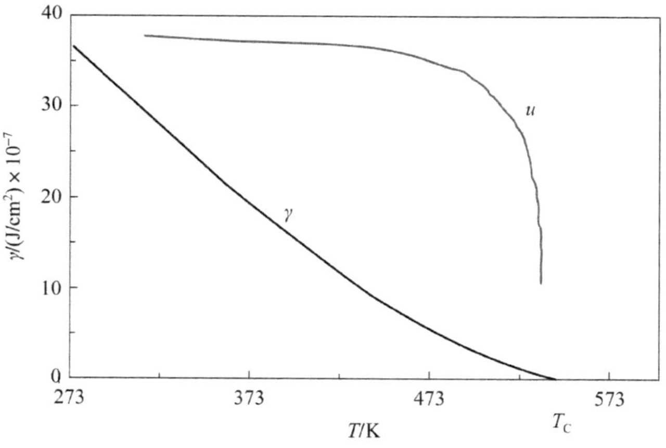

图 3.1.1 CCl_4 表面能随温度的变化

图中 T_C 处表面能为零，此时表面已不存在，表面处于蒸发态。T_C 满足关系式：

$$\gamma(T) = \gamma_0(1 - T/T_C)^n \tag{3.1.16}$$

对于固体材料，取 $n = 1$，式中 γ_0 为热力学零度时的表面能。

当 $T = 0K$ 时，有

$$u_0 = \gamma_0 \tag{3.1.17}$$

则式（3.1.16）可写为

$$\gamma(T) = u(1 - T/T_C) \tag{3.1.18}$$

表面总内能 u 基本上与温度无关。从图 3.1.1 中可以看出，外推至 $T = 0K$，γ 曲线将与 u 曲线相交，随着温度的升高，γ 迅速下降，u 趋于平衡，在接近临界温度时，将迅速地下降为零。

3.1.3 表面能与晶面取向

实验证明，晶体的不同晶面具有不同的表面能，这是由于晶体表面积增加的机制不同于液体。在晶体中，形成新的表面需要破坏原子间的结合能，通常称之为“键能”。表面原子的数目影响表面上键能的总值，同时也影响了表面能的数值。晶面取向不同，其原子面密度也不同，在解理时，每个原子形成的断键也各不相同，因此对增加表面能量的贡献也存在差异。这正是晶体表面能与液体表面能之间产生差异的基本原因。1967 年，Benson 等计算了一些离子晶体在 0K 时的表面能，相关数值如表 3.1.2 所列。可以看出，由于晶面不同，表面能的数值有显著差异。

表 3.1.2 离子晶体 0K 时表面能计算值（$\times 10^{-5} J/cm^2$）

晶体	(100)	(110)	晶体	(100)	(110)
LiF	1.42	5.68	NaBr	1.38	3.04
LiCl	1.07	3.40	NaI	1.18	3.52
NaF	2.16	5.55	KCl	1.41	2.98
NaCl	1.58	3.54	RbCl	1.38	2.77

表面断键情况直接影响晶面能的取值。因此，可以通过研究不同晶面中断键情况来确定表面能。根据断键原理测定表面能的主要方法是测定表面蒸发潜热。通过测定表面原子在蒸发态与结合态的能量差来确定表面能。这种方法的理论计算基于计算切断表面原子结合键所需要的能量。

为了阐明表面能与晶面取向的关系，以面心立方晶体为例，不同晶面表面能相对比值如表 3.1.3 所列。其中令（111）表面能为基准值，即 1.000 可以观察到（111）晶面的表面能量低。表 3.1.4 所列为几种金属不同晶面表面能的相对比值。

表 3.1.3 立方结构主要晶面表面能相对比值

晶面	断键密度/cm^{-2}	表面能相对比值
(111)	$6/\sqrt{3}a^2$	1.000
(100)	$4/a^2$	1.154
(110)	$6/\sqrt{2}a^2$	1.223
(210)	$14/\sqrt{10}a^2$	1.275

表 3.1.4 几种金属主要晶面表面能比值

金属	温度/K	$\gamma_{100}/\gamma_{110}$
Cu	873	1.2
Mo	2273	1.14
Al	823	0.98

3.1.4 表面能与表面形状

晶体表面能受晶体表面取向的影响而表现出不同的特性，说明表面能具有方向性。这个方向性与晶体结构密切相关，从表面能的角度可以推断晶体的形状。

由于表面能的方向性，晶体的平衡形状并非球形，而是呈现一定对称性的几何结构，由不同取向的晶面构成。对于不同指数的晶面（hkl）的表面能 γ（hkl）不同，晶体达到平衡时的形状取决于各晶面表面能总和。这一关系可以表示为

$$dF = \sum \gamma(hkl) dA_{hkl} = 0 \qquad (3.1.19)$$

若以 θ 表示晶面的方向角，则表面能 γ 随方向角 θ 的不同而变化，用$\frac{\partial \gamma}{\partial \theta}$表示表面能的方向性。

乌尔夫于 1901 年提出了一种成功推测晶体平衡形状的方法，即乌尔夫作图法。该方法有着简明的作图方式，其经过了数学上的严密证明得到认可。

为了更好地表示表面能与晶面方向的关系，引入了矢量 ρ，其方向为晶面的法线方向，长度正比于表面能数值。则 ρ(hkl) 即为表面能 γ(hkl) 的矢径。通过极坐标，可以用一系列矢径表示晶体中各晶面的表面能，形成“表面能矢径图”，即“γ－图”。通过测量各晶面的表面能，得到晶体的外形，即晶体表面的形状。

为了方便叙述，取晶体的截面，绘制截面的二维 γ－图，如图 3.1.2 所示。

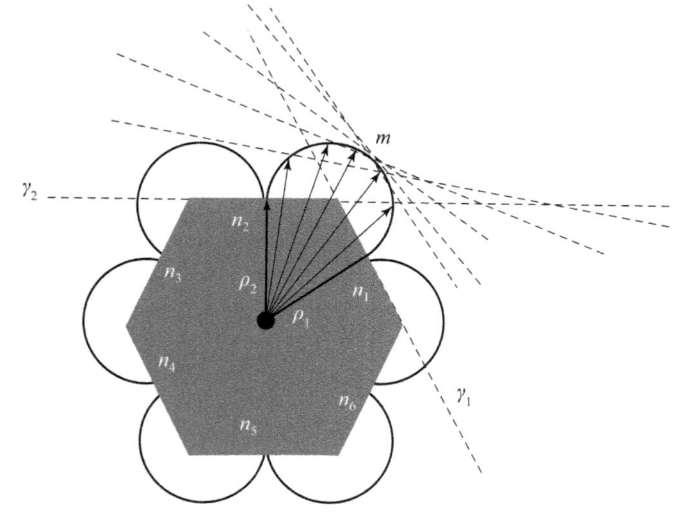

图 3.1.2 乌尔夫定律二维 γ－图

图中，六边形代表晶体平衡形状，六角形的边 $W(\mathrm{hkl})$，代表平衡晶体的相应晶面，称为乌尔夫结构。实曲线代表晶体各晶面的表面能曲面，由极坐标中无数个矢径端点连接而成。各矢径由细实箭头表示，各自垂直于其所代表的具有相应表面能的表面，其长度正比于相应表面能。自矢径与实曲面的交点，可划出该曲面的切线，代表该点的表面能，以虚直线表示；这些虚线实际上代表一系列垂直于矢径 ρ_i 的晶面。晶体的平衡形状所具有的晶面，是这些虚线的"内包迹"。显然，图中垂直于矢径 ρ_1 的虚线 γ_1 与垂直于矢径 ρ_2 的虚线 γ_2 等构成这种内包迹，乌尔夫定律指出，晶体的平衡形状 $W(\mathrm{hkl})$ 是由一系列通过表面能矢径端点并垂直于矢径的平面所形成的内包迹。

根据热力学中关于平衡条件下自由能量小的原理，晶体的平衡形状应满足各晶面 $W(\mathrm{hkl})$ 的表面能最小值条件，从图中看出 $W(\mathrm{hkl})$ 为通过 $n_1, n_2, \cdots, n_6$ 各点的 6 组晶面，这些点均满足

$$\frac{\partial \gamma}{\partial \theta}=0 \tag{3.1.20}$$

说明表面能在这些点具有最小值 $\left(\text{可以证明}\frac{\partial^2 \gamma}{\partial \theta^2}>0\text{，其中 }\theta\text{ 为极坐标参量，是表面能 }\gamma\text{ 的方位角}\right)$。

乌尔夫认为，在平衡晶体内部必存在一点，其到任何平衡晶面（hkl）的垂直距离 $\rho(\mathrm{hkl})$ 正比于该晶面的表面能 $\gamma(\mathrm{hkl})$，且对于任何平衡晶面，比值 $\rho_{\mathrm{hkl}}/\gamma_{\mathrm{hkl}}$ 等于恒定常数。

在以上二维 γ – 图中，有

$$\gamma_1/\rho_1=\gamma_2/\rho_2=\cdots=\gamma_i/\rho_i=\text{常数} \tag{3.1.21}$$

由乌尔夫定律还可以推断表面能与曲率半径的关系，当晶体粉碎成小颗粒时，晶面很小，围成小体积的颗粒，而小颗粒的曲率半径可以通过式（3.1.21）中的 ρ_i 所表示。由此式可以推断 γ_i 与 ρ_i 的关系。

3.1.5　表面能与表面曲率

当颗粒尺寸很小时，表面已不能视为平坦表面处理，需要考虑弯曲表面效应，这种效应表现为弯曲表面的附加压强。这种表面效应对晶体表面的平衡过程有着显著影响。

弯曲表面附加压强的产生可以通过简单模型说明。将表面分子所受的作用力分解为三部分：外部压强、由体内分子合力构成的内压强，以及由表层分子的横向作用力形成的附加压强。对于平坦表面，表层分子平行作用合力为零，无附加压强，则平衡时外压强等于内压强 $P_{外}=P_{内}$；凹形表面上，附加压强与内压强反向，则 $P_{外}=P_{内}-P_{附}$；凸形表面上，附加压强与内压强同向，则 $P_{外}=P_{内}+P_{附}$，如图 3.1.3 所示。

凹形表面的正压强永远小于平面的正压强，而凸形表面正压强永远大于平面的正压强，即 $P_{凸}>P_{平}>P_{凹}$。

任一形状的弯曲表面，弯曲表面的附加压强与表面曲率的关系由已知的关系式：

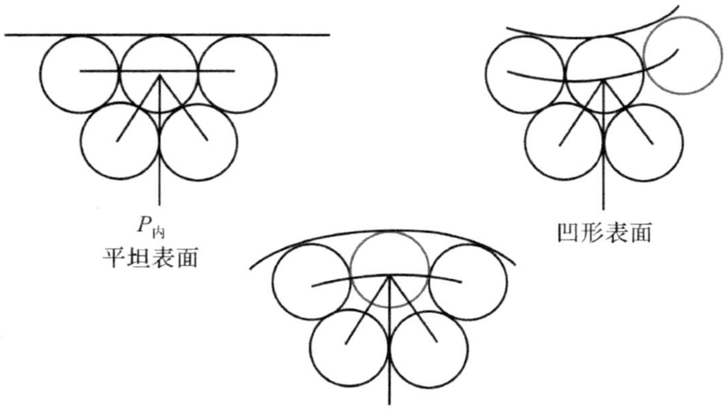

图 3.1.3　附加压强示意图

$$\Delta P=\gamma\left(\frac{1}{\rho_1}+\frac{1}{\rho_2}\right) \tag{3.1.22}$$

给出，式中 ρ_1 与 ρ_2 为曲面上有代表性的曲率半径，对于球形表面附加压强为

$$\Delta P=2\gamma/\rho \tag{3.1.23}$$

式中：ρ 为球面半径。

附加压强的存在将引起蒸气压的变化，通过热力学关系式，可得到开尔文公式为

$$RT\ln\frac{P_\beta}{P_\alpha}=v\gamma\left(\frac{1}{\rho_1}+\frac{1}{\rho_2}\right) \tag{3.1.24}$$

对于球形表面，有

$$RT\ln\frac{P_\beta}{P_\alpha}=2v\gamma/\rho$$

式中：P_β,P_α 为曲面两侧不同相物质的蒸气压；v 为摩尔体积。

开尔文公式是烧结动力学中的重要公式。当表面为平面时，$P_\beta=P_\alpha=P_0$，P_0 为平坦表面的蒸气压，则开尔文公式可以表示为

$$RT\ln\frac{P}{P_0}=v\gamma\left(\frac{1}{\rho_1}+\frac{1}{\rho_2}\right) \tag{3.1.25}$$

$$RT\ln\frac{P}{P_0}=2v\gamma/\rho \tag{3.1.26}$$

蒸气压标志着表面成为界面的传质过程，这一规律同样可运用于两相传质过程中的溶解度。若以溶解度 C 替代蒸气压 P，则可以得到关于溶解度的开尔文公式为

$$RT\ln\frac{C}{C_0}=v\gamma\left(\frac{1}{\rho_1}+\frac{1}{\rho_2}\right) \tag{3.1.27}$$

$$RT\ln\frac{C}{C_0}=2v\gamma/\rho \tag{3.1.28}$$

式中 γ 值并不会直接随着 ρ 的取值而改变。对于给定的物质，当处于颗粒状或熔融状时，其表面作为曲面，具有给定的表面能数值，表 3.1.5 所列为几种物质的 $\gamma,\Delta P,\frac{P}{P_0}$ 值。

表 3.1.5　曲率半径对附加压强与相对蒸气压的影响

晶面	表面能 /(J/cm²)	曲率半径 /cm	附加压强 /MPa	相对蒸气压 P/P_0
石英玻璃（1700℃）	3×10^{-3}	10^{-5}	11.96	1.0200
		10^{-4}	1.196	1.0020
		10^{-3}	0.1196	1.0002
液态钴（1450℃）	1.935×10^{-4}	10^{-5}	76.49	1.0200
		10^{-4}	7.649	1.0020
		10^{-3}	0.7649	1.0002
Al_2O_3 (1850℃)	9.05×10^{-5}	10^{-5}	72.57	1.0200
		10^{-4}	7.257	1.0020
		10^{-3}	0.7257	1.0002
水 (25℃)	7.2×10^{-6}	10^{-5}	26.87	1.0200
		10^{-4}	2.687	1.0020
		10^{-3}	0.2687	1.0002

当表面弯曲到一定程度时，发现表面能本身将受到曲率影响，如果假设介质是连续的且近似于液态物质，可以用半经验的公式来表示表面张力随曲率半径的变化。

$$\frac{\gamma}{\gamma_0}=1\Big/\left(1+\frac{2\delta}{\rho}\right) \tag{3.1.29}$$

式中：γ_0 为平面的表面张力；ρ 为曲率半径，当 ρ 很小时，可认为是球面半径；δ 为分子的有效直径，约为 10^{-10}m 数量级。

由式（3.1.29）可以看出，当 $\frac{\delta}{\rho}=0.1$ 时，$\frac{\gamma}{\gamma_0}=0.83$。即当曲率半径接近于分子水尺寸时，表面张力改变为 $0.83\gamma_0$。

3.2　固－液界面润湿现象

前面讨论了固体自由表面及其吸附表面的表面自由能，涉及固－气界面的表面能性质以及固－液界面或熔态界面及其吸附态表面能性质。接下来，本节将讨论固－液界面的润湿现象。

润湿现象在液相物质与固相物质表面的相互作用中具有重要意义，尤其与陶瓷材料性能及其制备密切相关。表面润湿现象的关键参数是接触角 θ，角度 θ 可通过与表面能 γ 之间的关系描述液相物质在固相表面的润湿行为及其动态平衡规律。

3.2.1 固－液相界面的界面能

1. 接触角与表面张力

将液体置于固体表面上，平衡形状由固体表面能、液体表面能以及固－液界面能之间的平衡关系决定。平衡时，总界面能最小，形成接触角 θ，即气液相界面与固液相界面之间的夹角，如图 3.2.1 所示。以相界面切线的夹角表示，图中所示为各相界面的剖面图。其中 S 为固相符号，V 为气相符号，L 为液相符号；γ_1 为 S－V 界面能，即固体自由表面的表面能；γ_2 为 L－V 界面能，即液体表面张力；γ_3 为 S－L 界面能。γ_1，γ_2，γ_3 各沿相界面切线方向，图中以箭头标志。

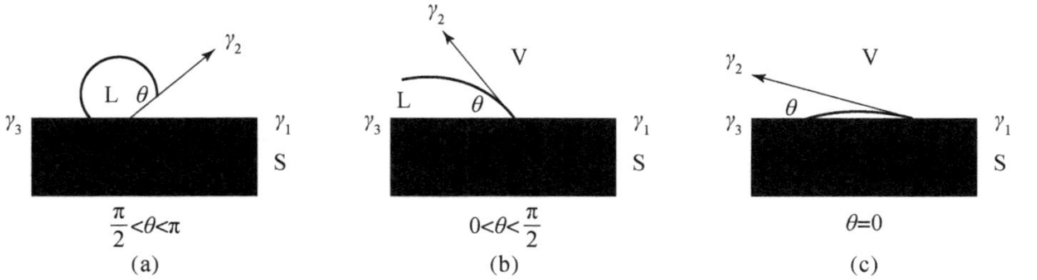

图 3.2.1　接触角示意图

$\frac{\pi}{2}<\theta<\pi$ 时，为不润湿状态，$\theta=\pi$ 为完全不润湿状态，如图 3.2.1（a）所示；当 $0<\theta<\frac{\pi}{2}$ 时，呈一般润湿状态，如图 3.2.1（b）所示；$\theta=0$ 时，为完全润湿状态，如图 3.2.1（c）所示。

1805 年，Young 证明了接触角 θ 与界面张力的关系公式。设液体在固体表面形成固－液界面，液体覆盖面积用 A 表示。接触角为 θ，若液体相对于初始位置发生一微小位移（为虚位移概念），使接触面积改变 δA，则系统自由能改变，通过简单的推导，有

$$\delta F=\delta A(\gamma_3-\gamma_1)+\delta A(\gamma_2\cos(\theta-\delta\theta)) \tag{3.2.1}$$

如图 3.2.1（b）所示。式中 γ、θ 均不是 A 的函数，且当 δA 很小时 $\delta\theta$ 可忽略，有

$$\frac{\partial F}{\partial A}=\gamma_3-\gamma_1+\gamma_2\cos\theta \tag{3.2.2}$$

当系统达到平衡时，有

$$\frac{\partial F}{\partial A}=0 \tag{3.2.3}$$

则

$$\cos\theta=\frac{\gamma_1-\gamma_3}{\gamma_2} \tag{3.2.4}$$

此为 Young 公式，即平衡润湿条件。

式（3.2.4）中 γ_2 可通过各种方法测定，若忽略液体蒸气压的影响，γ_1 可以视为固体自由表面的表面能，它是已知的，代表了固体特定条件下的表面能。而 γ_3 是一个未知数，θ 需要通过测量得到。

根据 Young 公式，完全润湿时 $\theta=0$。这意味着当 γ_3 越小时，θ 越接近 0，实现平衡

润湿条件会更容易。这种情况在固体和液体具有相似化学性质或结合方式时更容易发生。举例来说，硅酸盐熔体在氧化物固体表面上容易润湿，接触角很小，甚至可以完全润湿。相反地，金属熔融与氧化物固态的界面，由于化学结构差异大，其界面能 γ_3 很高，难以实现润湿条件。

微观层面的润湿现象主要受两个因素影响，即液体分子内聚力和液体与固体界面间的分子黏附力。在宏观层面上，这些作用表现为界面张力。在平衡状态下，界面张力达到平衡，这导致引入了液体与固体界面的润湿张力，从而表示平衡润湿作用。

$$\gamma_{BLV} = \gamma_1 - \gamma_3 = \gamma_2 \cos\theta \tag{3.2.5}$$

润湿张力 γ_{BLV} 的下标 BLV，表示固、液、气三相同时存在的情况。

当完全润湿时，$\theta = 0$，则 $\gamma_{BLV} = \gamma_2$

完全润湿的条件为

$$\gamma_1 = \gamma_2 + \gamma_3 \tag{3.2.6}$$

当完全不润湿时，$\theta = \pi$，则 $\gamma_{BLV} = -\gamma_2$

$$\gamma_1 = \gamma_3 - \gamma_2 \tag{3.2.7}$$

此时液体在固体表面呈球形液珠。

一般来说，液态氧化物的表面能要比固态金属的低很多。因此，在金属表面上的沉积氧化物层易于润湿金属，接触角通常在 0°~50°之间。然而，金属熔融状态下的表面张力要高于大多数固态氧化物，例如陶瓷氧化物。这就导致金属难以润湿氧化物表面，其接触角一般大于$\frac{\pi}{2}$。

晶体材料的 γ_1 与晶面取向有关，因此液态物质在晶体表面的润湿接触角 θ 也会因晶面取向不同而不同。对于 MgO 单晶的不同晶面，可以测得各种液态物质的接触角。从表 3.2.1 中可以看出，熔融态金属难以润湿氧化物表面，但金属氧化物和陶瓷氧化物的熔体却能很好地润湿氧化物表面。

表 3.2.1　MgO 单晶不同晶面的液相接触角实测值

液相物质	温度/K	θ		
		(100)	(110)	(111)
Cu	1573	$\pi/2+16°$	$\pi/2+69°$	$\pi/2+59°$
Ag	1573	$\pi/2+46°$	$\pi/2+51°$	$\pi/2+57°$
Co	1873	$\pi/2+14°$	$\pi/2+63°$	$\pi/2+54°$
Fe	1873	59°	$\pi/2+20°$	$\pi/2$
碱性溶液*	1773	9°	17°	32°

* 碱性溶液成分为：SiO_4（40%）；Al_2O_3（20%）；CaO（40%）。

2. 临界表面张力

在平衡润湿条件式中，一般 γ_3 难以测定，使得式（3.2.4）在应用上不太方便。然而，1964 年吉斯曼（Zisman）利用液体表面张力 γ_2 的实测值与接触角 θ 的关系，引入了固体“临界面张力” γ_c 的概念，作为标志完全润湿条件。这个概念描述润湿条件更为方便。

如图 3.2.2 所示，图中以各种同系液体在聚四氟乙烯表面接触角的 $\cos\theta$ 实测值为纵坐标，以液体表面张力实测值为横坐标，实验曲线为具有斜率 b 的直线，其斜率为

$$b = -(\cos\theta - a)/\gamma_2 \tag{3.2.8}$$

式中：a 为实验直线在纵轴上的截距。

将实验直线延长与纵坐标相交，其交点所对应的横坐标取值，即为临界表面张力 γ_c，在图中，$\gamma_c = 18$ (dyn/cm)①。

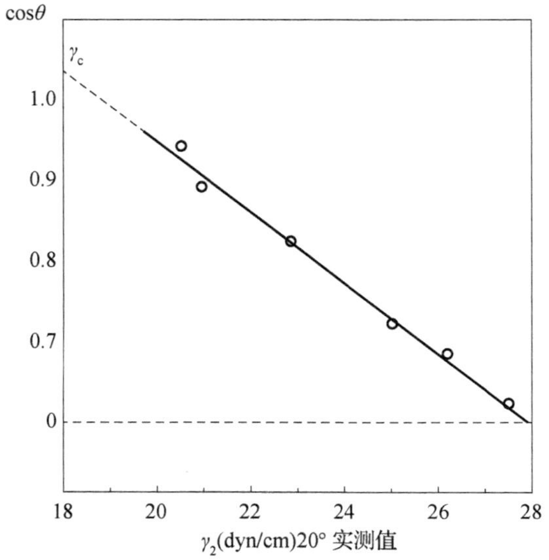

图 3.2.2　临界表面张力

Zisman 提出了一个经验公式

$$\cos\theta = a - b\gamma_{2 \cdot a} \tag{3.2.9}$$

引入 $\beta = \dfrac{b}{a}\left|\dfrac{\gamma_2}{\gamma_2 - \gamma_c}\right|$，其中 $\beta = 0.03 \sim 0.04$

$$\cos\theta = 1 - \beta(\gamma_2 - \gamma_c) \tag{3.2.10}$$

此式描述了接触角与表面张力及临界张力的关系，能够帮助理解给定液体情况下接触角与 γ_c 之间的依赖关系。γ_c 代表了固体表面完全润湿所需的表面张力临界值（$\gamma_2 \geqslant \gamma_c$）。在实际应用中，使用 γ_c 作为固体润湿特性的参数更为方便，因为对于给定的固体，γ_c 是其“特征量”。

3.2.2　接触角与表面润湿状态

由于吸附物会对表面能与界面能产生影响，尤其是活性物质的吸附，表面与界面的吸附在润湿方面扮演着关键角色。通过向金属熔体中引入活性剂，如钛、锆等活性金

---

① $1\text{dyn} = 10^{-5}\text{N}$。

属，由于这些活性剂与氧化物之间存在强烈吸引力，有效地降低了界面能。这使得高表面能的熔态金属能够有效润湿低表面能的氧化物固体表面，从而活性剂在熔态金属与固态氧化物之间发挥了“钎焊”作用，促进了润湿过程。

此外，利用铝－锰结合物在金属与氧化物界面发生反应，生成流动的液态氧化物。这种液态氧化物具有自黏着性，既能润湿金属，又能润湿氧化物固体。这使得氧化物固体（例如陶瓷）表面能够牢固形成金属化覆盖层，然后通过在覆盖层上实现金属钎焊，进一步促进了润湿过程。

此外，氧化物在固－液界面的存在有助于润湿。实验证明，在金属表面的润湿现象直接受到接触气氛的影响。从表 3.2.2 中可以看出，在大气中由于表面氧化作用，使得金属表面的润湿程度远高于其处于其他气氛或真空条件下。

表 3.2.2 接触气氛对表面润湿的影响

固相	接触气氛	液相	温度/K	$\theta/(°)$
Ag	He 或 H_2 大气	$Na_2Si_2O_3$	1173	70 0
Cu	He 或 H_2 大气	$Na_2Si_2O_3$	1173	60 0
Pt	N_2+H_2 大气	$SiO_2:Na_2O:CaO$ 70% 16% 10%	1253	64 25 或 0
W	真空 N_2 H_2	Al_2O_3	2423	50 36 17
Al_2O_3	N_2 大气	Ag	1373 1453	$\pi/2+25$ $\pi/2+5$

3.2.3 超疏水表面

超疏水是一种新型表面材料，它可以自行清洁需要干净的地方，还可以放在金属表面防止外界的腐蚀。当液滴置放在超疏水表面，会呈现较大的静态接触角（$>150°$）和较小的滚动角（$<10°$），使得液滴在接触到该表面时几乎完全保持球形，并能轻易滚落，从而实现自我清洁、防冰冻、抗腐蚀等效果。这种现象是通过模仿自然界中的生物（如荷叶、水黾等）的表面结构来实现的。自然界中的荷叶表面覆盖着微米级别的乳突状结构，这些结构使得实际接触面积大大减小，导致液体与固体之间的黏附力减弱。除了物理结构外，荷叶表面还有一层蜡质物质，这种物质极大地降低了其表面能，使得水分子更倾向于与自身相互结合，而非与固体表面形成强相互作用，这就是“化学非润湿性”。而水黾腿部的刚毛则具有更为复杂的微纳双重结构，进一步增强了疏水效果。

研究人员发现制备超疏水的表面主要需要两个条件：一是材料表面具有很低的表面

能；二是在固体材料表面构建一定粗糙度的、具有微米和纳米的双重结构。通过粗糙化处理和低表面能物质修饰相结合的方法制备超疏水表面。例如，在金属、塑料或陶瓷等基材上构建微米级或纳米级的粗糙结构，然后涂覆一层低表面能的氟化物或其他疏水化合物，由此形成的复合表面可以达到水接触角大于150°，滚动角小于10°的超疏水效果。

低表面能和合适的表面微结构是获得超疏水表面的重要因素。近年来，超疏水表面的制备方法通常是用物理化学方法作用于低表面能材料表面，构建表面微结构，具体方法有机械加工、气相沉积和激光加工等。超疏水表面材料在工业领域有广泛应用前景，例如自清洁玻璃、船舶防污涂层、高效节水技术以及传感器和电子设备的防护等领域。

3.2.4 润湿的毛细效应

实际的固体表面，均有不同程度的粗糙度，其润湿情况直接受到表面粗糙度的影响。在粗糙的固体表面，同一尺度范围内的表面积，比平坦表面的表面积大得多。固体表面由于润湿而减少表面积 $AB = \delta A$；液体表面由于铺展而增加表面积 $BC = \delta A\cos\theta$。粗糙表面上实际改变的固体表面积大于 δA。已知粗糙表面积改变为平坦表面积时其变化为 n 倍，则此时，实际表面积改变量为 $n\delta A$，相应的液体表面积增加 $n\delta A\cos\theta$。可以看出，粗糙程度越大，表面积增加的倍数也越大。n 作为表面粗糙程度的量度，称为“表面粗糙度”或“表面粗糙度系数”。当达到平衡时，表面张力满足式（3.2.4），引入粗糙表面上的接触角 θ_n，则有

$$\gamma_1 \cdot n\delta_S = \gamma_3 \cdot n\delta_S + \gamma_2 \cdot \delta_S\cos\theta_n \tag{3.2.11}$$

或

$$\cos\theta_n = \frac{n(\gamma_1 - \gamma_3)}{\gamma_2} = n\cos\theta \tag{3.2.12}$$

有

$$n = \frac{\cos\theta_n}{\cos\theta} \tag{3.2.13}$$

由于 $n \geqslant 1$ 恒成立，则 θ 与 θ_n 的相对关系，按余弦曲线变化，如图3.2.3所示。可以看出：

当 $\theta < \frac{\pi}{2}$ 时，有 $\theta > \theta_n$，此时，n 越大，θ_n 越小，就越容易润湿。当 $\theta > \frac{\pi}{2}$ 时，有 $\theta < \theta_n$，此时，n 越大，θ_n 越大，就越不利于润湿。而 $\theta = \frac{\pi}{2}$ 时，$\theta = \theta_n$，表现不出粗糙度的影响。

之前提到的润湿现象主要是“接触角”效应的一种表现。然而有些润湿现象的机制不仅涉及接触角问题，还涉及液体渗入固体的毛细效应润湿。这种润湿的推动力源于液体在弯曲表面上施加的附加压强。毛细管壁上的液体接触角 θ 如图3.2.4所示，接触角和其他参数的关系如下：

$$\Delta P = \frac{2\gamma_2\cos\theta}{\rho} \tag{3.2.14}$$

$$RT\ln(P/P_0)=\frac{2V\gamma_2\cos\theta}{\rho} \tag{3.2.15}$$

式中：ρ 为毛细管半径。

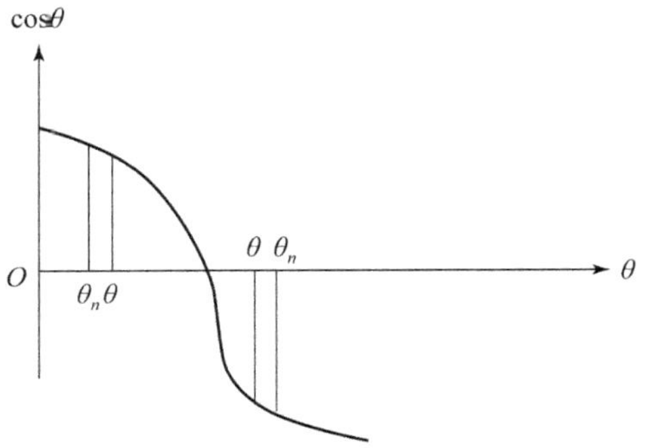

图 3.2.3　θ 与 θ_n 的关系图

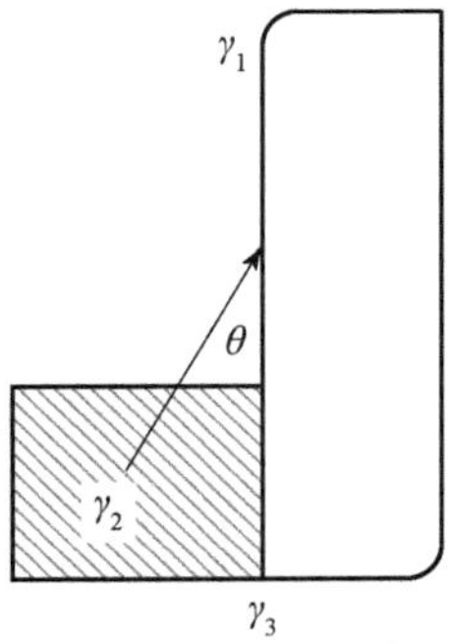

图 3.2.4　毛细作用接触角

当 $\theta\neq0$ 时，有

$$\Delta P=\frac{2(\gamma_1-\gamma_3)}{\rho} \tag{3.2.16}$$

当 $\theta=0$ 时，有

$$\Delta P=\frac{2\gamma_2}{\rho} \tag{3.2.17}$$

对于特定的固体，γ_1 已经确定。为了使润湿继续进行，需要增加附加压强。因此，在式（3.2.16）中，要使 γ_3 尽可能小；在式（3.2.15）中，要使 γ_2 尽可能大。为了实现这一目标，需要寻找一种能够降低固－液界面张力 γ_3 而不降低液体表面张力 γ_2 的表面活性剂，将其加入液体中，从而改变液体的表面与界面性质。

为了促进毛细管渗透，除了增大附加压强外，还希望提高渗入速度，忽略重力场的影响，可以定义液体进入毛细管的速度为

$$v=\frac{\rho\cdot\gamma_2\cos\theta}{4\eta l} \tag{3.2.18}$$

式中：ρ 为弯曲液面曲率半径；γ_2 为液相与气相之间界面的表面张力；n 为液体的黏滞系数；l 为液柱长度。可以看出，影响渗入速度的因素非常复杂。

3.3　表面吸附与偏析

3.3.1　吸附现象和偏析现象

1. 基本定义和常用术语

吸附是指在固－气或液－气相界面上，气相中的原子（或分子）在表面积聚，使得气相中的成分在表面（或界面）上的浓度高于气相内的浓度。与之类似，偏析是指在固－液或固－固界面上，液相或固溶体中的原子（或分子）在界面上富集，使得溶质在界面上的浓度高于其基相。偏析（segregation）也译作分凝。吸附和偏析的共性在

于原子（分子）在界面上的富集，这是由于界面处的晶格结构畸变或残留的未配对键引起的。吸附或偏析有助于减小畸变或饱和键，从而降低系统的自由能。吸附比偏析更直观，但本节主要探讨吸附现象及其规律，这些规律原则上也适用于偏析。

当气体与固体接触时，固体表面或内部发生对气体的容纳现象，称为固体对气体的吸着（sorption）作用。反之，被吸附的气体在一定条件下可以释放出来，即解吸（desorption）。如果一种物质把它周围的物质富集在表面（界面），则称吸附（adsorption）；如果将另一种物质吸收到体内，则称吸收（absorption）。由此可见，吸附（adsorption）和吸收（absorption）是两个不同的概念。例如，氢气可以在许多金属表面吸附，而对于钯、钽、铌等金属，氢既能吸附又能吸收。

通常称吸附物质的固体叫吸附剂（adsorbent），被吸附物质称吸附物（adsorbate）。常用的吸附剂包括镍箔、活性炭、硅胶、氧化铝、钨、钼、钽等，它们对吸附物有强烈的选择性，如镍箔能吸附大量氢，但几乎不吸附氮。

吸附物的量（x）与吸附剂的温度（T）和周围气体压强（P）之间存在函数关系，即

$$x = f(P, T) \tag{3.3.1}$$

当 T = 常数，$x = f_1(P)$，$x - P$ 关系曲线称等温吸附线；P = 常数，$x = f_2(T)$，$x - T$ 关系曲线称等压吸附线；x = 常数，$P = f(T)$，$P - T$ 关系曲线称等量吸附线。

常用表面覆盖度（surface coverage）θ 来描述吸附物在表面的吸附程度，它的定义为

$$\theta = \frac{x}{x_m} \tag{3.3.2}$$

式中：x_m 为布满一个单分子层的吸附量；x 为在一定 P、T 条件下的吸附量。

2. 平衡态吸附（偏析）及其处理方法

平衡态吸附（偏析）是指在吸附（偏析）发生时，吸附剂和吸附物达到热力学平衡状态，系统与大热源交换粒子和能量以达到平衡。在理论处理中，通常简化成单晶和蒸气交界面上的平衡吸附。

平衡吸附与蒸气相表面之间的扩散接触有关，而晶体和蒸气之间存在一个过渡区，其不均匀性由表面效应引起。而动力学效应可能引起表面区非平衡浓度的改变。例如，在杂质和做热涨落运动的空位之间的相互作用可能引起溶质在表面上的堆积。过渡区中的原子迁移率受到内部平衡速度的控制。在距离 L 内，组分改变达到平衡的时间是 L/Ds 数量级，Ds 是吸附物的有效表面扩散系数，它与吸附原子在表面的分布结构有关。

吸附（偏析）理论可分为宏观理论、微观理论和统计理论。宏观理论利用热力学函数关系，通过求解吸附物的重量与压力、温度之间的关系，是一种唯象的方法。微观理论则强调吸附原子与吸附剂之间以及吸附原子（分子）之间的微观相互作用，使用量子力学进行处理。统计理论采用统计力学方法，计算系统的配分函数，并以此为基础进行计算，是宏观理论与微观理论的综合。对于研究吸附（偏析）来说，以上两种理论起相辅相成的作用都是必不可少的。

3. 研究表面吸附和偏析的意义

吸附和偏析能显著改变表面（界面）区域附近的原子组分和排列，从而导致表面

(界面)区的物理性质和化学性质发生明显变化。表面吸附现象与表面态密度、表面空间电荷层、表面陷阱、表面电子散射、表面声子谱、功函数、热电子发射等密切相关。例如金刚石作为良好的绝缘体，当其表面吸附一些物质之后，就有明显的表面电导。

溶质在晶界处的重新分布直接影响材料的附着性、强度、高温蠕变和抗蚀耐磨性。吸附和偏析与催化、氧化、腐蚀有密切关系，和气敏、湿敏、离子敏和生物敏等传感器的工作原理也有密切联系。电子元器件的成品率、可靠性和老化性能受吸附和偏析的影响较大。在工业技术上，高真空和超高真空的获得、气体的分离和纯化以及废气中有用成分的回收等也是通过利用吸附现象来实现的。因此，吸附和偏析是一种广泛存在的现象，其研究具有理论价值和实际意义。

3.3.2　表面吸附类型

根据衬底（吸附剂）上表面原子（分子）与吸附质之间的相互作用力性质，通常将吸附分为两大类，即物理吸附和化学吸附。

1. 物理吸附

物理吸附（physical adsorption）是指在发生吸附时，衬底表面原子与被吸附的原子之间主要是通过 van der Waals 色散力相互作用。van der Waals 力是电矩之间的相互作用，通常不涉及原子间电荷的转移。

两个原子间距离为 r 时，van der Waals 吸引作用能表示为

$$\varepsilon_0(r) = -C_1r^{-6} - C_2r^{-8} - C_3r^{-10} \tag{3.3.3}$$

式中：第一项表示电偶极矩间（dipole - dipole）的作用能；第二项表示电偶极矩与四极矩（dipole - quadrapole）的作用能；第三项表示四极矩（quadrupole - quadrupole）间的作用能。

原子间的排斥能为

$$\varepsilon_R(r) = Br^{-m} \tag{3.3.4}$$

在通常情况下，四极矩对吸引能的贡献甚小，往往可略去不计。上式中 $m = 12$。因此，总的 van der Waals 能为

$$\varepsilon(r) = \varepsilon_D(r) + \varepsilon_R(r) \approx -Cr^{-6} + Br^{-12} \tag{3.3.5}$$

如果表面吸附很多原子，则这个系统总的 van der Waals 能为

$$E(r) = \sum \varepsilon_{ij}(r_{ij}) = -C_{ij}\sum r_{ij}^{-6} + B_{ij}\sum r_{ij}^{-12} = E_D + E_R \tag{3.3.6}$$

对于一个由离子组成的表面（或含有极性基，价电子云等），这种表面是极性的，在表面产生一个附加电场 F，这个附加电场使气体分子极化，产生附加作用能 E_P：

$$E_P = -\frac{1}{2}a^2F \tag{3.3.7}$$

式中：a 为分子的极化率（polarizability）。

如果分子本身具有电矩 μ，则表面电场产生的附加能为

$$E_{F\mu} = -F\mu\cos\theta \tag{3.3.8}$$

式中：θ 为电矩与电场间的夹角。

对于 CO、CO_2、N_2 等分子它们具有可观的电四极矩，表面电场 F 与电四极矩作用能为 E_{FQ}，则总的 van der Waals 能为

$$E(r) = E_D + E_P + E_{F\mu} + E_{FQ} + E_H \tag{3.3.9}$$

$E(r)$与 r 的关系如图 3.3.1 所示。

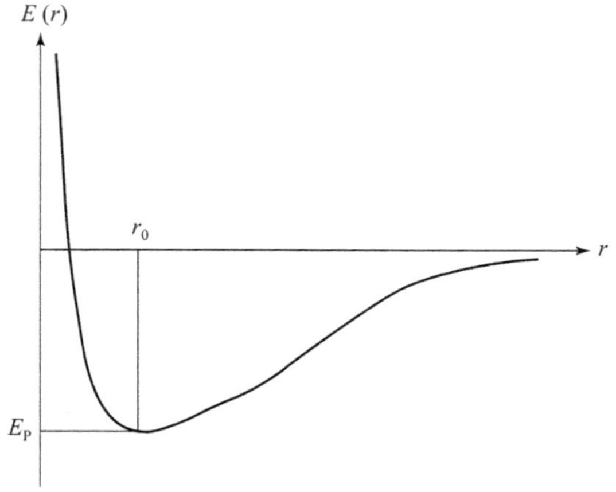

图 3.3.1　van der Waals 能与距离的关系

由图可见，当吸附原子距表面为 r_0，系统的能量比 $r\to\infty$ 时（不与表面作用）更低。因此，原子倾向于在距离表面 r_0 的位置被吸附，对应的能量被称为吸附能（或吸附热），用 E_P 表示。吸附能的常用单位为 kJ/mol 或 eV/mol（1 eV /mol = 96.48kJ/mol）。

物理吸附的吸附热相对较小，为 8～20kJ/mol（相当于 0.1～0.2eV/mol）。物理吸附热与气体吸附物的冷凝热同数量级，但稍微大于冷凝热。例如在钨丝上，氩、氪、氙吸附热分别为 8kJ/mol、18kJ/mol、35kJ/mol；而它们的冷凝热分别为 6.7kJ/mol、9.0kJ/mol 和 12.7kJ/mol。

物理吸附类似于蒸气的凝结和气体的液化过程，不涉及电子转移，而且分子结构变化不大。被吸附的气体可以形成单层吸附，但在许多情况下，物理吸附是多层的。

2. 化学吸附

在化学吸附（chemical adsorption）发生时，衬底原子与被吸附的分子（原子）之间发生了一种类似于化学反应的过程——电子云重新分布或移动，旧的化学键被破坏，新的化学键产生。化学吸附热通常在 170～350kJ/mol 的范围内。这个过程通常需要激活，其激活能约为 50kJ/mol。在化学吸附发生时，衬底分子（原子）与吸附分子（原子）被视为一个系统来处理。根据吸附时电子云的分布方式，化学吸附可分为离子吸附和共价吸附两种类型。

1）离子吸附

在发生离子吸附时，吸附的原子（分子）会捕获或释放载流子（电子或空穴）。对于纯离子吸附，不存在局部的衬底与吸附原子（分子）之间的相互作用；将离子束缚在衬底表面上的力完全是静电力，如图 3.3.2 所示。从图中可以看出，氧分子的 3 个电子（$3O_2^-$）是由半导体中提供的，在硅的表面层中有 3 个空穴（以○表示）。表面区和 O_2^- 之间的作用是纯粹的静电力。

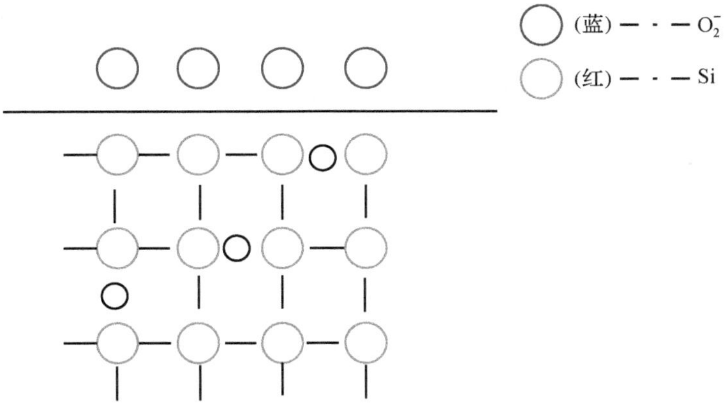

图 3.3.2　硅表面氧离子吸附示意图

在进行离子吸附（例如 O^-、O_2^- 等）后，若要发生脱附，所需的脱附能量由电子转移能和分子形成能的总和组成（例如，$2O \rightarrow O_2\uparrow$，$2O^- \rightarrow O_2^{2-} \rightarrow O_2\uparrow$）。这是因为脱附物通常以中性分子的形式离开衬底表面。

在离子吸附时，载流子会转移到吸附气体上，留下反号电荷在衬底表面，形成一个双电层。如果衬底是半导体，将形成空间电荷区，对半导体表面的物理性质（尤其是电学性质）产生重要影响。吸附在表面的离子或其络合物既能充当陷阱，又可作为复合中心。

2）共价吸附

在共价吸附中，衬底表面与吸附物之间形成局部键合，包括共价键和配位键。电子被定域在衬底表面，因此共价吸附属于纯局域互作用的化学吸附。共价吸附时，不会在半导体导带或价带中注入或抽取自由载流子，因此不会产生空间电荷区。图 3.3.3（a）所示为硅表面氧共价吸附的示意图，清晰地显示了与图 3.3.2 的区别。

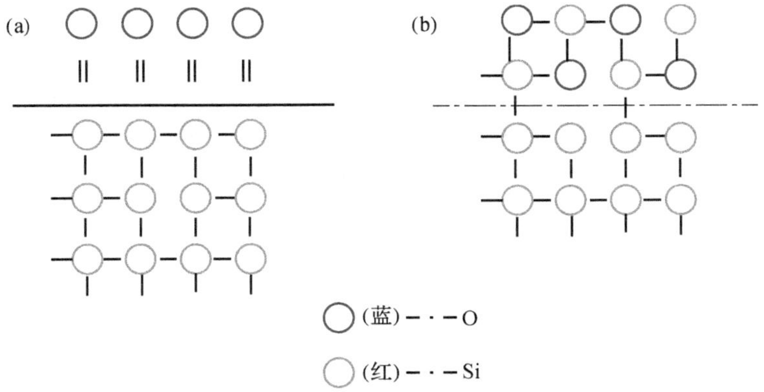

图 3.3.3　共价吸附示意图

（a）硅表面氧共价吸附示意图；（b）Si 表面的分离相。

在化学吸附中，纯离子吸附相对罕见，因为它代表完全电子转移而没有共价成分。实际上，由于衬底表面的畸变势场或附加电场，吸附原子（分子）在电子转移时会发生不同程度的极化，因此总是带有或多或少的定域性质。

在 Ge 和 Si 上的氧化层厚度相当于 10 多个 GeO_2 或 SiO_2 分子，它们主要是共价吸附后继续增长。相对于表面外离子吸附的氧（假定为 10^{-3}单层），对表面的影响几乎可以忽略。这是因为自由载流子通常不参与定域作用，但却参与离子吸附过程。当氧与 Si（或 Ge）反应时，生成 SiO_2（或 GeO_2），氧从表面 Si 处接受电子，但不会向价带注入自由空穴。这种被氧化的 Si 原子似乎从根本上“离开”了 Si 晶体，相应的价电子和价电子能带也随之消失，这种情况被称为表面分离相。这种“新相”的形成通常很少涉及电效应，如图 3.3.3（b）所示。

3）化学吸附的特点

在低温下，化学吸附和脱附速率较慢，随着温度升高，吸附和脱附速率显著增加，但只有在高温下才能建立起化学平衡。化学吸附需要一定的激活能（活化能），通常为 50kJ/mol，但也存在一些不需要激活的化学吸附，其吸附和脱附速率较快。化学吸附的作用力是短程化学亲和力，因此吸附一直进行到表面键力饱和为止，导致表面只能吸附单层吸附物。化学吸附具有特殊的选择性，与衬底表面原子的电子结构和吸附原子（分子）的结构相关，不同晶面的化学吸附性质也各不相同。

3.3.3 表面吸附的热力学理论

现在简单地介绍表面吸附的热力学性质。当气体在固体表面吸附形成单层吸附膜，且吸附膜与吸附剂表面不发生化学变化、不互溶时，这种吸附物通常称为惰性吸附物。针对这种情况，常使用热力学吸附理论，其中包括两个代表性的吸附方程：吉布斯（Gibbs）吸附方程与哈金斯－朱腊（Harkins－Jura）方程。

以 G 表示吸附膜的吉布斯自由能，表达式为 $G=G(P,T,A,n)$，其中 P 为吸附膜的平衡压强，T 为温度，A 为吸附膜表面积（覆盖面积），n 为吸附物分子物质的量。此处只含一种组分。对于平衡吸附，在恒温恒压下，$dT=dP=0$，对应的微分式为

$$dG=\sigma dA+\mu dn+Ad\sigma+nd\mu \tag{3.3.10}$$

式中：$\sigma=\left(\frac{\partial G}{\partial A}\right)_{P,T,n}$ 为吸附膜表面张力；$\mu=\left(\frac{\partial G}{\partial n}\right)_{P,T,A}$ 为吸附化学势。

当达到吸附平衡时，吸附量及吸附膜面积均不再发生宏观改变，即 $dA=dn=0$。此时，系统达到吉布斯自由能的最小值，即 $dG=0$

$$Ad\sigma+nd\mu=0 \tag{3.3.11}$$

$$d\sigma=\frac{-n}{A}d\mu \tag{3.3.12}$$

吸附量用单位面积上所吸附的气体分子物质的量 n_0 表示，即 $n_0=n/A$，称为“表面过剩”。则吉布斯吸附方程为

$$d\sigma=-n_0 d\mu \tag{3.3.13}$$

对于多组分物质，有 $n_{0i},i=1,2,\cdots$，则吉布斯方程表示为

$$d\sigma=-\sum_i n_{0i}du_i \tag{3.3.14}$$

吉布斯吸附方程的具体应用，需要根据气体的具体模型确定化学势的形式。当气体较稀薄时，通常使用理想气体模型，其化学势一般表示为

$$\mu=RT(\varphi_T+\ln P) \tag{3.3.15}$$

式中：φ_T 为温度的函数，当温度不变时，φ_T 为定值。

由此，吉布斯吸附方程为

$$d\sigma = -n_0 RT d\ln P \tag{3.3.16}$$

通过吸附膜的表面张力随压强的变化，可以表示吸附等温线。可定义（$-d\sigma$）为“表面压”或称“膜压力”。

若以 σ_0 表示固体表面的表面张力，在无吸附物存在时被定义为理想表面的表面张力，即吸附物的压强为零。当固体表面存在吸附膜时，其表面张力 γ 可以从式（3.3.16）推导而得

$$\gamma = -\int_{\sigma_0}^{\sigma} d\sigma = \int_0^P RTn_0 d\ln P \tag{3.3.17}$$

用 n_a 表示每克固体所吸附的气体分子数，那么总分子数 $n = \frac{n_a}{MA}$，这里 M 为气体相对分子质量，根据吉布斯吸附方程，有

$$\gamma = \frac{RT}{MA}\int n_a d\ln P \tag{3.3.18}$$

吸附量 n_a 的值取决于吸附模型。在低压条件下，n_a 与压强成正比，若 b' 为比例系数，那么 $n_a = b'P$，则

$$\gamma = \frac{RTb'}{MA}\int p d\ln P = \frac{RTb'}{MA}P = \frac{RT}{MA}n_a \tag{3.3.19}$$

此为低压吸附时亨利方程的另一表达式。

高压吸附情况下，积分变得复杂，如果采用可塑性吸附膜模型，其吸附方程为

$$\gamma = b - a\sigma \tag{3.3.20}$$

其中 a、b 是与温度相关的系数，可得

$$\ln\frac{P}{P_0} = D - \frac{C}{n_a^2} \tag{3.3.21}$$

这是 HarKins – Jura 方程的表达式，其中 D 为常数，$C = \frac{an_0^2A^2}{2RT}$。

3.3.4 表面吸附能曲线

1. 吸附能曲线

物理吸附能曲线是描述吸附系统能量与吸附物相互作用的关系。当吸附物与衬底的距离（r）趋于无穷大时，能量（E）趋于零，表示孤立系统，即衬底表面与吸附原子之间没有相互作用。在 r_P 处，E 达到最小值（E_P），即吸附热。$E_P < 0$ 表示吸附降低系统能量，因此物理吸附是自发发生的。实际上是由物理吸附能曲线和化学吸附能曲线叠加而成的。以氢在金属表面的吸附为例，物理吸附时以氢分子（H_2）形式吸附，而化学吸附时以氢离子（H^+）形式吸附。对于化学吸附，需要经过一个势垒 E_D，称为化学解吸（脱附）活化能。

对于某些气体，它们既能发生物理吸附又能发生化学吸附，典型的吸附能曲线如图 3.3.4 所示。该图显示 E 与 r 的关系曲线上有两个极小值，A 对应于物理吸附，距离为 r_P，能量是 E_P；C 对应于化学吸附，距离为 r_C，能量为 E_C。由于 van der Waals 力是

长程作用力，而电子转移的化学键合是短程作用力，因此 $r_P > r_C$。物理吸附到化学吸附需要通过一个势垒（E_B），这个势垒确保了物理吸附的存在，否则所有吸附原子都将位于能量最小的化学吸附态。

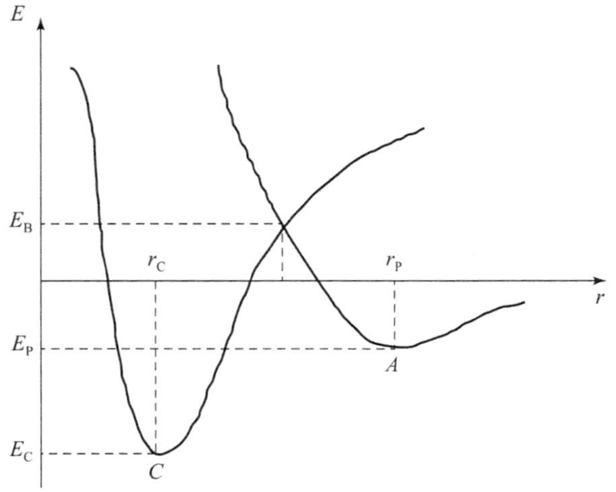

图 3.3.4 物理吸附和化学吸附同时存在时的吸附能曲线

图 3.3.4 中，表示 van der Waals 能曲线，当 r 较大时，它的能量比化学吸附能曲线要小，因此金属表面的物理吸附以 H_2 分子形式发生。当 r 较小时，化学吸附的能量比物理吸附要低，发生氢原子（氢离子）形式的化学吸附（$H_2 \rightarrow 2H \rightarrow 2H^+$）。

氢分子解离成氢原子时需要解离能，解离能可以看作是物理吸附到化学吸附所需吸附活化能 E_B 的主要组成部分。在曲线上 F 对应的状态被称为过渡态。在过渡态，与金属表面的距离介于 r_C 和 r_P 之间，原子之间的联系非常微弱。一旦达到过渡态，就会立即发生化学吸附，此时氢以原子（或离子）形式吸附在金属衬底的表面。图 3.3.5 生动地展示了氢的物理吸附态、过渡态和化学吸附态这 3 种情况。

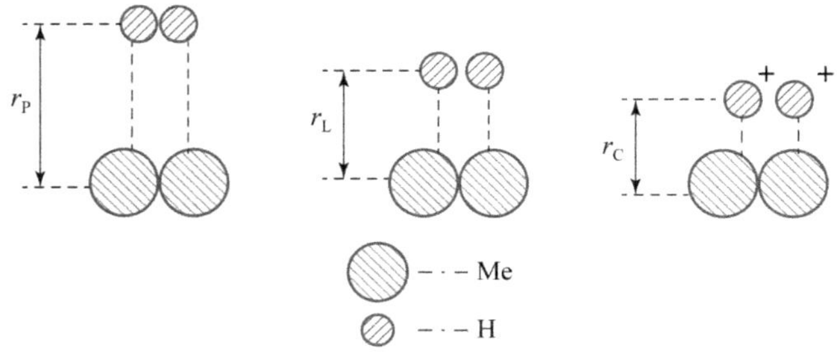

图 3.3.5 氢的吸附态

从化学吸附到解吸（$r \rightarrow \infty$）需要克服一个较高的势垒 E_D：

$$E_D = E_C + E_B \tag{3.3.22}$$

E_D 称为化学解吸（脱附）活化能。

图 3.3.6 所示为 van der Waals 作用能曲线和化学吸附曲线之间的 3 种叠加情况。通常称 $E_B > 0$ 为活化化学吸附，过程较慢，也称为慢化学吸附；$E_B < 0$ 称非活化化学吸附，过程自发进行，就是快化学吸附。吸附速率受活化能影响，若活化能较小，可观察

到快吸附。许多双原子分子在过渡金属（Ti、Zr、Ta 等）上的吸附均为快吸附。

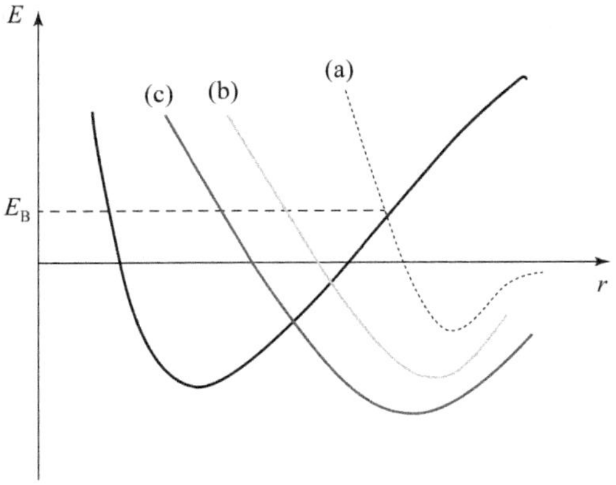

图 3.3.6 3 种可能的化学吸附

如果考虑吸附速率，当活化能较小时，通常能够观察到较快的吸附过程。例如氧、氮在钨丝，氢在镍丝上的化学吸附活化能分别为 2.5kJ/mol、1.7kJ/mol 和 1.7kJ/mol，所以是快吸附。氧在 NiO、ZnO、Cr_2O_3 上，一氧化碳在 ZnO 上以及乙烯在 Cu_2O 上的吸附活化能等于零，吸附热分别为 226kJ/mol、180kJ/mol 和 84kJ/mol，在这些情况下，吸附过程非常迅速，并且气体分子能够在衬底表面牢固附着。

2. 吸附的能带模型

图 3.3.7 所示为金属的能带和原子距离金属表面不同位置时的能态。在图中，φ 表示功函数，I 代表电离能，A 是电子亲和势（electron affinity）。

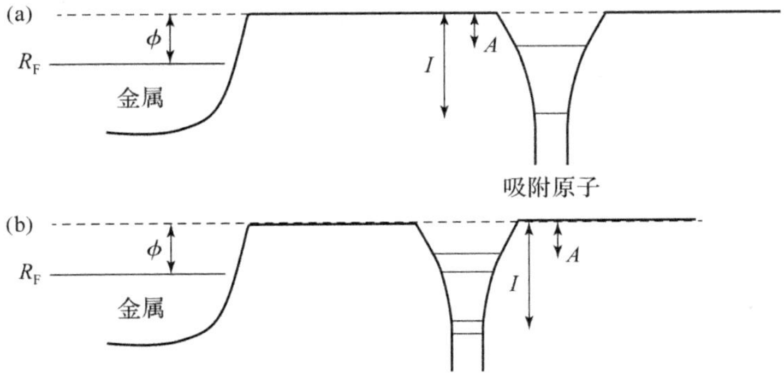

图 3.3.7 吸附原子与金属表面的作用

（a）孤立原子；（b）原子靠近金属表面。

当吸附原子的电离能 I 小于金属的功函数 φ（例如，铯的 $I = 3.87$eV，钨的 $\varphi = 4.5$eV），电子就会从吸附原子移向金属。吸附原子电离后，表面带正电，这有助于提高热电子发射效率。

另一方面，如果吸附原子的电子亲和势 A 大于金属的功函数（例如，氯原子的 $I = 3.6$eV，金属铯的 $\varphi = 1.8$eV），电子会从衬底移动到吸附原子上，形成负离子，导致表面带负电荷。有时，这还可能导致在表面生成化合物，例如氯与铯反应生成氯化铯。

第三种情况是 $I > \varphi > A$，此时不会发生电子转移，吸附原子以中性形式停留在表面。由于许多金属的功函数值在 4 ~ 6eV 之间，而氢的电离能 $I = 13.6$eV，电子亲和势

$A=0.7\mathrm{eV}$，所以氢在大多数金属上呈中性吸附状态。

上述讨论相对粗略，因为没有考虑到金属中电子状态和吸附原子能级之间的相互作用。当原子靠近金属表面时会发生微扰，导致亲和势能级和电离能能级分裂成带。金属能带中的电子与电离势能带和亲和势能带之间可能通过隧道效应互相作用。在这种情况下，金属与吸附原子间需要有共同的费米能级，可能还涉及定域态的部分电子交换。这表明在吸附现象中，衬底表面与吸附原子（分子）之间的相互作用是多样化的。

3.4 表面新相的形成与生长

3.4.1 新相形成的驱动力

新相形成的前提是存在亚稳状态。亚稳状态指在平衡相变过程中，当平衡条件发生改变时，相变并不会立即发生。这种暂时的平衡态称为亚稳状态，例如过饱和、过冷或过热状态等。

新相的形成必须具备一定的过饱和或过冷等条件。例如，在溶液中溶质物质的析晶过程只有在溶液中的溶质浓度超过溶液饱和浓度时才可能发生结晶。然而，这种过饱和的亚稳状态可能会在一定条件（如温度等）下持续存在，并不会发生析晶相变过程，这是由于表面效应的存在。要使析晶发生，必须给相变过程提供驱动力来破坏亚稳状态，使相变朝着析晶方向进行，而这个驱动力取决于相变自由能。接下来根据不同类型的结晶过程来讨论新相形成的驱动力。

在新相形成过程中，相界面稳定存在的条件是表面自由能量低。对于相变过程，使用吉布斯自由能 $G(T,P)$ 来表示。现在考虑在一定压力条件下，新相形成的吉布斯自由能变化，首先考虑熔体。

已知 $G=H-TS$，两相平衡时，$G_L=G_S$，其中 L 和 S 分别代表熔体和晶体，有 $H_L-TS_L=H_S-TS_S$，而

$$\Delta G=G_L-G_S$$
$$\Delta H=T\Delta S \tag{3.4.1}$$

在熔点 T_C，有

$$\Delta S_C=\frac{\Delta H}{T_C} \tag{3.4.2}$$

对于接近于熔点的温度 T，其熵变可用 ΔS_C 表示，则两相界面的吉布斯函数变化为

$$\Delta G=\Delta H-T\Delta S_C=\Delta H-T\frac{\Delta H}{T_C}=\Delta H\left(1-\frac{T}{T_C}\right) \tag{3.4.3}$$

引入 $\Delta T=T_C-T$ 称为过冷度，有

$$\Delta G=\Delta H\frac{\Delta T}{T_C} \tag{3.4.4}$$

式中：ΔH 称为相变潜热，对于给定物质具有定值。

可以看出，对于 $T<T_C$ 的情况，$G_L>G_S$，相变将朝着晶态方向进行，因此，熔体中新相形成的驱动力 ΔG 依赖于过冷度。

如果在溶液中发生析晶，新相形成的驱动力与溶液中溶质浓度有关。设溶液的饱和浓度为 C_0，亚稳状态的过饱和浓度为 C_1，根据热力学原理，新相形成驱动力 ΔG 的浓度表达式为

$$\Delta G = RT\ln\frac{C_1}{C_0} \quad 或 \quad \Delta g_v = \frac{R}{V}T\ln\frac{C_1}{C_0} \tag{3.4.5}$$

在气相中凝结成滴时，新相驱动力与饱和蒸气压有关，设气相的饱和蒸气压为 P_0，亚稳态的过饱和蒸气压为 P_1，则新相形成的驱动力依赖蒸气压过饱和程度，即

$$\Delta G = RT\ln\frac{P_1}{P_0} \tag{3.4.6}$$

3.4.2　晶核的形成理论

在亚稳状态下，根据结晶条件的不同，结晶中心形成方式可分为两种类型，即均态核化与非均态核化。

均态核化是指在没有外界提供结晶中心的情况下，在亚稳态中首先形成自发的分子小团体，即核胚，它们在空间中出现的概率相等。核胚的成核是各向同性的，这个过程称为均态核化。而非均态核化则是指在存在外界提供异质结晶中心的情况下，比如杂质、人工晶核剂、固态界面或气泡等，核胚首先在这些异质结晶中心上形成。此时，核胚的成核情况直接受到异相界面状况的影响。非均态核化主要是指这种情况下的核化过程。

均态核化是核化理论的基础，而非均态核化则是在均态核化理论基础上发展起来的实际存在的过程。特别是在各种薄膜制备、单晶制备等过程中，非均态核化过程是普遍存在的。

核化可以发生在亚稳的蒸气中，是凝结成滴的成核过程；也可以在亚稳的溶液中，是结晶成核过程；还可以在亚稳的熔体中，是同质凝聚的结晶成核过程。

晶核的形成是两个过程的综合效应：一方面是处于亚稳态的气体或液体，在表面吉布斯自由能自发减小的驱动下，趋于凝聚；另一方面是形成凝聚态增加表面积引起表面吉布斯自由能增加的过程。系统的吉布斯函数应由两部分构成，即

$$\Delta G = \Delta G_v + \Delta G_s \tag{3.4.7}$$

式中：G_v 为相变过程中吉布斯函数；G_s 为表面相吉布斯函数。

新相形成的条件是系统的吉布斯函数最小，即

$$\Delta G = 0 \tag{3.4.8}$$

根据这一条件可以推导出新相形成的条件。

1. 均态核化条件

此部分只考虑在溶液中发生的均态核化过程。

在晶核形成的过程中，液－固平衡相变引起的吉布斯自由能变化与颗粒体积密切相关。用 G_v 表示当形成体积为 $V=\frac{4}{3}\pi\rho^3$ 的颗粒时，系统吉布斯自由能的改变，表示为

$$G_v = -\frac{4}{3}\pi\rho^3 g_v \tag{3.4.9}$$

当晶核形成时，由于颗粒表面的形成而引起表面自由能增加，以 G_s 表示，有

$$G_s = 4\pi\rho^2\gamma_s \tag{3.4.10}$$

因此，总的吉布斯自由能改变量为

$$G = G_s + G_v = 4\pi\rho^2\gamma_s - \frac{4}{3}\pi\rho^3 g_v \tag{3.4.11}$$

当达到平衡时，$\frac{dG}{d\rho}=0$，由此得到核化条件：$2\gamma_s - \rho g_v = 0$，通过这个条件，可以得晶核稳定存在的临界半径为

$$\rho_0 = \frac{2\gamma_s}{g_v} \tag{3.4.12}$$

具有 ρ_0 的晶核称为临界晶核，相应的表面积为临界表面积：

$$A_0 = 4\pi\rho_0^2 = 16\pi\gamma_s^2/g_v^2 \tag{3.4.13}$$

临界晶核表面吉布斯自由能变化为

$$G_s = A_0\gamma_s = 16\pi\gamma_s^3/g_v^2 \tag{3.4.14}$$

均态核化过程必须经历吉布斯自由能的最大值 G_{max}，这被称为核化势垒。将式（3.4.12）代入式（3.4.11），得

$$G_{max} = \frac{\frac{16}{3}\pi\gamma_s^3}{g_v^2} = G_0 \tag{3.4.15}$$

与 G_s 比较，可得到吉布斯结论：晶核势垒等于临界晶核表面吉布斯自由能的 1/3，即

$$G_{max} = 1/3G_s \tag{3.4.16}$$

2. 非均态核化条件

大多数成核是非均态核化过程。现在研究在异质界面上的核化条件，假设核化发生在固－液界面上，液体润湿固体表面，并在固体界面上发生成核，如图 3.4.1 所示。晶核的半径用 ρ 表示，晶核在固体表面接触的半径为 R，其中 $R=\rho\sin\theta$。

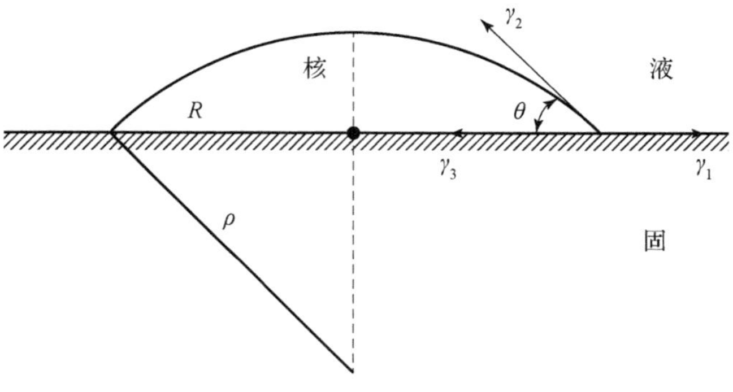

图 3.4.1　润湿成核示意图

已知 γ_1 为固－液界面的界面能，A_1^* 为非均化成核过程中固－液界面的表面积改变量；γ_2 为液－核界面的界面能，A_2^* 为晶核在液相中的表面积改变量；γ_3 为核－固界面的表面能，A_3^* 为固体表面上的晶核接触面积生成量。

在成核过程中，由于界面所引起的吉布斯自由能变化，对于非均态成核，以 G_s^* 表示，有

$$G_s^* = G_{A1}^* + G_{A2}^* + G_{A3}^* = \gamma_1 A_1^* + \gamma_2 A_2^* + \gamma_3 A_3^* \tag{3.4.17}$$

晶核生成时，固－液界面减少量等于核－固界面积生成量，即

$$A_3^* = -A_1^* = \pi R^2 \tag{3.4.18}$$

核－液界面为 θ 对应的球冠面积，通过几何学原理可求得

$$A_2^* = 2\pi\rho^2(1-\cos\theta) \tag{3.4.19}$$

则

$$G_s^* = 2\pi\rho^2(1-\cos\theta)\gamma_2 + \pi R^2(\gamma_1 - \gamma_3) \tag{3.4.20}$$

若以 V^* 表示晶核体积，可以通过球冠体积公式得到

$$V^* = \pi\rho^3\left(\frac{2-3\cos\theta+\cos^2\theta}{3}\right) \tag{3.4.21}$$

在非均态成核中，系统总的吉布斯自由能变化为

$$G^* = G_s^* + G_v^* = G_s^* + V^* g_v \tag{3.4.22}$$

当达到平衡时，$\frac{\partial G^*}{\partial \rho}=0$。可求得晶核临界半径为

$$\rho_c^* = \frac{2\gamma_2}{g_v} \tag{3.4.23}$$

$$G_c^* = G_{max}^* = \frac{16\pi\gamma_2^3}{3g_v^2}f(\theta) \tag{3.4.24}$$

其中

$$f(\theta) = \frac{(2+\cos\theta)(1-\cos\theta)^2}{4} \tag{3.4.25}$$

为接触角系数。

与均态核化势垒比较，有

$$G_{max}^* = G_{max}\cdot f(\theta) \tag{3.4.26}$$

可以看出，均态核化势垒乘以接触角系数 $f(\theta)$ 即等于非均态核化势垒。

一般情况下，

$$f(\theta) < 1 \tag{3.4.27}$$

当 $\theta=0$ 时，液体完全润湿固体表面。作为极限情况，$f(\theta)=0$，此时不存在核化垒，晶核可以在固－液界面上顺利生成。

当 $\theta=\frac{\pi}{2}$ 时，$\cos\theta=0$，$f(\theta)=1/2$，非均态核化势垒仅等于均态核化势垒的一半，即

$$G_{max}^* = \frac{1}{2}G_{max} \tag{3.4.28}$$

另一个极限情况，当 $\theta=\pi$ 时，液体完全不润湿固体表面，$f(\theta)=1$，此时固体表面已不能作为液体中的异质界面，对核化无贡献。液体中的核化属于均态核化过程。

从以上讨论可以看出，非均态核化比均态核化更容易实现。

3.4.3 成核速率

晶核的形成速率，用 N 表示，指的是在单位体积内每单位时间形成的晶核数量。下面首先讨论液态物质中均态核化速率的情况。

成核速率主要由两个因素控制：一是相变过程中形成核胚的概率，二是扩散过程中分子跃迁到核胚的概率。当液体中的分子具有足够能量克服核化势垒时，它们可以聚集成核胚，具有能量 G_C 的分子形成核胚的概率为

$$W_P = n_0 \exp\left(-\frac{G_C}{kT}\right) \tag{3.4.29}$$

式中：W_P 为相变机制中临界晶核的形成概率；n_0 为单位体积内的分子数。

核胚形成及在核胚上结晶成核，是液态中分子逐个向核胚表面扩散的过程。因此，晶核的形成取决于分子向核胚扩散的速度，即取决于分子从液态向核胚表面空格点跃迁的概率。若以 G_D 表示一个分子从液态跃迁到核胚界面所需要的活化能，则扩散概率为 $W_D = D_0\exp(G_D/kT)$，其中 D_0 为扩散频率因子。

因此，均态成核速率 $N_\tau = W_P \cdot W_D$，则

$$N_\tau = C_0 \cdot \exp[(-G_C/kT) - G_D/kT] \tag{3.4.30}$$

$$C_0 = n_0 D_0 \tag{3.4.31}$$

扩散概率对于给定物质具有一定的数值，不随晶核的大小而变，与化学势无关。成核概率依赖于化学势，可以证明：

$$g_v = L\frac{\Delta T}{T_c} \tag{3.4.32}$$

式中：L 为相变潜热；ΔT 为液体过冷度；T_c 为临界温度，则成核速率可表示为过冷度的函数。

成核速率随过冷度的变化如图 3.4.2 所示。图中曲线有一极值，对应最大过冷度 ΔT_{max}，当过冷度超过 ΔT_{max}时，成核速率将下降。

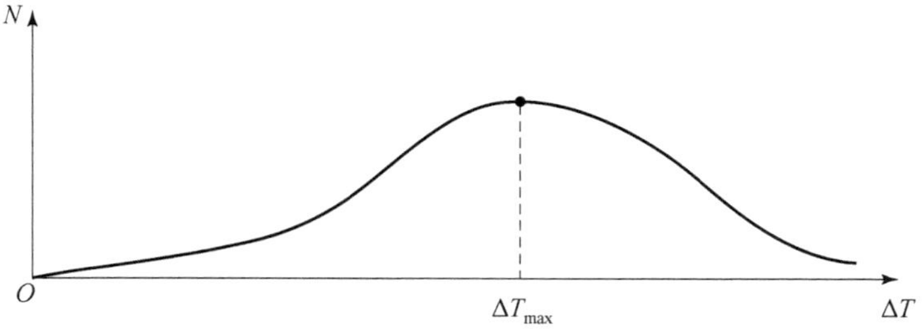

图 3.4.2 成核速率与过冷度

相对过冷度（表示为 $\Delta T_{max}/T_c$）是液态中晶体形成的一个重要参数，可以用于估算晶体在液态中的界面能。一般而言，界面能与熔解热有关。晶核－液体界面能用符号 γ_2 表示，熔解热用符号 L 表示。对于大多数金属，有

$$\gamma_2 \approx \frac{1}{2}L \tag{3.4.33}$$

对于非金属，有

$$\gamma_2 \approx \frac{1}{3}L \tag{3.4.34}$$

非均态核化借助于异质界面上的非自发成核来促进核化速率。非均态成核速率公式为

$$N_r^* = C_0^* \exp[-G_C^*/kT - G_D/kT] \tag{3.4.35}$$

式中：$C_C^* = n_0^* D_0$，n_0^* 表示在异质界面上单位面积中的分子数。

非均态成核的核化势垒 G_C^* 小于标准核化势垒 G_0，与此不同的是，扩散机制不受成核条件影响，所以有

$$N_r^* > N_r \tag{3.4.36}$$

利用非均态核化的这一特性，若在硅酸盐中加入适当的“核化剂”，使得熔体中形成不同组态的液-液相界面，这种不连续的相界面将作为液体中的异质界面。这些异质界面可以成为非自发成核的结晶中心，在相界面上形成核胚，从而促进了核化速率。

3.4.4 晶体生长速率

晶核形成后，晶体将在一定条件下以一定速率生长，这一过程称为晶化过程。晶化速率受两种主要机制影响：首先，在晶核界面上，存在分子向晶核扩散与脱离晶核的过程达到动态平衡，属于扩散机制；其次，影响分子在晶核表面占据平衡位置的概率，属于淀积机制。前者取决于结晶母体的状态，而后者则与晶核表面的状况有关。

由于分子在气相、液相和熔体中的扩散情况各异，因此在研究晶化速率时需要分别进行讨论。此外，随着晶核尺度的增加，晶核不再可以简单地视为球形颗粒，而是逐渐发展成为具有一定取向的晶粒。晶粒上的不同晶面具有不同的组态，而晶体最终的生长形态将由晶粒上各晶面的相对生长速率决定。因此，由于不同晶面的生长机制存在差异，研究晶化速率时需要引入相应的模型。

在此讨论的范围内，仅限于熔体中的晶体生长机制，其规律具有普适性。一旦稳定的晶核形成，晶核表面分子的吉布斯自由能低于熔体中的分子，处于最低值状态。晶体生长过程中，存在一个界面势垒，需要克服这一势垒才能实现两相分子在界面上的扩散，这称为扩散活化势垒（激活能）。系统吉布斯自由能在晶核界面附近的分布如图3.4.3所示。

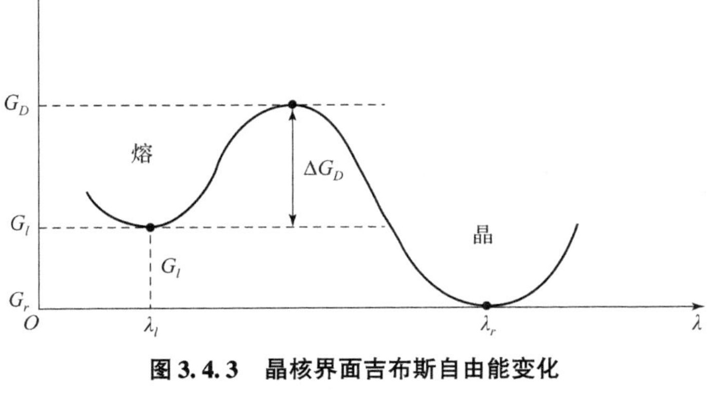

图3.4.3 晶核界面吉布斯自由能变化

设晶核界面吉布斯自由能为 G_r，设熔体稳定态分子吉布斯自由能为 G_l。以 G_r 为基点，稳定的熔体分子具有的吉布斯自由能为 $G_l - G_r = G_l$，取 G_r 为零点。

熔体中分子跃迁至晶核界面需具有的扩散激活能为 $\Delta G_D = G_D - G_l$，而核分子离开界面进入熔体则需克服高度为 G_D 的势垒。

根据以上内容，晶核界面两相分子转移的净扩散概率可以表示为

$$\begin{aligned} W_D &= C_S[\exp(-\Delta G_D/kT) - \exp(-G_D/kT)] \\ &= C_S\exp(-\Delta G_D/kT)[1 - \exp(-G_l/kT)] \end{aligned} \tag{3.4.37}$$

$$C_S = n_S\gamma_0 \tag{3.4.38}$$

式中：n_S 为晶核界面上单位面积的原子数；γ_0 为分子跃迁频率。

引入在某温度 T 下晶核界面平衡位置被占据的概率 W_T（淀积于晶核界面的概率），则在晶核界面上分子聚积的概率为

$$W_V = W_T \cdot W_D = W_T \cdot C_S\exp(-\Delta G_D/kT)[1 - \exp(-G_l/kT)] \tag{3.4.39}$$

假设 λ_i 表示晶核界面分子与熔体分子之间的平均距离，有

$$\lambda_i = \lambda_r - \lambda_l \tag{3.4.40}$$

则晶体生长速率可以表示为

$$N_v = \frac{1}{n_S}W_v \cdot \lambda_i = W_T\gamma_0\lambda_i\exp(-\Delta G_D/kT)[1 - \exp(-G_l/kT)] \tag{3.4.41}$$

晶化速率 N_v 随温度 T 变化的曲线如图 3.4.4 所示。

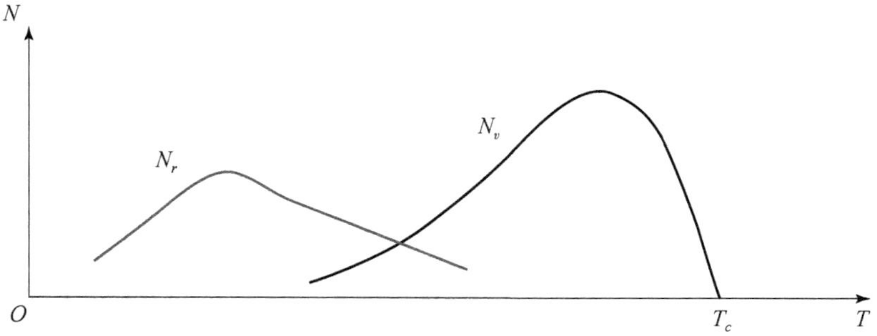

图 3.4.4 核化速率与筛化速率的温度依赖关系

图中，N_r 为核化速率，N_v 为晶化速率。引入过冷度 $\Delta T = T_C - T_0$，则晶化速率可表示为 ΔT 的函数。

$$N_v = W_T\gamma_0\lambda_i\exp(-\Delta G_D/kT)\left[1 - \exp\left(\frac{-S_C\Delta T}{kT}\right)\right] \tag{3.4.42}$$

式中：S_C 为熔点时的熵变，$S_C = \dfrac{L}{T_C}$。

晶化速率与过冷度的关系在实测中难以获取，在玻璃系统中，其成长速率在较大过冷度下很低，因而提供了较宽的过冷测量范围，典型曲线如图 3.4.5 所示。

熔体的过冷度对晶体生长机制影响很大，在较大的过冷度下，$T \ll T_C$，晶核的临界尺寸很小，晶核表面的任何部位都可以匀速地生长。因此，晶体生长速率不受晶核表面组态的限制，可表示为

$$N_v = \gamma_0\lambda_i\exp(-\Delta G_D/kT) \tag{3.4.43}$$

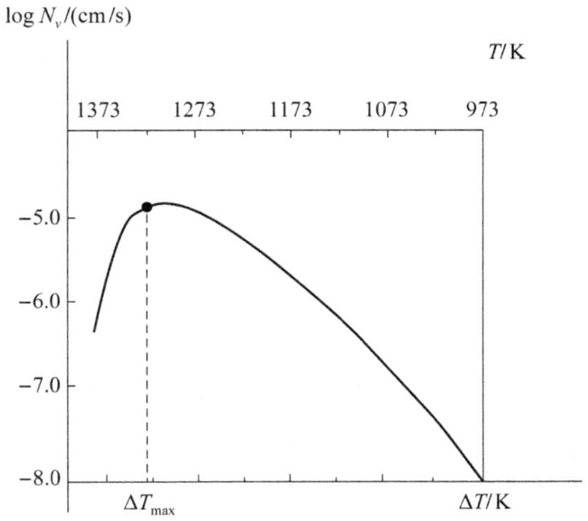

图 3.4.5　GeO_2 成长速率

即在温度远小于结晶温度的过冷条件下，式（3.4.43）中 $W_T=1$。晶核界面被分子占有的概率处处均等。此时，晶化速率由扩散机制决定。

当熔体过冷度较小时，式（3.4.42）中 $\exp\left(\frac{-S_C\Delta T}{kT}\right)$当 $\Delta T\to 0$ 时可按级数展开，利用 $e^2=1+x+\frac{1}{2!}x^2+\cdots$，略去二阶以上无穷小项，则有

$$\exp\left(\frac{+S_C\Delta T}{kT}\right)=1+\frac{S_C\Delta T}{kT} \tag{3.4.44}$$

则有

$$N_v=W_T\gamma_0\lambda_i\frac{S_C\Delta T}{kT}-\exp(-\Delta G_D/kT) \tag{3.4.45}$$

随温度的增加，扩散机制的推动作用减小，而 W_T 却明显地依赖于温度，这时必须考虑晶体生长的沉积机制，不过在此不作讨论。

3.5　表面氧化

在金属和合金表面通常存在一层氧化层，其功能各异。某些氧化层具有保护表面的效果，如 SiO_2、Al_2O_3、Cr_2O_3 等；而另一些则是腐蚀的原因，如 Fe_2O_3、CuO 等。这些氧化层大多数是自然形成的，也有一些是人工生成的，比如阳极氧化铝、热氧化的二氧化硅等。这些氧化层通常具有较宽的禁带和不同程度的化学计量比偏离，表现出半导体特性，有些还是敏感材料。对于块状导体和导电带表面生成的氧化物，它们对电接触、耐磨和耐蚀等方面产生重要影响，一直是备受关注的研究主题。

3.5.1　表面氧化机理

当金属与原子或原子团结合并失去电子时，发生氧化反应。金属与氧、硫、卤族元

素等相互作用时，通常涉及失去电子，即金属氧化。对于一些变价金属来说，当它们从低价化合价变为高价化合价时，同样伴随着电子的失去，也属于一种氧化作用。本节仅关注金属和合金与氧直接相互作用的情况，该过程可以表示为

$$x\mathrm{Me} + y\frac{1}{2}\mathrm{O}_2 \rightleftharpoons \mathrm{Me}_x\mathrm{O}_y \tag{3.5.1}$$

在金属氧化的过程中，其吉布斯自由能的变化等于过程所做的功（为负值）或所接受的功（为正值），其中 $G=F+PV$。在可逆过程中，所做的功最大。吉布斯自由能的变化可以表示为

$$\Delta G = G_{\text{生成物}} - G_{\text{反应物}} \tag{3.5.2}$$

如果 $\Delta G<0$，表示生成物的自由能小于反应物，因此生成物是稳定存在的；反之，生成物是不稳定的。许多金属氧化物的 ΔG 总是负的，因此绝大多数氧化物在热力学上是稳定的，表明金属有发生氧化作用的倾向。

根据式（3.5.1），氧化过程是可逆的，当氧分压降至一定程度时，氧化物可能发生分解，对应的压力称为分解压力（dissociation pressure）。计算表明，分解压力可表示为

$$P = \exp(\Delta G_T^0/RT) \tag{3.5.3}$$

式中：ΔG_T^0 为生成 1mol 氧化物所需的自由能；R 为气体常数；T 为温度。

生成 1mol 氧化物所需的自由能为几十 kcal/mol。例如氧化镍 $\Delta G_{1000}^0 = -59.8\text{kcal/mol}$，对应的分解气压为 1.2×10^{-13} Torr①，已经是超高真空的范围。这说明在一般情况下，氧化物是稳定的，不容易发生分解。

3.5.2 金属表面的氧化

1. 吸附和交换位置

氧化过程首先涉及氧分子的吸附，同时可能伴随解吸的发生（以分子形式或原子形式）。随着吸附覆盖度的增加，在金属表面形成规则的二维氧原子（或氧分子）层。二维吸附层的排列方式受金属表面的晶向、氧分压以及金属表面暴露时间等因素的综合影响。一般而言，初始阶段，氧吸附是以小块（patches）的形式存在的，然后随着时间的推移，吸附层可能会覆盖整个表面。图 3.5.1 所示为氧在清洁表面的结合（incorporation）过程。

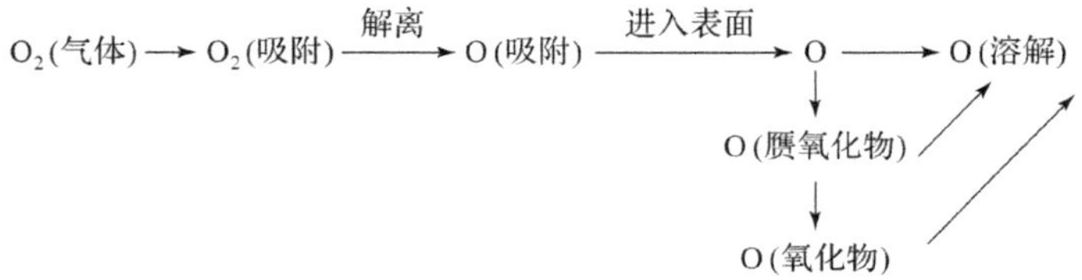

图 3.5.1 氧在清洁金属表面的结合

在某些情况下，吸附氧的表面可能会发生重构，导致金属原子重新排列在其原先的晶格位置，而氧原子则填补在其他位置。由于氧具有较强的电负性，在许多清洁金属表

① 1Torr = 133.322Pa。

面，氧无需激活能即可发生化学吸附。金属和氧离子之间的键通常呈离子性，尽管一些过渡金属氧化物可能由于 d 轨道的存在而具有部分共价键，如图 3.5.2 所示。W、Mo、Rb、Pd、Si、Ge 等金属的表面已在超高真空条件下观察到形成稳定的氧化学吸附层。

对于许多金属而言，纯化学吸附通常只发生在低温和低覆盖度下。随着温度升高（原子活动性增大）和氧覆盖度增加，氧和金属原子可能发生位置交换，氧进入金属的表面层，导致重构。这被称为赝氧化物（pseud - oxide）或亚氧化物（suboxide），如图 3.5.3 所示。Al、Ag、Mg、Th、U、Zn、Cu、Cd、Sn、Pb、Fe、Ni、Cr 等金属的赝氧化物衍射图已在 LEED 测试中观察到。氧与金属原子交换位置的过程受多种因素的控制，包括氧在金属中的扩散系数、溶解度、氧化物的稳定度、氧分压和温度，同时也受到清洁表面的完整度和晶向的影响。

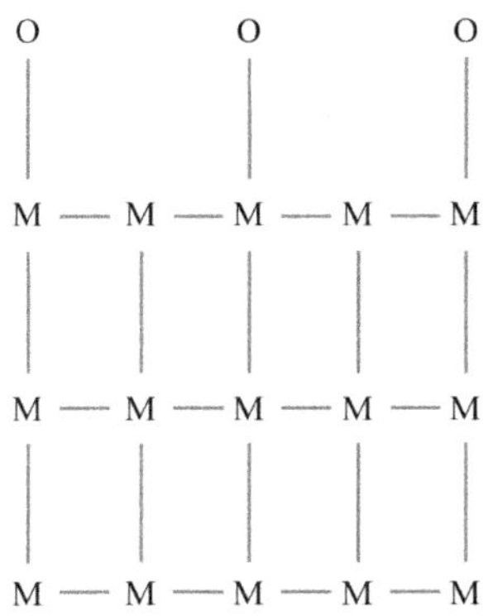

图 3.5.2　金属表面的氧吸附

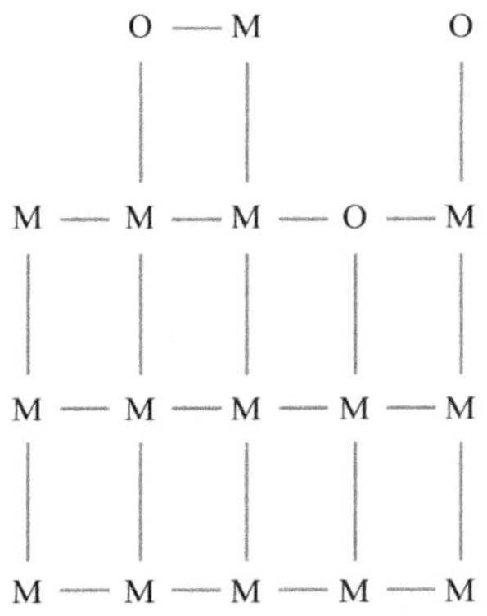

图 3.5.3　赝氧化物

关于金属和氧交换位置的问题，目前只能从 LEED 实验中获得一些初步信息。然而，由于许多 LEED 实验需要在低氧分压下进行，因此不能全面地反映实际的氧化情况。尽管在氧化初期，台阶及其他表面缺陷可能在交换位置过程中起着重要作用，但它们的影响机制尚不清楚。

研究人员在 Cu 的（111）面上发现了密堆积的 O^{2-} 离子层，有的则发现 Ge（100）面上不发生原子吸附。在 Ta 金属表面，氧吸附形成单层 TaO。实验证明，在 Ni（100）面上，氧吸附首先是氧分子，然后扩散到一些晶格缺陷处，再分解成氧原子，有时形成 Ni_3O 表面重构。这些事实表明，位置交换过程是相当复杂的，每种金属都具有其独特性质。

2. 成核

在氧化初期发生的位置交换形成的赝氧化物仅表示 M 和 O 发生位置交换的区域，尚不能认为已经形成了新相。氧化是一种相变过程，与一般新相的形成方式相似，氧化物的出现首先需要有新相核，然后再进一步生长。然而，在讨论氧化时，“核”的含义并不清晰，有人认为其大小与原子尺寸相关（一般相核包含几百到上千个原子，甚至更多），然后这个相核逐渐增大。氧化物相核的起源尚未完全理解，其形状和大小与界面能、应力、成分等因素有关。更具体地说，“核”还与氧在金属中的溶解度、过饱和度、扩散系数等因素有关。

氧在常见金属中的溶解度如下：

$$W、Mo < Cr < Cu、Ni、Fe、Cd < V、Nb、Ta < Ti、Hf、Zr$$

根据氧的饱和程度（与氧分压和溶解度有关），可能形成二维晶核和三维晶核。对于高氧溶解度和低饱和度条件（相当于高温和低氧分压），可能生成三维氧化物晶核。已经证实，W、Mo 等金属最容易形成二维氧化物晶核；而 Fe、Cu、Ni、Cd、Sn、Ta、Ag 等金属则容易形成三维氧化物核。

表面上的杂质对氧化过程有重要影响。有研究表明，在 200 ~ 300℃ 温度范围内，硫会阻止铁的氧化。如果硫的覆盖度大于 1/2，则氧化过程显著减缓。这可能是因为硫在表面阻止铁与氧交换位置的缘故。

与一般的成核一样，氧化物晶核有均匀（homogeneous）和非均匀（heterogeneous）两种类型。均匀成核是指在表面层附近各点形成晶核的概率相等，非均匀成核则是指在表面缺陷和杂质区域等形成晶核的概率较大。

对于一个清洁的金属表面，当温度较低（例如室温附近）且氧分压较低时，临界“相核”尺寸较大，导致晶核形成的概率很小。在台阶和扭折区域，由于形成“相核”的临界能较小，核的尺寸也相对较小，从而增加了成核的概率。通常，氧化物相核主要出现在台阶和扭折处，因此表现为非均匀形核。

相反，当氧分压升高且环境温度增加时，临界相核尺寸减小，氧和金属的活动性都增强。在这种情况下，在清洁表面成核的概率几乎相同，导致均匀成核。这时，金属表面很快生成一层薄的氧化膜。由于实际表面的不均匀性和杂质等因素的影响，氧化过程通常是非均匀成核的。

1）氧化物的长大及其规律

新相成核后，以二维或三维形式生长，直至可观察到其存在。当氧化物厚度达到数百至数千埃时，能清晰地与金属分隔，这发生在后期。通常，这种厚度的氧化膜是不均匀的，包含应力、裂缝、成分不均匀和晶粒大小的不均匀。例如，铜在 150℃ 时在大气中氧化，或在 100℃ 至 150℃、10^{-2} Torr 氧分压下氧化生成氧化亚铜，由大小不同的颗粒（一种为 20 ~ 80Å，另一种为 3000Å）组成。一些膜达到一定厚度后基本停止生长（如 Al、Ta、Pt、Si 等），而其他一些（如 Fe、Mg 等）则呈鱼鳞状不断生长。下面将深入探讨氧化物生长的相关情况。

（1）氧化物的形态。

从某种程度上说，氧化物的生长是一种反应扩散，这一过程中明显产生应力、杂质偏析、晶粒不均匀等现象。因此，一般来说，氧化物（氧化膜）在成分和结构上都是不均匀的。因此，有必要对氧化物的形态（oxide morphology）进行讨论。

一些金属可能存在几种氧化态，但在氧化过程中究竟以哪种相存在，主要受热力学和动力学判据的控制。氧化是一种反应扩散，因此在确定存在哪种氧化态时，动力学判据比热力学判据更为重要。以铜为例，从热力学角度来看，CuO 比 Cu_2O 更稳定；然而，实际上铜氧化后表面存在的是 Cu_2O。同样，钠在 273℃ 时，表面生成的是热力学上不稳定的 NaO_2，而不是 Na_2O，这只能通过动力学判据来解释。一些变价金属（如过渡元素）的氧化膜具有多层结构（如 $Fe_2O_3/Fe_3O_4/FeO/Fe$），同样可以通过动力学判据来解释。一般来说，在氧化物中，靠近金属的地方金属的比例要大一些。从动力学的角度来看，很多金属氧化物膜是非化学计量的。

表面氧化物的结构也会因外部条件而改变。以铝为例，当温度低于 425℃ 时，其表面生成非晶态氧化铝；在高温下，能生成良好的晶态 $\gamma-Al_2O_3$；通过阳极氧化得到的氧化铝也是非晶态的（有时也含有少量晶态）。

温度、氧分压、杂质以及生长条件对氧化物形态有重要影响。对硅的高温氧化和铝的阳极氧化在这些方面已经有详细研究，并得出了一些有实用价值的结论。

（2）氧化物的特殊生长。

实验发现，氧化物的生长并非均匀，导致氧化物厚度不一致，因而呈现多样化的表面形态。例如，在室温下，解理后的 Te 暴露在空气中几分钟后，表面迅速氧化并形成瘤状（nodular）结构。另外，铜暴露在 300K 的大气中 12h 后，电子显微镜下可见大量长数微米、宽数百埃的氧化物晶须（oxide whiskers）。

一些氧化物晶须通常在低氧分压和高氧化温度下生成。在高温下，氧化物生长速度加快，氧分压降低，导致新核的形成不及时，使现有核增长，形成晶须。若形成二维核，则生成层状（lamellar）结构。晶须的生长通常与螺位错相关，而层状生长则与位错的接近和合并有关。

在低温下（从室温到数百 K），表面扩散明显减缓，导致任意分散的氧化物小颗粒更易聚集（agglomeration），从而形成瘤状氧化物表面。举例来说，在 150℃下，铜表面氧化时观察到大约 30Å 大小的“核”和约 1000Å 的多面体（polyhedron）结构。这些“核”的密度随时间变化，而多面体的密度则保持不变，核聚合形成相对均匀的膜，而多面体则长大形成瘤状结构。

（3）Pilling－Bedworth 比与氧化膜的肿泡和裂缝。

金属氧化产生的氧化物以薄膜的形式分布在块状材料表面上。若氧化膜致密且均匀，则具有保护功能，例如 Au 和 Al 的氧化膜。然而，有些氧化膜（如 Fe 的氧化膜）存在肿泡和裂缝，失去了保护功能。

Pilling－Bedworth 比定义为氧化物的摩尔体积 V_{ox} 与金属的摩尔体积 V_m 之比。当 $V_{ox}/V_m>1$ 时，氧化膜连续致密，有保护作用，氧化过程逐渐减缓；$V_{ox}/V_m<1$ 时，氧化膜多孔、不连续，无保护作用。表 3.5.1 中列出了一些 Pilling－Bedworth 比的数据。

表 3.5.1 Pilling－Bedworth 比

金属	氧化物	Pilling－Bedworth 比
Al	Al_2O_3	1.28
Cu	Cu_2O	1.64
W	WO_3	3.35
K	K_2O	0.45
Mg	MgO	0.81

氧化物可看作是金属表面延伸出的一部分。若氧化物的摩尔体积略大于金属，氧化膜只有在致密生长时才能与金属相匹配；若两者差异过大，则匹配过程中会产生巨大附加应力，导致氧化膜破裂，金属失去保护层，氧化不断发生。举例来说，W 的 Pilling－Bedworth 比为 3.35，数值过大，导致 WO_3 膜易于开裂。当 Pilling－Bedworth 比小于 1

时，氧化膜填充不足，失去保护功能。尽管 Pilling - Bedworth 比是经验规则，但也存在一些例外情况。

氧化膜与金属间的应力是产生裂缝和肿泡的主要原因之一。除了 Pilling - Bedworth 比外，氧化速率、热处理过程、晶面方向以及杂质等因素也是重要影响因素。

(4) 氧化物的长大规律。

实验中发现，氧化物的生长涉及多种规律：

线性律

$$x = k_1 t \tag{3.5.4}$$

抛物线

$$x^2 = k_2 t \tag{3.5.5}$$

立方律

$$x^3 = k_3 t \tag{3.5.6}$$

对数律

$$x = k_4 \ln(k_5 t + t_0) \tag{3.5.7}$$

反比对数律

$$1/x = k_6 - k_7 \ln t \tag{3.5.8}$$

式中：x 为氧化物平均厚度；t 为氧化时间；$k_1 \sim k_7$ 以及 t_0 均为常数。由于氧化物实际上是非均匀生长，平均厚度（x）通常要测定一定数目的样品的平均值来确定。

可以将式（3.5.4）~式（3.5.8）写成普遍式：

$$x^n = kt \tag{3.5.9}$$

通过实验观察到，对于一定的氧 - 金属系统，金属氧化物的生长速率会影响式（3.5.9）中的 n；有相当数量的金属氧化物生长时 n 会大于3；在低温下，氧化物生长遵循对数律；随着温度升高，生长规律逐渐变成立方律、抛物线律，最终趋于线性律。并非所有金属氧化物的生长都遵循这几种规律，例如，立方生长律很少见。在很多场合下，随温度的升高，对数律很快转变为线性律。

对于不同的金属氧化物，生长规律的转变温度也不相同。对于一些典型金属、对数律转变为抛物线律发生在几百摄氏度，而从抛物线律转变到线性律发生在 1000℃ 左右。

氧化层厚度与生长规律存在简单关系：在低温下，薄氧化膜按对数律增长；中等厚度的氧化膜按抛物线律增长；而较厚或鱼鳞状的氧化膜则按线性律增长。

实验中还发现，不论生长规律如何，其速度常数 k 与温度都满足 Arrhenius 关系（$k \propto e^{-Q/RT}$），这表示氧化是一个热激活过程。

2）氧化物生长的扩散模型

在氧化物的生长过程中，新相核生成后的扩大取决于扩散现象。在生长过程中，每个相核会逐渐增大，形成晶粒，其中扩散包括体扩散和晶界扩散。对于体扩散而言，氧化层的增厚不仅涉及氧离子向内扩散，还可能包括金属离子向表面扩散与氧反应。实验证实，金属离子通过空位扩散机制生成氧化物。随着金属离子向表面扩散，氧化层逐渐增厚，导致氧化膜破裂，尤其在一些金属中观察到这一现象。

氧化物新相核生成后，其长大过程需要依赖扩散。在生长过程中，每个相核都会逐渐变大，形成晶粒。为了简化讨论并避免涉及晶界的细节，下文将主要从体扩散（晶格扩散）的角度进行分析。

事实上，氧化层的增厚不仅涉及氧离子向内扩散，还可能涉及金属离子向表面扩散并与氧反应。图 3.5.4 所示为金属离子通过空位扩散机制在表面生成氧化物的示意图。在起始状态（a）中，展示了金属在相界处移动的路径，附带的数字表示移动的顺序。电子通过热电子发射或隧道效应越过内表面进入氧化物，然后迅速到达表面，导致氧离子转变为负离子，并与金属正离子形成氧化物。

图 3.5.4 金属离子向外扩散生成氧化物示意图

（a）起始状态；（b）表面向外移动，氧化物长大。

随着金属离子不断向表面扩散，氧化层变得越来越厚，如图 3.5.4（b）所示，表面也向外移动。金属－氧化物内表面不断积累空位，这些空位逐渐凝聚成空洞，产生较大的畸变能。如果氧化层持续增加，额外的畸变能通常导致氧化膜破裂，这在 In、Ni、Cu、Co 和 Fe 等金属中已经观察到。研究还发现，有些金属离子通过填隙式扩散机制形成氧化物，例如 ZnO 的增长是通过 Zn^{2+} 填充离子的扩散实现的。

金属的氧化过程相当复杂，通常金属离子和氧离子可能同时参与，但它们的贡献并不一定相同。可以使用示踪放射性同位素等方法来确定金属氧化过程中内表面和表面的移动，以确认金属离子和氧离子的运动情况。图 3.5.5 所示为生成氧化膜的各种可能途径。从图 3.5.5 中可以看出，金属首先电离，然后穿过氧化层与 O_2^-、O_2^{--}、O^- 或 O^{--} 等反应，同时释放一个自由电子。同样，氧首先电离形成各种电离态，穿过氧化层与电离的金属离子发生反应，同时释放一个空穴。

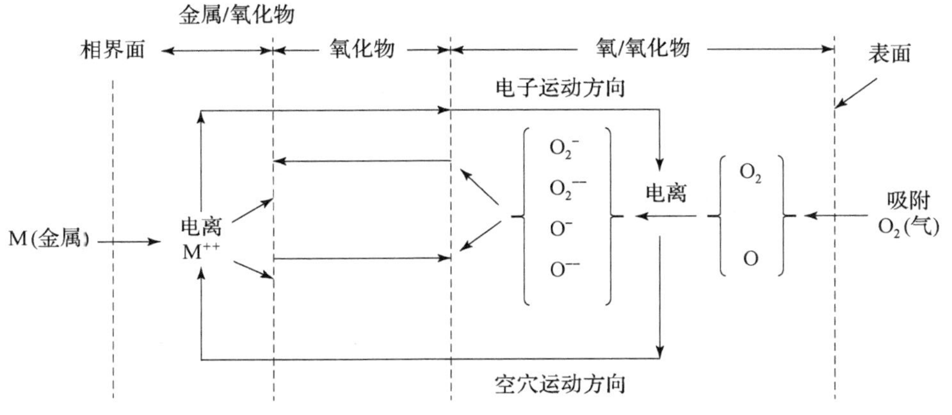

图 3.5.5 生成氧化物的各种可能途径示意图

3）氧化物生长公式的推导

通过反应扩散理论探讨氧化膜的生长是由 Pilling 和 Bedworth 于 1923 年提出的。经过 Mott 和 Wagner 等的修正和补充，得到了半定量的结果，形成了关于氧化物生长规律的理论。该理论认为氧化速率取决于氧在氧化物层中的扩散速度。根据 Fick 第一定律，可以得到氧扩散流的表达式为

$$j = -D\frac{\mathrm{d}[\mathrm{O}]_y}{\mathrm{d}y} \tag{3.5.10}$$

式中：D 为扩散系数；$[\mathrm{O}]_y$ 为氧在氧化物区中的浓度，$0<y<x$。在假定 j 和 D 是常数的条件下，在每个界面处氧浓度确定，式（3.5.10）可写为

$$j = -\frac{D([\mathrm{O}]_x - [\mathrm{O}]_0)}{x} \tag{3.5.11}$$

进一步考虑每个氧原子扩散进入氧化物后，增加了体积为 Ω 的氧化物，则氧化物厚度 x 的变化率表达式为

$$\frac{\mathrm{d}y}{\mathrm{d}x} = \Omega j = -\Omega D\frac{[\mathrm{O}]_x - [\mathrm{O}]_0}{x} \tag{3.5.12}$$

由以上表达式和边界条件，可得到氧化物厚度下 x 随时间 t 变化满足抛物线律。

在实际氧化过程中，离子（或缺陷离子）是扩散的基本单元。实际上，在生成氧化物的反应扩散时，扩散单元是离子（严格讲是缺陷离子）。在离子做扩散运动时，不但受到浓度梯度的影响，还要受到氧化物中电场的作用。

氧化物中电场的形成源于两个方面：首先，由于氧具有较高的电子亲和势，当氧原子或氧分子吸附在氧－氧化物表面时，它可以从氧化物中或金属中（通过隧道效应）获取一个电子。如果这个电子来自金属，那么在氧化物金属界面附近的金属一侧就会带有一个正电荷（通常表示为 M^+）；如果电子来源于氧化物（电子陷阱能级上的电子），则在氧－氧化物表面附近形成一个正空间电荷区。电场的第二个来源是氧化物中固有的带电缺陷或由杂质引起的空间电荷区电场。

在氧化过程中，氧化物中传输的离子或带电空位在运动时，为了维持电中性，通常伴随着等量的电子或空穴一同运动。由于离子或空位的迁移率远小于电子和空穴，它们实际上无法永远保持在一起，必然会分开。这导致在氧化物中形成了空间电荷和电场。

考虑到附加电场时，必须对 Fick 定律进行修正，即

$$j = -D\frac{\mathrm{d}C}{\mathrm{d}x} - \mu Zq\frac{\mathrm{d}V}{\mathrm{d}x} \tag{3.5.13}$$

式中：C 为扩散离子的浓度；μ 为迁移率；Z 为离子的电荷数；q 为电子电荷；V 为电势。迁移率 μ 和扩散系数 D 之间存在 Einstein 关系。

若电势关系 $V=V(x)$ 关系已知，则通过求解上述修正后的式（3.5.13），再用类似前述的方法，可以得到氧化物的生长规律 $x=x(t)$。

通过以上分析可知，氧化物生长规律实际上由氧化物相中的势场 $V(x)$ 决定，但 $V(x)$ 很难准确计算。目前的研究主要通过对 $V(x)$ 的简化来获得其解析表达式，然后与实验结果进行对比和分析。

Mott 提出，在低温下，当氧化膜很薄时，存在一个强电场 $V(x)$，它在离子迁移中

发挥着关键作用。在Mott假设中，假定存在一个恒定电势差，从而使生长速率由氧化物－金属界面的离子速度控制，得到了一个近似对数的生长律，即Mott公式。该公式可以解释在常温下铝、金等金属表面氧化膜的生长规律。Grimley和Trapnell指出，在Mott的假设中，如果电场是恒定的，就可得到一个线性生长律。

Wagner认为氧化时发生的反应是以离子形式通过氧化物进行的。在这个过程中，无论是金属离子从金属内部穿过氧化物层到达表面并与氧气发生反应，还是氧离子（通过空位）穿过氧化层到达氧化物－金属界面并与金属发生反应，都涉及离子形式的运动。如果金属氧化生成n型氧化物，金属离子会在不同的间隙之间运动，并且当它们遇到吸附的氧离子时会发生化合。这个过程可以用锌氧化的情况来表示：

$$Zn^{+}(\text{间隙}) + O^{-}(\text{吸附}) \rightarrow ZnO(\text{晶体})$$

如果金属氧化生成p型氧化物，则主要涉及阳离子空位的运动。Wagner假设在氧化物中，离子和电子相互独立运动，并且处于热平衡状态。通过解类似于式（3.5.13），可以推导出抛物线型的生长规律。

综上所述，不同的生长规律由不同的内场$V(x)$决定。在不同温度下，氧化层内的缺陷种类和分布不同，从而导致$V(x)$的变化，因此在不同温度下会出现不同的生长规律。

前面的讨论已指出，实际生长的氧化物膜中的杂质和缺陷分布是不均匀的，其两个界面也不可能是平行的。晶界和位错是氧化物生长的捷径，尤其在低温氧化时，沿着位错和其他缺陷的质量迁移起着重要作用。缺陷对氧的吸附和解吸直接发挥作用，特别是在氧化物表面存在宏观裂缝、空洞时，氧可能通过这些缺陷与金属反应，而不通过生成的氧化物层。一般认为，在高温下，许多金属氧化物生长呈线性律主要与表面区附近裂缝有关。

金属氧化是一个复杂的问题，其中包含了生长过程中涉及的详细信息，主要是指氧化层中空间电荷分布的$V(x)$形式。通过之前的讨论，已经了解到，相同的生长规律可能有不同的生长机理。在表3.5.2中，总结了各种生长律对应的长大机理，并提供了相关的例子。

表3.5.2　一些生长律及可能的机理

生长规律	决定此规律的可能机理	已研究过的例子
线性律	气体和金属接触后氧化物表面有裂缝	$Ta + O_2$（800～950℃）
	缓慢的表面反应，离子或电子穿过氧化层时被恒定电场加速	$Fe + O_2$（20℃）
抛物线律	双极扩散（ambipolar diffusion）， 离子输运时受到恒定电势差作用 氧在氧/氧化物表面的并合	$Co + O_2$（1000～1350℃）
立方律	氧化物老化时扩散特性的变化 氧在表面被电离	—

续表

生长规律	决定此规律的可能机理	已研究过的例子
对数律	慢电子隧道	$Ni + O_2$ (200℃)
	离子穿过氧化物/金属界面被恒定势加速	$Al + O_2$ (20℃)
	电子输运时受恒定电场减速	$Zn + O_2$ (300~375℃)
	离子扩散时受氧化物中空洞阻塞 离子沿细孔(pore)扩散时受阻塞 氧在表面离化	$Sn + O_2$ (190~220℃)

3.5.3 半导体的热氧化

合金氧化的微观机理及其一般规律与纯金属相似，下面将主要讨论合金氧化时的一些特殊性。

1. 一般情况

在 A 和 B 两元素合金氧化时（假设 B 为溶质），可能会生成 A 的氧化物（其中包含部分 B 溶质）和 B 的氧化物（A 作为溶质溶解在其中）。

在合金中，溶剂成分 A 不断氧化为 AO 会导致溶质 B 逐渐富集，随着富集程度的增加，B 开始氧化，并逐步生成 BO 相。如果 BO 能够形成完整且附着性良好的膜，那么随后的氧化过程将取决于离子和氧离子在 BO 中的渗透性。如果 B 元素对氧的亲和性高于 A 元素，那么逐步形成的外表面将是 BO，而 AO 位于内层。如果 BO 具有挥发性，尽管它氧化速度较快，最终表面仍将是 AO。

如果 BO 膜不完整，AO 将不断扩展，最终的表面将由包含 BO 小岛的 AO 组成。溶质氧化物和溶剂氧化物可以互相溶解，也可能发生反应，例如氧化铝和氧化亚铜、氧化铜之间的反应：

$$Al_2O_3 + Cu_2O = 2CuAlO_2 \tag{3.5.14}$$

$$Al_2O_3 + CuO = CuAl_2O_4 \tag{3.5.15}$$

以上产物在某种程度上也可以看作是 A 和 B 的两相氧化物。

在某些情况下，氧化物之间可能没有明显的互溶，元素之间的互扩散受到动力学的限制，导致形成双层氧化物。例如，NiCr 合金的氧化就是这种情况。Cr 氧化物的生长速率较 Ni 氧化物快，导致在 Cr_2O_3 内层上形成 NiO，而当 Cr 含量达到 25% 时，在 Cr_2O_3 形成外层，NiO 内层很少或甚至没有。

在 Fe－Si 和 Fe－Cr 合金氧化时也观察到双层氧化物，其中 Cr 和 Si 的含量较少。这些合金中，Fe_2O_3（外层）内形成抗蚀的 SiO_2 或 Cr_2O_3 层，减缓了铁的氧化过程。故 Fe－Si 和 Fe－Cr 合金的抗蚀能力远大于 Fe。

如果合金表面生成的氧化物对氧渗透性强，而氧在合金中有较高的溶解度，溶质的扩散系数较小，氧可以渗透合金的氧化层并将溶质氧化。这导致在合金表面的氧化物下存在次氧化膜，这一层称为内氧化膜。在 Cu－0.1% Si 合金中，发现了这种内氧化过程，在 1000℃时次氧化膜的厚度增长符合抛物线律。

有时，在合金氧化时会生成真正的双重氧化物，尤其在铁、铝合金系列中，常生成尖晶石或硅酸盐。这些氧化物以二价和三价金属（Me^{2+}，Me^{3+}）和氧化合成 $Me^{+2}OMe_3^{2+}O_3$ 的形式存在。例如，Al－Mg 合金和 Al－Zn 合金氧化时，可能生成 $MgOAl_2O_3$ 和 $ZnOAl_2O_3$。若这些尖晶石结构较完整，则具有良好的抗氧化能力，而硅酸盐氧化物常发生在含硅的合金中。

2. Ⅲ－Ⅴ族化合物半导体的热氧化

在现代硅器件和集成电路生产中，二氧化硅膜起着关键作用。它在表面既具有保护作用，降低 Si 的表面态，同时也用作扩散掩模，而在 MOS 器件中充当 MOS 结构的氧化层介质。除了二氧化硅外，现代硅器件的表面保护层还包括氮化硅。

Ⅲ－Ⅴ族化合物半导体 GaAs 具有高迁移率，是一种有前途的材料。然而，由于其热膨胀系数与二氧化硅、氮化硅等膜的差异很大，不能使用它们作为保护膜。因此，GaAs 只能用自身的氧化物作为器件的保护层。GaAs 的自氧化膜可以通过热氧化、阳极氧化和等离子体氧化等方法制备。

Ⅲ－Ⅴ族化合物半导体的热氧化过程与合金类似，首先生成 AO、BO 岛，直至表面被覆盖，可能将氧化物分成两层。然而，Ⅲ－Ⅴ族化合物中过剩元素 A 或 B 的溶解度较小，自扩散很低，因此可能在化合物半导体和氧化物之间的内表面上产生元素的耗尽。此外，Ⅲ－Ⅴ族化合物主要是共价键结合，因此具有较大的束缚能，与激活能有直接关系。

通过表 3.5.3 和表 3.5.4 数据可以归纳以下几点。

（1） Ga 相比于 As 和 P，具有较高的氧电位，导致其氧化速率较快。

（2） Ga 的蒸气压很低，而 As 和 P 的蒸气压很高，因此 As 和 P 很可能从表面挥发。

（3） Ga_2O_3 的熔点高，蒸气压低，而 As 和 P 的氧化物熔点低，蒸气压高，因此 As 和 P 氧化物的挥发速率比 Ga_2O_3 大。

（4） Ga_2O_3 的生成热比砷氧化物大，表明 Ga_2O_3 比砷的氧化物在热力学上更为稳定。

表 3.5.3　GaAs、GaP 及它们元素的热力学和化学性质

元素	离子半径 /Å	氧化电位 /V	熔点 /℃	蒸气压/Torr (450℃)
O	1.40			
Ga	0.62	+0.65	30	10^{-11}
As	0.47	−0.25	升华	10^{1}
P	2.12			10^{3}
化合物	生成热 /(kcal/mol)		熔点 /℃	
GaAs	−17		1238	
GaP	−24.4		1450	

表 3.5.4　镓、砷、磷氧化物的性质

氧化物	生成热 /(kcal/mol)	熔点 /℃
Ga_2O_3	-214（-238）	1725
As_2O_3	-136	
As_2O_6	-151	315（分解温度）
P_2O_5	-323	580，在300℃升华

由上，在热氧化过程中，GaAs 中的 As 扩散速率很高，但其溶解度较小。当 As 扩散到表面时，很快发生氧化，而生成的氧化物要么挥发掉，要么自行分解。因此，GaAs 表面经过自氧化后，主要成分是纯的 Ga_2O_3。在自氧化的 GaAs 表面，富含 Ga，同时在氧化物与 GaAs 界面存在一个 Ga 浓度最低点。在氧化物的不同深度，都存在 As，在界面附近富含 As，并以元素形式存在。氧化速率和热处理条件对氧化物的组成有一定影响，尤其对 As 的分布和价态变化影响更为明显。

思考题

1. 自由液滴或气泡为什么通常呈现圆形？

2. 当一滴液滴在固体表面上蒸发或凝结时，讨论这个过程中系统表面自由能的变化以及热力学第二定律在这个过程中的体现。

3. 在自然环境中或工业应用中（如薄膜生长、晶体生长），为什么系统倾向于降低其表面自由能？请举例说明降低表面自由能的具体动力学机制和途径。

4. 分析润湿性、铺展系数和接触角等表界面现象与表面自由能之间的关系，并举例说明如何通过调控表面自由能改变这些性质。

5. 润湿性是如何体现液体-固体和液体-气体界面热力学性质的？解释接触角如何定量描述润湿性，并讨论影响接触角的因素有哪些？

6. 查找资料，探究改变表面粗糙度、表面化学性质等因素的表面预处理手段如何改变固体材料的吸附性能，并结合实例分析其背后的物理机制。

7. 当一个新相在旧相中开始成核时，考虑其临界晶核大小所需的能量壁垒，请解释为何在热力学上，即使新相最终可能是更稳定的，但成核初期仍可能受到阻碍。

8. 非均态成核速率式（3.4.35）体现了促进异质界面上的核化过程的关键因素是哪些？请解释“核化剂”是如何降低核化势垒从而提高成核速率的？

9. 在一个多组分体系中，多个可能的新相结构都可能出现，请讨论决定某种新相将优先稳定生成并占据主导地位的因素有哪些？

10. 某些金属氧化物会在一定条件下形成稳定的多层结构，如铝的氧化层（Al_2O_3）。请思考：在不同的氧化阶段，氧化物生长模式（如岛状生长、层状生长等）是如何受到热力学驱动的？如何通过改变环境条件（例如湿度、气氛组成或温度）来调控氧化物生长层次结构以及最终形成的氧化膜性质？

参考文献

[1] MYKURA H. 固体表面和介面［M］. 黄宗洋，译. 台北：台湾中华书局，1973.

[2] 刘恩科，朱秉升，罗晋生. 半导体物理学［M］. 北京：电子工业出版社，2017.

[3] 沈毓沂. 晶体表面的几何结构［J］. 物理，1981，10（3）：166.

[4] 董树忠. 气体在固体表面的吸附［J］. 物理，1981，10（11）：699.

[5] ZALLEN R. 非晶态固体物理学［M］. 黄昀，等译. 北京：北京大学出版社，1988.

[6] FELDMAN L C，MAYER J W. 表面与薄膜分析基础［M］. 严燕来，蒋平，译. 上海：复旦大学出版社，1989.

[7] PRUTTON M. Introduction to Surface Physics［M］. Oxford：Oxford Science Publications，1994.

[8] JOSEPH D A. Surface and Interfacial Aspects of Biomedical Polymers［M］. New York：Plenum Press，1985.

[9] CHIANG Y M，TAKAGI T. Grain – Boundary Chemistry of Barium Titanate and Strontium Titanate：I，High – Temperature Equilibrium Space Charge［J］. Journal of the American Ceramic Society，1990，73：3278 – 3285.

[10] HORN R G. Surface Forces and Their Action in Ceramic Materials［J］. Journal of the American Ceramic Society，1990，73：1117 – 1135.

[11] LIU S H. Fractals and Their Applications in Condensed Matter Physics［J］. Solid State Physics，1986，39：207 – 273.

[12] SCHOMMERS W，BLANCKENHAGEN P. Structure and dynamics of surfaces［M］. Berlin：Springer，1986.

[13] PASK J，EVANS A. Surfaces and Interfaces in Ceramic and Ceramic – Metal Systems［M］. New York：Springer，1981.

[14] BENARD J，BERTHIER Y，DELAMARE F，et al. Adsorption on metal surfaces：an integrated approach［M］. New York：Elsevier Scientific Publishing Company，1983.

第 4 章　表面与界面电子学

电子结构因周期性势场在表面的中断而具有了特殊的意义，早在 20 世纪 30 年代，物理学家塔姆提出了一个名为“塔姆能级”的概念，得到了向体内方向衰减的局域表面电子态。类似地，肖克莱在共价晶体表面引入了“肖克莱能级”的概念。

在本章中，借助量子力学理论，从表面势垒着手，详细讨论了与之相关的表面局域电子态以及表面电导等基本概念。通过这些研究，能够更好地理解材料表面的电子行为，揭示了与表面特性和电子传输相关的重要现象和机制。

4.1　表面势、表面态与表面能

本章基于胶体模型考虑了电子气内部电子之间的相互作用，将电子气的处理复杂化为多体问题。引入表面效应使得电子气在表面区域呈现出非均匀性，从而增加了问题的复杂性。各研究者采用了独特的方法来解决这一复杂问题，其中 Hohenberg – Kohn 的密度泛函理论被证明是一个相对成功的方法。

本章的主要目标是介绍密度泛函理论的核心概念和处理方法，并结合胶体模型，以推导金属表面的重要参数。这些参数包括功函数、表面能以及表面势的表达式。密度泛函理论通过将电子密度视为基本变量，成功地简化了多体问题的处理，为研究电子结构提供了有力的工具。

4.1.1　表面势

在研究和讨论电子的运动状态时，首要任务是求解薛定谔方程，以得到电子的波函数及相应的本征能量。这样电子的运动特性基本上可以被确定。对于位于表面的电子，同样需要通过求解薛定谔方程来讨论它们的状态和能量。然而，为了顺利地进行这一求解，必须首先确定表面电子运动的势场。本节的重点在于讨论在充分考虑了表面各种作用之后，如何得到表面势函数的近似表达式。这将为进一步研究表面电子的行为提供重要的理论基础。

电子在表面运动时受到多种作用，其在表面上的势场 V_{ET} 由以下三部分组成，即

$$V_{ET}(r) = V_{core}(r) + V_{es}(r) + V_{xc}(r) \tag{4.1.1}$$

下面对这三部分进行简要讲解。

(1) $V_{core}(r)$：价电子与离子芯（包括核和内层芯电子）的交换势和相关势。

离子芯与价电子之间的交换作用和相关作用是一种复杂的多体效应，难以精确解决。在固体中，离子芯电子通常具有高度定域性，它们的电子云局限在原子核周围，而不对周围环境产生太大影响。因此，通常可以合理地假设在表面区域和体内 $V_{core}(r)$ 和单个离子芯所产生的电子势场大体相同。这一假设有助于简化问题，因为它允许在表面

区域使用与体内相似的势场，从而减小了计算的复杂性。

确切地说，这是一种依赖于位置且与电子能量无关的局域性势函数。在进行固体物理中的电子结构计算时，一种常见的简化方法是采用赝势模型（pseudo potential model）。其中，Ashcroft 模型势被认为是最基本的赝势，如图 4.1.1 所示，其数学表达式为

$$V(r)=\begin{cases}-\dfrac{ze^2}{r}, & |r|\geqslant R_c\\ 0, & |r|<R_c\end{cases} \tag{4.1.2}$$

式中：R_c 为离子芯半径；z 为离子芯的价电荷数。

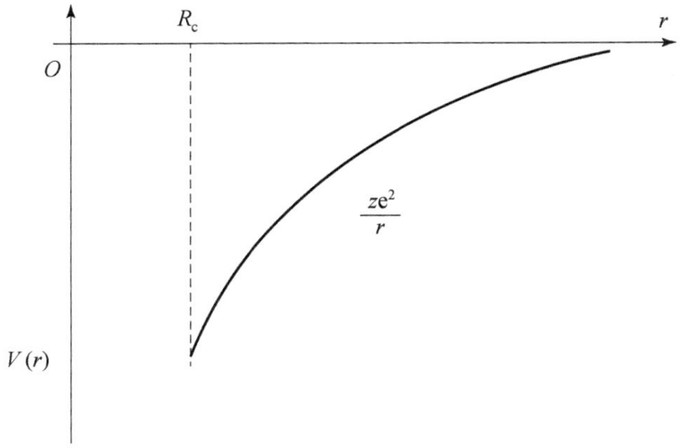

图 4.1.1　Ashcroft 模型势

（2）$V_{es}(r)$：离子芯（core）和价电子产生的总静电势。

设价电子的电子密度为 $\rho_T(r)$，则价电子的静电势和电子密度之间满足泊松方程：

$$\nabla^2 V_{es}(r)=-4\pi\rho_T(r) \tag{4.1.3}$$

$$\rho_T(r)=\sum_n \rho_{ic}(r-R_n)+\rho_c(r) \tag{4.1.4}$$

首项表示不同位置离子芯电荷的累加。这里各个离子芯正电荷与离子芯电荷密度之和 $\rho_{ic}(r-R_n)$ 的中心在各自的 R_n 处，R_n 为离子实中心位置。第二项 $\rho_c(r)$ 是价电子在 r 处的电荷密度。一般可以认为 ρ_{ic} 在体内与表面处的形式是一样的。

在晶体内电子的波函数是 Bloch 波，这是一种调幅平面波。考虑到晶体表面区域，其中原子呈现二维周期性排列，可以将泊松方程式（4.1.3）中的 $V_{es}(r)$ 与 $\rho_T(r)$ 展开为平面波的形式来求解。

$$V_{es}(r)=\sum_{G_{/\!/}} V_{G_{/\!/}}(z)\mathrm{e}^{\mathrm{i}G_{/\!/}\cdot x_{/\!/}} \tag{4.1.5}$$

$$\rho_T(r)=\sum_{G_{/\!/}} \rho_{G_{/\!/}}(z)\mathrm{e}^{\mathrm{i}G_{/\!/}\cdot x_{/\!/}} \tag{4.1.6}$$

式中坐标 z 垂直于晶体表面，$+z$ 方向指向晶体内部，$-z$ 方向指向真空。$x_{/\!/}$ 为电子的二维位置矢量，也就是 r 在表平面上的投影，其坐标原点位于表面终结平面上。$G_{/\!/}$ 是二维倒格矢，$\sum\limits_{G_{/\!/}}$ 表示 是可在二维倒格子空间中找到的倒格矢的集合，通常通过对在表面上投影的体倒格矢进行求和来表示。通常情况下，二维倒格矢的集合 $\{G_{/\!/}\}$ 与在

表面上投影的体倒格矢 G_B 的集合 $\{G_{B//}\}$ 是一样的，但并不总是如此。如果这两个集合总是相等，那么表示表面没有经历重构。然而，如果这两个集合不相等，那么表明表面经历了重构。

将 $V_{es}(r)$ 和 $\rho_T(r)$ 展开后的平面波形式代入方程，可以得到关于 $V_{G//}(z)$ 的一维二阶微分方程如下：

$$\left[-\frac{d^2}{dz^2}-|G_{//}|^2\right]V_{G//}(z)=4\pi\rho_{//}(z) \tag{4.1.7}$$

由一维二阶微分方程可知，方程的解由 $G_{//}$ 值决定，下面进一步进行分类讨论。

①当 $G_{//}=0$ 时，有

$$-\frac{d^2}{d^2z}V_0(z)=4\pi\rho_0(z) \tag{4.1.8a}$$

再对新的方程左右两边同时积分，得

$$V_0(z)-V_0(z_0)=(z-z_0)\frac{dV_0(z_0)}{dz}-4\pi\int_z^{z_0}(z-z_0)\rho_0(z)dz_0 \tag{4.1.8b}$$

其中 $z\to z_0$ 表示某一个任取平面。

当 z_0 趋于 $-\infty$ 时，表示表面外真空区，若没有外加电场，则 $\frac{dV_0(z_0)}{dz}=0$，代入方程可将上式简化为

$$V_0(z)-V_0(-\infty)=-4\pi\int_{z_1}^{-\infty}(z-z_1)\rho(z)dz_0 \tag{4.1.9}$$

在固体边界之外，电荷密度呈指数衰减趋势，从上述方程可以看出，$V_0(z)$ 衰减迅速趋于 $V_0(-\infty)$。同时 $V_0(z)$ 趋近于体内 $V_0(\infty)$ 的速率也受 $\rho_0(z)$ 趋于体内值 $\rho_0(\infty)$ 速率的影响，对于金属，电荷密度则表现为振荡的形式趋于体内，$V_0(z)$ 中也存在类似的情况。计算表明，半导体和绝缘体中 $V_0(z)$ 比金属衰减更为迅速。

$$\rho(z)=\rho_0\left[1-\frac{\sin 2\sqrt{2Ez}}{2\sqrt{2Ez}}\right] \tag{4.1.10}$$

②当 $G_{//}\neq 0$ 时。

用 Green 函数求解，可得

$$V_{G//}(z)=\frac{2\pi}{G_{//}}\int_{z_B}^{\infty}\rho_{G//}(z')e^{-G_{//}\cdot|z-z'|}dz'+A_{G//}e^{-G_{//}(z-z_B)},(z>z_B) \tag{4.1.11}$$

当平面 z_B 选取足够远离表面时，势场应该基本上达到其在固体内部的数值。$A_{G//}$ 可由 $V_{G//}(z_B)$ 与固体内部一致的条件来确定这个数值。

在 z 取很大正值时，$V_{G//}(z)$ 由 $e^{-G_{//}|z-z'|}$ 决定，因为 $\rho_{G//}(z)$ 比 $V_{G//}(z)$ 衰减得快得多。

假设 $\rho_{G//}(z)$ 在真空中衰减到零，则

$$V_{G//}(x)\xrightarrow{z\to-\infty}B_{G//}e^{-G_{//}\cdot|z-z'|} \tag{4.1.12}$$

最小的倒格矢 $G_{//}\sim 2\pi/d$，d 被用来表示二维表面晶格的原胞间距。因此，只有在距离表面原子终结面间距 d 内，平行于表面的电势变化才会显著存在，超过这个距离，电势会迅速衰减。对于像 Si(7×7) 或 Ge(2×8) 这样的重构表面，终结面间距 d 较大，

因此垂直于表面的静电势范围较广。

(3) $V_{xc}(r)$：价电子之间的交换和相关势。r 为空间坐标，坐标原点取在表面上某个位置（原子终结平面上）。

严格地讲，$V_{xc}(r)$应该写成的形式为 $\sum_l V_l(r,r'W)$，要用价电子位置(r,r')和价电子能量（W）来表示。这也是个多体问题，处理相当困难。但仍可采用定域近似。通常情况下使用维格纳（Wigner）提出的 $V_{xc}(r)$来近似表达，式中 $\rho_v(r)$是体内价电子电荷密度。

$$V_{xc}(r) = -\left\{0.984 + \frac{8.77f(r) + 0.944}{[1.0 + 12.57f(r)]^2}\right\}f(r) \tag{4.1.13}$$

$$f(r) = \rho_v^{\frac{1}{3}}(r) \tag{4.1.14}$$

式（4.1.13）中数值随 r 的变化与 $\rho_v(r)$相比要缓慢得多，所以近似地可将它作为常数，一般以 a 表示。在定性地讨论 $V_{xc}(r)$的特征时，可将式（4.1.13）简化为

$$V_{xc}(r) = -a\rho_v^{\frac{1}{3}}(r) \tag{4.1.15}$$

这个方程已经在能带自洽计算和原子能级等计算中广泛采用，并且后来也多次用于分子能级计算。式（4.1.14）也被称为斯莱特（Slater）$r-a$ 近似，用来描述交换和相关作用。

若$\rho_r(r)$也取式（4.1.6）的平面波展开式，则式（4.1.13）可表示为

$$V_{xc}(r) = -a\left\{\rho_0^r(z)\left[1 + \sum_{G_{/\!/}} e^{iG_{/\!/}\cdot x_{/\!/}}(\rho_{G_{/\!/}}^r(z)/\rho_0^r(z))\right]\right\} \tag{4.1.16}$$

为了易于分辨，式（4.1.16）中已把下角标移至右上方。若再假定 $\rho_{G_{/\!/}}^r(z)/\rho_0^r(z) \ll 1$，则式（4.1.16）为

$$V_0^{xc}(z) = -a[\rho_0^v(z)]^{1/3} \tag{4.1.17}$$

$$V_{G_{/\!/}}^{xc}(z) = -\frac{a}{3}[\rho_0^v(z)]^{1/3}\frac{\rho_{G_{/\!/}}^r(z)}{\rho_0^r(z)} \tag{4.1.18}$$

将 $V_0^{xc}(z)$和 $V_0^{es}(z)$相比，在真空区 $V_0^{xc}(z)$的衰减速率计较慢。当 $G_{/\!/}$为有限值时，由式（4.1.17）可见，它直接依赖$\rho_{G_{/\!/}}^r(z)$而变化，所以比 $V_{G_{/\!/}}^{es}$要快。

但是，当电荷密度很小时，也就是足够远的真空区，式（4.1.5）和式（4.1.13）就不再能用，要用经典的镜像势。镜像势的一般形式为

$$V_0(z) = -\frac{1}{4}\frac{\varepsilon-1}{\varepsilon+1}\frac{1}{z}(z \gg 0) \tag{4.1.19}$$

式中：ε 为固体的静态介电常数。

由此可见，被称为库仑尾（Coulomb tail）的是使用镜像势描述的交换和相关势，它包含了比式（4.1.18）更长范围的成分。

近年来，对镜像势的测量和多极相关性理论的研究表明，对于式（4.1.19）必须进行修正。对金属表面而言，式（4.1.19）需要做出以下修正：

$$V_0(z) \to -\frac{1}{4}\frac{\varepsilon-1}{\varepsilon+1}\frac{1}{(|z|-d)} \tag{4.1.20}$$

如果将原点朝外移动一个距离 d，那么在该距离处的电子密度会减小到约为内部平

均值的 1/3。

表面势是由泊松方程所决定的，这个方程的解取决于表面电荷分布。从另一个角度来看，为了确定表面电荷分布，首先需要获取波函数，而获取波函数则需要解决 Schrödinger 方程。然而，Schrödinger 方程的解受到表面势的影响，因此计算表面势成为一个自洽计算的过程。

在计算表面势时，常采用薄片模型和集团模型。薄片模型将表面系统简化为一系列平行的薄片，而集团模型则考虑系统中的原子或分子团簇。然而，这些计算过程相当复杂，需要考虑多种因素，如电子相互作用、晶格结构等。由于复杂性，计算结果可能并不总是完全符合需求，而且需要高度专业的技术和计算资源。

对于这一主题感兴趣的读者，建议查阅相关文献以深入了解表面势的计算方法、模型选择以及研究的最新进展。在深入研究中，可能还会涉及量子力学、计算物理等领域的知识。这些探讨有助于更全面地理解表面电荷分布与波函数之间的相互关系以及在材料科学和表面科学领域的应用。

4.1.2 表面态的产生机理

本小节从 4 个方面讲述表面态的产生原因及其特征。

1. 晶体中的电子能带

在一个周期性势场中，也就是块状晶体中，电子的波函数是 Bloch 波：

$$\begin{cases}\psi_k(\boldsymbol{r}) = u_k(\boldsymbol{r})\mathrm{e}^{ik\cdot r} \\ u_k(\boldsymbol{r}) = u_k(\boldsymbol{r}+\boldsymbol{R}_n) \\ \boldsymbol{k}_n = n_1a_1 + n_2a_2 + n_3a_3\end{cases} \tag{4.1.21}$$

式中：k 为波矢；a_1,a_2,a_3 为晶格（胞）常数；$\boldsymbol{r}$ 为电子的位置矢量；n_1,n_2,n_3 为任意整数。

Bloch 波是一种调幅平面波，它描述了晶体中电子做共有化运动。在晶体中的位置 $\boldsymbol{r}$ 和 $\boldsymbol{r}+\boldsymbol{R}_n$（其中 $\boldsymbol{R}_n$ 是晶格矢量）处，电子出现的概率相等：$|\psi(\boldsymbol{r})|^2 = |\psi(\boldsymbol{r}+\boldsymbol{R}_n)|^2$。这一波函数不仅展现了电子在晶体中的共有性质，还凸显了周期性势场对电子的影响。在不同的晶胞位置，电子出现的概率 $|\psi(\boldsymbol{r})|^2 = |u(\boldsymbol{r})|^2$，与在恒定势场中的电子不同，各个位置的电子概率分布是不同的。

Bloch 函数表明波矢 k 在电子波函数和能量中发挥着至关重要的作用。为了满足特定的边界条件，波矢 k 必须采用离散的量子值，表现出明显的量子性质。这些允许的 k 值限定在布里渊区（Brillouin Zone）内，通常简称为布区，而其中 k 的最小允许集合被称为第一布里渊区。对于在二维晶体中运动的电子，波矢 k 由 3 个分量 k_1、k_2 和 k_3 构成。这些分量与电子能量 E 之间的关系可以映射到第一布里渊区内。

晶体内的电子运动必须符合波函数的有限性和周期性条件，因此波矢 k 必须采用实数值。这实际上形成了实数波矢能带。通过观察图 4.1.2 中的实数波矢能带，可以发现能量 $E(k)$ 会随着波矢 k 的单调对称变化而变化。在布里渊区的边界$\left(k=\dfrac{1}{2a}\right)$上，能量会发生不连续的跃迁，通常称为禁带。

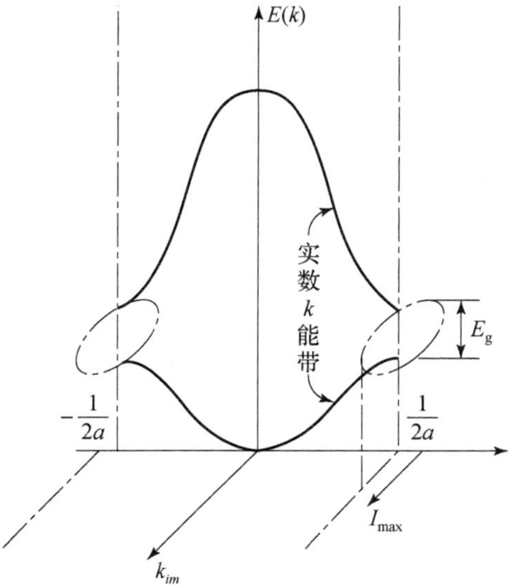

图 4.1.2　复波矢 k 的实数能带和复数能量

2. 表面区的复数 k 能带

若考虑晶体存在表面，即对于一个带有表面的半无限晶格，垂直方向上的三维晶格周期性受到干扰，这导致电子的势能在垂直方向上失去了最初的平移对称性。当选择复数波矢 k 时，可能会得到一种衰减波 $e^{i\boldsymbol{k}\cdot\boldsymbol{r}}$（也可能是无限大，但即使在负值情况下仍然表现为衰减波）。这种波函数描述了电子在离开晶体表面一定距离后，波函数以指数方式衰减，与真空中的电子云分布形成了良好的匹配。1932 年，Tamm 提出了一个重要的发现，即在晶体表面附近，电子可以采用复数波矢，这将导致额外的表面态存在。这些表面态的能量位于材料的电子禁带内，具有特殊的电子结构和能量特征，与体态晶格电子不同。这些表面态在材料的物理和化学性质中起着关键作用，因为它们可以影响电子的传输、反应和表面性质，从而在纳米材料、电子器件和催化等领域具有重要应用。如图 4.1.2 所示点划线范围。

将复波矢 k 表示为

$$k = k_r \pm \mathrm{i}k_{im} \tag{4.1.22}$$

在一维布里渊区边界上，k 的实部 $k_r = \frac{1}{2a}$，k 的虚部有最大值 I_{max}，在布里渊区边界上，能量是极值。因此可以在边界上将能量按泰勒级数展开，并保留到二级项：

$$E\left(\frac{1}{2a} - k'\right) - E\left(\frac{1}{2a}\right) \approx \frac{1}{2}\frac{\mathrm{d}^2E}{\mathrm{d}k^2}(k')^2 \tag{4.1.23}$$

由上式可见，k'不论何值，能量 E 均为实数。

在 Heine 于 1963 年的研究中，能带单调地从 $E = -\infty$ 变到 $E = +\infty$，他证明了能带在实数范围内单调地从一个状态变为另一个状态的结构转变点。这一转变点正好对应着复数波矢 k 作为能量 E 函数的鞍点，揭示了实数能带结构的独特性质。在这个能量圈范围内，研究者预期能够观察到表面态的存在，即禁带范围。

值得注意的是，在前述讨论中，并没有否定当波矢 k 取复数时，一些表面态可能会进入能带的上下相邻区域。这意味着在复数波矢的情况下，表面态的存在并不仅仅局限于禁带范围，而可能扩展到能带的相邻区域。实验观察也证实了这一现象，特别是在某些材料中，表面态可能出现在导带或价带的内部。

3. 表面电子态与表面共振态

薛定谔方程是一种微分方程，其本征值为 k，必须符合特定的边界条件。因此，即使存在表面，k 的可取值仍然受到一定的限制。与考虑三维无限晶格（不考虑表面效应）的能量本征谱相比，半无限晶格的能量本征谱中会出现一些新的本征值，这些本征值是由于表面效应而引起的。

根据以上的讨论，表面态对应复数 k。设 $k = k_r + i\zeta$，表面与 z 轴垂直，则与 z 有关的电子波函数

$$\psi_k(z) = e^{ikz} u_k(r) \tag{4.1.24}$$

这是一个渐消（evanesce）Bloch 波。离表面 $2a_z(a_z = a_3)$处，电子出现的概率为

$$|\psi(z + na_z)|^2 = e^{-2n\zeta a_z} |\psi(z)|^2 \tag{4.1.25}$$

上述方程显示了表面电子波函数的衰减特性，电子在这种状态下主要存在于表面附近，如图 4.1.3 所示。

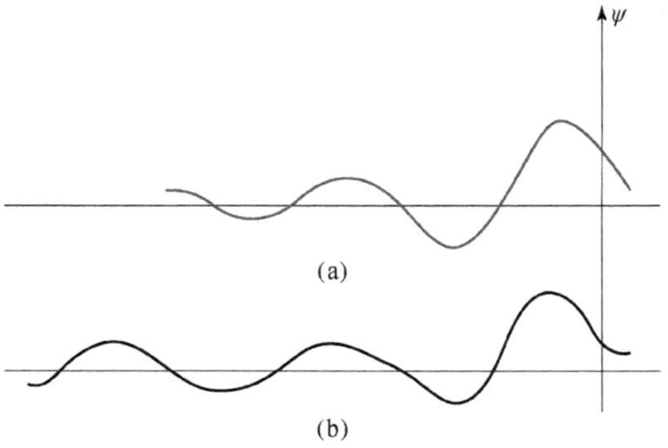

图 4.1.3　表面电子态

（a）表面共振态；（b）波函数示意图。

在材料的电子结构中，本征值和其对应的波函数是关键的概念。这些波函数在表面垂直方向上表现出指数级的减弱，这使得电子在这些状态下更有可能分布在材料的表面，因此这些特殊的电子状态称为表面态。与之相关联的能级则称为表面能级，其表征了这些表面态的能量水平。

值得强调的是，表面态的减弱速度与其对应的能量水平密切相关。这意味着在表面能级附近的电子态在表面垂直方向上的分布会更为集中，而随着能量水平的变化，这种分布的减弱速度会发生变化。以 Ge（100）晶体为例，如果表面态的能量距离带边（band edge）为 0.1eV，那么在穿越 7 个层次后，表面态波函数的幅度会减弱到其最大值的 20%；不过，如果能量仅为 0.01eV，为达到同样的减弱幅度，就需要穿越 20 个层次。

在表面附近存在一种被称为表面共振（surface resonance）的额外电子状态。如图 4.1.3 所呈现，这一状态在接近表面原子的地方表现出明显的振幅，然后逐渐向内部衰减。虽然衰减发生，但并没有完全减为零，在体内仍然表现出与 Bloch 波相似的特性，只是振幅较小。

4. 金属、半导体、介质中表面态的特点

表面态是由表面附近周期性势场的突然中断所引发的额外电子能级。金属、绝缘体和半导体都可能具有自由表面，从理论上来看都可能存在表面态，然而，实验无法确定其是否存在。

金属因其缺乏明确的禁带，导致其体态电子在费米能级附近具有高密度的能级，这使得金属的表面态与体态电子难以区分。相反地，在碱金属卤化物、银卤化物、金属氧化物和玻璃等材料中，块状材料的禁带内存在各种额外的能级，包括电子和空穴陷阱、F 心、U 心和 V 心等。这些多样的能级使得将表面态与这些额外的能级区分开来具有挑战性。

半导体具备适度宽度的禁带，当前的半导体技术已经能够生产高纯度和完整性的材料，使体内陷阱相对较少。这使得在半导体中更加便捷地进行表面态的检测和研究。因此，目前关于表面态的大部分数据主要来自半导体材料，如硅、锗、GaAs 等。通常利用这些数据来验证表面理论的准确性。

尽管金属和绝缘体的表面态较难以独立测量，但必须指出它们确实存在，对于材料的光学、电学、磁学性质以及催化和化学反应等方面都具有重要作用。随着测量技术的不断进步，现在已经能够以半定量方式测定金属和绝缘体的表面态。例如，已经测定出镍（Ni）的表面态位于 4～5eV 之间，而铜（Cu）的表面态位于 5～6eV 之间。

4.1.3　表面态的类型

1. 表面态密度

对于块状材料，固体物理中，一般采用状态密度函数 $g(E)$ 表示块状材料中电子态随着能量 E 的分布状况，有

$$g(E) = \sum_{\text{所有态}i} \delta(E - E_i)\mathrm{d}E \tag{4.1.26}$$

式中：$g(E)$ 为在能量 $E \sim E + \mathrm{d}E$ 间隔范围内的允许电子态数。上式没有考虑电子的自旋，每个允许态 E_i 上只有一个电子。

在处理表面问题时，引入了表面态密度的概念。按照与上面类似的讨论，表面态（局部定域态）密度 $g(E,r)$ 为

$$g(E,r) = \sum_{\text{所有态}i} |\varphi_i|^2 \delta(E - E_i) \tag{4.1.27}$$

在大多数情况下，$g(E,r)$ 随 r 的变化不是很快，可将 $g(E,r)$ 对位于 R_i 处原子的 Winger－Size 原胞（WSC）积分，并称它为 R_i 处（R_i 位于表面）原子的表面态密度 $g(E,R_i)$：

$$g(E,r) = \sum_i \int_{\mathrm{WSC}} |\varphi_i(r - R_i)|^2 \mathrm{d}r\delta(E - E_i) \tag{4.1.28}$$

总的表面态密度 $g(E)$ 就等于 $g(E,r)$ 对整个表面积分或对表面上所有原子求和。如果认为表面是均匀且各向同性的，则

$$g(E) = Ng(E,R_i) \tag{4.1.29}$$

式中：N 为表面原子的总数。

必须明确区分定域态密度 $g(E,R_i)$ 与总态密度 $g(E)$ 这两个概念。$g(E,R_i)$ 对于一

个表面原子 R_i 来说，通常在表面附近其值相对较高，并向晶体内部呈指数衰减。而总态密度则表示在表面上可以被占据的表面态总数。

2. 本征表面态与外诱表面态

理想情况下，清洁表面被定义为不含外部吸附原子或杂质，但常见的表面弛豫、重构现象以及台阶、空位等缺陷会对表面态产生重要影响。这些表面重构和缺陷使得表面态的性质变得比先前所讨论的 Tamm 态和 Shockley 态更加复杂。

外部吸附的杂质是表面态的一种常见来源。表面原子通常具有未饱和的键，因此具有较高的化学活性。当外部杂质吸附时，发生电子交换，导致额外表面态的产生。

诸如研磨、切割、刻蚀、抛光等过程引起的表面损伤，以及与化学吸附相关的电解质和非电解质界面周围的不完整结构，都可能引发对应的表面态。

Lax 提出实现原子级别的清洁表面十分困难，因此外部吸附（偏析）和外来杂质（如氧或氧化物）的污染几乎是不可避免的，形成各种不同类型的表面态。例如，氧原子吸附到半导体表面时，由于其极强的电负性，其电子亲和能高于半导体的功函数，能够从表面捕获电子，类似于受主表面态。同样地，吸附到半导体表面的带正电性气体原子或分子（例如氯丙嗪在有机半导体蒽表面的吸附）可以形成类似于施主表面态。

外部因素，如表面杂质和缺陷，可以导致表面态的形成，这些称为外诱表面态或非内生表面态。理想的清洁表面应该具有与表面原子密度相近的悬挂键密度，大约为 $10^{15}cm^{-2}$。然而，在经过清洁的 Ge 表面上检测到的表面态密度通常在 10^{11}~$10^{12}cm^{-2}$ 范围内。这一现象通常被认为是为了降低表面能，表面原子通过匹配一些未饱和的悬挂键来稳定它们，导致表面的重构，从而减少真正的悬挂键密度。

3. 一些常用的本征表面态模型

表面附近的材料特性受到周期性势场的影响，在这种场景下，势场会突然中断，导致在接近表面的区域形成局部的表面态。这些额外的电子能级可能表现为单一能级，也可能组成能带结构，其具体形式取决于材料的性质和表面结构。

这些表面态的形成通常发生在材料的禁带内，但也可能延伸至导带或价带。在研究表面态时，图 4.1.4 提供了一些常见的本征表面态模型，这些模型是理想化的情况，用于分析和理解表面性质。然而，实际情况可能更为复杂，需要考虑多种表面态之间的相互作用以及综合效应。

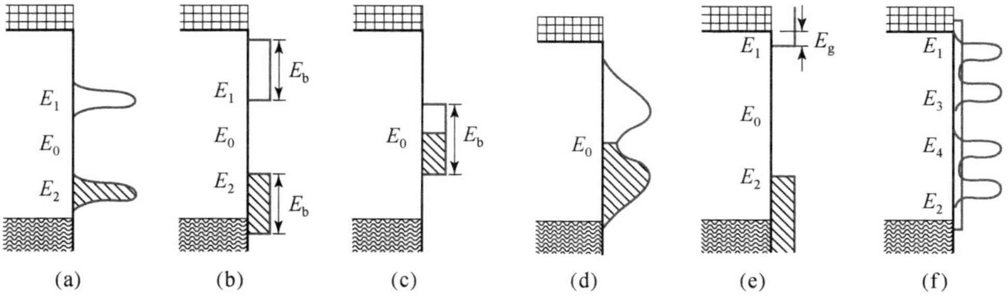

图 4.1.4　一些常用的本征表面态模型

（a）两个不连续的能级；（b）两个能带；（c）两个重叠在一起的能带；（d）带尾定域态；（e）类离子带；（f）多种可能的非本征表面态。

4. 受主表面态和施主表面态

通常情况下，半导体材料如硅（Si）和锗（Ge）等具有浅施主（shallow donor）和浅受主（shallow acceptor）能级，它们分别位于导带下方和价带上方。在禁带宽度 $E_g >$ 2eV 的半导体材料中，表面态可以分为两个主要类型，即类受主态和类施主态。表面（类）施主和表面（类）受主的性质与浅能级略有不同。在这种情况下，空态是中性的，当电子占据时会形成带负电的状态，被称为类受主态。相反，当空态是正电的时候，当电子占据时会变为中性状态，这被称为类施主态。一般情况下，半导体材料中的电子能级在费米能级以下被电子占据，而在费米能级以上是空态。

表面（类）施主态通常位于表面（类）受主态之下，这与内部的浅施主态和浅受主态的位置相反。对于 $E_g > 2$eV 的半导体，表面（类）受主态被称为电子陷阱，当没有电子占据时是中性的，但当有一个电子占据时会带负电。表面（类）施主态被称为空穴陷阱，没有空穴占据时是中性的，但当有一个空穴占据时带正电。一个显著特点是在本征表面态中，受主能级（电子陷阱）通常位于施主能级（空穴陷阱）之上。

在离子晶体的表面态中，通常会出现两个额外的能级。一个是正电子从导带分裂出来，形成略低于导带的受主能级。另一个情况是表面负离子从价带分裂出来，形成略高于价带的施主能级。如果考虑到二元化合物，这些表面受主和表面施主能级通常会成对出现，这是氧化物半导体的本征表面态的特点。

4.1.4　吸附表面态

表面态研究涉及吸附表面，其中有多个关键因素需要考虑。首先，吸附表面的状态密度是一个可变的参数，它受温度和压力的影响，而随着吸附覆盖度的增加，吸附等温线可能变得更加复杂，因此需要使用复杂的数学模型来描述这些变化。此外，吸附类型的多样性也是重要的，包括物理吸附、局域化学作用和电子转移等，这些因素与表面态的占据情况直接相关，因此需要综合考虑。

化学吸附在研究中占据重要地位，其中包括化学键吸附和离子吸附两种类型，前者牵涉局部的化学反应，而后者通常伴随表面上的局部化学键合反应。离子吸附在半导体表面至关重要，因为它决定了半导体表面的电性能。吸附物可以作为电子或空穴的陷阱，也可以成为复合中心的一部分。最后，在离子吸附中，电子转移和表面态的占据概率是决定吸附键合性质的关键因素，其方向由吸附物原子的电离能级和亲和势相对于表面态的占据和未占据能级位置来决定，而这又受费米能级相对位置的影响。这些因素在研究吸附表面态时必须仔细考虑。

当 $E_F > A$ 时，电子由固体向吸附物转移，形成负离子吸附。

当 $E_F < I$ 时，电子由吸附物向固体转移，形成正离子吸附。

若 E_F 在二者之间，则形成具有局域性共有化的中性原子吸附。

吸附时，固体和吸附原子的电子波函数会重叠，这会使吸附原子能级发生变化，并产生一个新的能带结构。吸附物的能带与费米能级的相对位置决定了电子的迁移和分布，这是通过自洽计算得到的，如图 4.1.5 所示。图（a）显示了在没有吸附时，金属表面的势场和吸附物原子的势能曲线；图（b）显示了在吸附后，吸附原子的能带被完全填充，并且在金属费米能级以下的情况；图（c）显示了吸附原子的能带在 E_F 以上，且没有被填充的情况。

如果固体表面存在局域态或者与吸附原子之间的相互作用强烈，那么吸附原子可能与表面原子形成表面络合物，图4.1.6生动展示了这一现象。这是因为金属表面上密集的d带与吸附原子的能级之间存在强烈的相互作用，导致吸附原子与表面吸附位置相邻的表面原子形成络合物。在这一过程中，能级发生分裂形成键合和反键合能级，这些分裂的能级随后与金属表面的s带相互作用，最终形成吸附原子的能带结构，图4.1.6展示了吸附原子能级的变化。

若金属中电子的能量与吸附原子的能量相匹配，那么在强场下，电子穿越表面势垒的发射概率会急剧增加，这现象被称为共振隧道效应。共振隧道效应直接受到吸附原子态密度分布的影响。

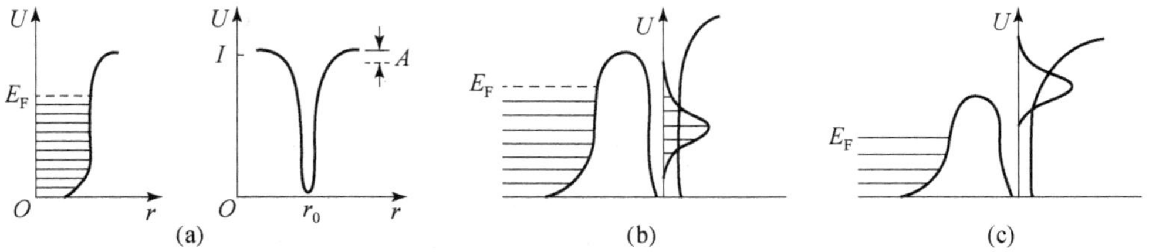

图4.1.5　吸附势与能级图

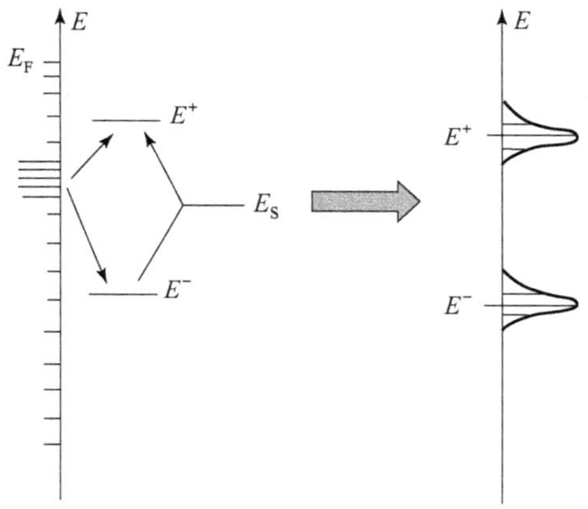

图4.1.6　表面络合物吸附能带的形成

半导体表面的离子吸附对费米能级和肖特基势垒起到关键作用，以Au/GaAs的肖特基结为例，表面吸附氧化物（如As_2O_3）显著降低肖特基势垒。在n型GaAs表面，主要的表面态固定在约0.75eV附近，由As空位引起。然而，氧化砷的不稳定性可能导致金属沉积时Au原子填充As空位，减少表面As空位，从而减小肖特基势垒。这表明吸附研究对实际肖特基结构或金属-氧化物-半导体（MOS）特性的理解至关重要。

在氧化的n型GaAs（110）表面，光电子谱显示，氧吸附增加导致的As_2O_3使得As_2O_3与GaAs之间的界面态将费米能级固定在能带间隙中央。与之相反，在n型Si中，由于硅能带中存在本征表面态，氧开始吸附时费米能级固定在能隙中央，但随着氧吸附量增加，费米能级会向导带底部移动。这揭示了氧吸附导致硅表面键合饱和，表面态逐渐消失的过程。

关于离子吸附中的空间电荷效应，威斯（Weiss，1953）研究表明，表面势垒对平衡离子吸附有影响。如果吸附离子仅是表面电荷，离子吸附将形成简单的耗尽层，吸附离子密度 n_i 随表面势垒 V_S 的变化遵循肖特基关系：

$$n_i = (2\varepsilon_0\varepsilon_r N_D V_S/e)^{1/2} \tag{4.1.30}$$

式中：N_D 为半导体中施主杂质密度，n_i 与$N_D^{1/2}$有关，一般情况下，$V_S \leqslant 1V$，而 $N_D \leqslant 10^{10}/cm^3$，因此 n_i 是 10^{13}数量级。表面势垒阻止吸附的进行，覆盖率很小时，n_i 与$\sqrt{N_D}$成正比。如果半导体表面是累积层或反型层，则覆盖度较高，一般 $n_i > 10^{14}/cm^2$。

理论模型涵盖了吸附表面态的两种主要方法，即半经典理论和量子理论。在半经典模型中，固体表面的能级被视为局部的原子能级，这种方法建立在固体的能级结构之上，但明显是一种近似方法。由于固体表面具有能带结构，必须将吸附物的相互作用视为对表面能带的影响。因此，采用量子力学模型来描述吸附粒子与固体之间的能量特征是必要的。通常有3种主要方法。

（1）半无限晶体近似法。这个方法将固体中的电子波函数与周期性势场相对应，用于计算固体表面的能带结构。吸附物的影响被视为对势场的微小扰动。通过这个表面微扰方法，可以定量地研究吸附表面态的能量。

（2）簇模型法。该方法考虑了吸附粒子与多个吸附剂粒子之间的相互作用，将它们组合成一个“簇”，并将其视为一个“分子”，随后进行分子轨道计算。通过这种方式能够解析出由几个基底原子加上一个外部吸附原子组成的整体能级。

（3）哈密顿近似法。也称为“相互作用表面分子”近似法，它将单个吸附物的波函数与“半无限晶体”的波函数相结合，以提供半定量的吸附表示态模型。

此外，还存在其他量子力学方法，如以半无限晶体方法为基础的“分解法”，以简化数学计算为基础的“短链模型”，以及以“胶体模型”（Jellium Model）为基础的“静电自洽法”等。在用于处理特定情况时，每种方法都展现出独特的优点。

由于在处理吸附表面的数学问题上，量子力学模型更为繁杂，故半经典理论因其直观性和数学简洁性而备受重视，并已相当成功地描述了吸附表面态的基本规律，与实验结果相当吻合。因此，半经典理论在研究中仍然广泛应用。在半经典理论的框架下，主要使用“表面分子模型”来研究吸附物在表面形成键合的能级。对于非过渡族元素的共价固体，例如硅和锗等半导体表面，最普遍的成键形式是与悬挂的 s－p 杂化轨道结合形成共价键。而在离子型固体表面，通常形成酸－碱键，构成离子吸附。对于离子吸附表面态，马克（Mark，1968）曾经计算了马德隆（Madelung）势对于离子吸附能的贡献。

4.1.5 表面能

这里采用单电子近似法来研究多个电子的能量行为。在此模型中，假设电子之间没有相互作用，并且它们在一个具有单一有限势垒的势场中运动。单电子的状态波函数 ψ_i 可以通过解薛定谔方程得到：

$$\left[-\frac{1}{2}p^2 + U_{eff}\right]\psi_i = E_i\psi_i \tag{4.1.31}$$

式中：U_{eff}为有效表面势，在无穷远处表面势应为恒定的常势。在正胶体中，独立的电

子总能量为

$$E_{\mathrm{T}} = 2\sum_{i}^{\mathrm{Occ}} E_i \tag{4.1.32}$$

此处考虑了电子的自旋。Occ 表示所有占据状态的电子数，用态密度表示，有

$$E_{\mathrm{T}} = 2\int_{-\infty}^{E_{\mathrm{F}}} E\rho_i(E)\,\mathrm{d}E \tag{4.1.33}$$

E_{T} 可分为体内和表面两部分，其中表面能为

$$E_{\mathrm{S}} = 2\int_{-\infty}^{E_{\mathrm{F}}} E\rho_{\mathrm{S}}(E)\,\mathrm{d}E \tag{4.1.34}$$

因为存在表面，导致体内态密度微小变化，使得处于费米能级上的多余电子被表面的电子空位抵消，这些电子对表面能的贡献为负，为

$$E_{\mathrm{S}} = -2\int_{-\infty}^{E_{\mathrm{F}}} E_{\mathrm{F}}\rho_{\mathrm{S}}(E)\,\mathrm{d}E \tag{4.1.35}$$

则表面能的表达式为

$$\begin{aligned} E_{\mathrm{S}} &= 2\int_{-\infty}^{E_{\mathrm{F}}} (E - E_{\mathrm{F}})\rho_{\mathrm{S}}(E)\,\mathrm{d}E \\ &= 2\int_{-\infty}^{E_{\mathrm{F}}} (E - E_{\mathrm{F}})\left[-\frac{1}{4}\delta(E) + \frac{1}{\pi}\frac{\mathrm{d}\eta(E)}{\mathrm{d}E}\right]\mathrm{d}E \\ &= \frac{E_{\mathrm{F}}}{2} + 2\int_{0}^{E_{\mathrm{F}}} \frac{\mathrm{d}\eta}{\mathrm{d}E}\cdot\frac{E - E_{\mathrm{F}}}{\pi}\mathrm{d}E \end{aligned} \tag{4.1.36}$$

应用电中性条件 $\eta(E_{\mathrm{F}}) = \frac{\pi}{4}$，有

$$E_{\mathrm{S}} = \frac{2}{\pi}\int_{0}^{E_{\mathrm{F}}} E\,\frac{\mathrm{d}\eta}{\mathrm{d}E}\mathrm{d}E \tag{4.1.37}$$

上述结果的推导是基于孤立电子的假设，并假定体内态密度相对较低。然而，实际情况要更加复杂，必须考虑电子之间的相互作用以及金属晶体的晶面取向效应。通常采用胶体模型和分立点阵模型进行综合研究，以更全面地讨论这些复杂效应。

4.2 金属表面电子态

金属体内电子状态的理论已经在众多文献和固体物理理论著作中得到了详细的探讨。然而，当涉及金属表面时，表面势垒的存在引发了特殊的电子状态分布。在本节中，基于体内电子状态理论，采用一系列假设和近似方法，对金属表面上的电子态分布、电荷密度分布以及表面能进行了深入分析。

4.2.1 金属表面电子态模型

电子在金属内部可以近似为自由电子，但要从金属表面逃逸出来，就要跨越很高的表面势垒。可以用一个无限深的势阱来模拟这种情况，即电子被无限高的势垒困在金属里。这样，电子的波函数在表面区域就会有所不同。可以先考虑一维的情况来分析这种变化。

设一维运动的电子束缚在 $x=0, x=L$ 范围内具有无限势垒的势阱中运动。其归一化

波函数为

$$\varphi_n(x)=\frac{2}{L}\sin(n\pi x/L) \tag{4.2.1}$$

其中 x 垂直于表面，其正方向向体内延伸，其负方向指向体外。

采用原子单位时，即 $\hbar=e=\mu=1$，并令

$$q=2\pi k=\frac{n\pi}{L} \tag{4.2.2}$$

其本征能为

$$E_n=\frac{n^2\hbar^2\pi^2}{2\mu L^2}=\frac{\hbar^2}{2\mu}\left(\frac{n^2\pi^2}{L^2}\right)=\frac{1}{2}q^2 \tag{4.2.3}$$

设有 $L'=2L$ 的金属。电子被限制在 $x=0,x=L'$，长度为 L' 的势阱中，状态数是 L 势阱中的两倍。

此时，玻恩－卡门边界条件为

$$\varphi(x+L')=\varphi(x) \tag{4.2.4}$$

满足此边界条件的波矢取值为

$$q=\pm\frac{n\pi}{L'} \tag{4.2.5}$$

其状态效应为 L 势阱的二倍。设在 $2L$ 体系中的状态密度为 $\rho^{2L}(E)$，而由表面引起的体内连续谱态密度改变量为 $\delta(E)$，则两端为无限势垒的 L 系统的有效体态密度 $\rho_{\mathrm{T}}^{\infty}(E)$ 为

$$\rho_{\mathrm{T}}^{\infty}(E)=\frac{1}{2}[\rho^{2L}(E)-\delta(E)] \tag{4.2.6}$$

由式（4.2.2）看出，L 越大相邻 q 值的间隔越小，当 L 足够大时可以认为 q 值连续。在一维情况，每个 q 的体积为相邻的间隔 $\frac{\pi}{L}$，单位 q 空间中的状态数应为 $1\Big/\left(\frac{\pi}{L}\right)=\frac{L}{\pi}$。则 Δq 范围中的状态数为

$$\Delta N=\frac{L}{\pi}\Delta q \tag{4.2.7}$$

单位能量间隔状态数为

$$\frac{\Delta N}{\Delta E}=\frac{L}{\pi}\frac{\Delta q}{\Delta E} \tag{4.2.8}$$

当 $L\to\infty$ 时，q 值连续变化，故可取极限。值得注意的是，每个 E 值均有 $\pm q$ 两个值相对应，则有

$$\rho^{2L}(E)=2\lim_{\Delta E\to 0}\frac{\Delta N}{\Delta E}=\frac{2L}{\pi}\lim_{\Delta E\to 0}=\frac{2L\,\mathrm{d}q}{\pi\,\mathrm{d}E} \tag{4.2.9}$$

代入式（4.2.6），有

$$\rho_{\mathrm{T}}^{\infty}(E)=\frac{L}{\pi}\frac{\mathrm{d}q}{\mathrm{d}E}-\frac{1}{2}\delta(E) \tag{4.2.10}$$

上述公式表示了 L 系统的有效态密度。其中，第一项代表了长度为 L 的金属的体态密度，第二项则表示了双端无限势垒的表面效应，即在 $x=0$ 和 $x=L$ 处存在的两个无限

势垒引起的体态密度的改变量：

$$\rho_{2S}^{\infty}(E)=\frac{1}{2}\delta(E) \tag{4.2.11}$$

对于一端无限表面势垒，表面态密度为

$$\rho_{1S}^{\infty}(E)=-\frac{1}{4}\delta(E) \tag{4.2.12}$$

即在表面势垒的一端自由电子能带底少了 1/4 状态。

为了更清楚地说明这个问题，引入两个概念，即局域态密度 $\rho(E,x)$ 和积分态密度 $\rho_l(E)$。

局域态密度的一般定义为

$$\rho(E,r)=\sum_{r}|\varphi_i(r)|^2\delta(E-E_i) \tag{4.2.13}$$

式中：$\varphi_i(r)$ 为本征能量 E_i 所对应的本征态波函数。对于所考虑的问题其定义可写为

$$\rho(E,x)=\rho_1^{\infty}(E)|\varphi_E(x)|^2 \tag{4.2.14}$$

式中：波函数 $\varphi_E(x)=\sqrt{\frac{2}{L}}\sin\frac{n\pi}{L}x$，用 E 来表示 q，则有

$$\varphi_E(x)=\sqrt{\frac{2}{L}}\sin(x\cdot\sqrt{2E})$$

代入式（4.2.14），有

$$\rho(E,x)=\frac{1}{\pi}\frac{\mathrm{d}q}{\mathrm{d}E}[1-\cos(2x\sqrt{2E})] \tag{4.2.15}$$

式中与 x 无关的第一项为均匀固体的体态密度，与 x 有关的第二项则为表面效应。对于遵守费米－狄拉克分布的电子气，计入自旋，则有电荷密度 $Q(x)$ 为

$$Q(x)=2\int_0^{E_F}\rho(E,x)\mathrm{d}E \tag{4.2.16}$$

将式（4.2.15）代入，得

$$Q(x)=\frac{2q_F}{\pi}\left[1-\frac{\sin(2q_F\cdot x)}{2q_F\cdot x}\right] \tag{4.2.17}$$

式中：q_F 为相应于费米能级 E_F 的 q 值，即 $E_F=\frac{1}{2}q_F^2$。

设 Q_b 为体电荷密度，$Q_s(x)$ 为局域表面电荷密度，则

$$Q_b=\frac{2q_F}{\pi},Q_s(x)=Q_b\frac{-\sin(2q_F\cdot x)}{2q_F\cdot x}$$

$$Q(x)=Q_b\cdot\left(1-\frac{\sin(2q_F\cdot x)}{2q_F\cdot x}\right) \tag{4.2.18}$$

$Q(x)-q_F\cdot x$ 曲线如图 4.2.1 所示，为典型的 Friedel 振荡。

当 $x\to0$ 时 $Q(x)\to0$，意味着在表面薄层区域 $x=\frac{\pi}{4q_F}$ 少了一些电荷。电荷减少是表面效应所致，其总量为

$$\int_0^{\infty}Q_s(x)\mathrm{d}x=-\frac{1}{2} \tag{4.2.19}$$

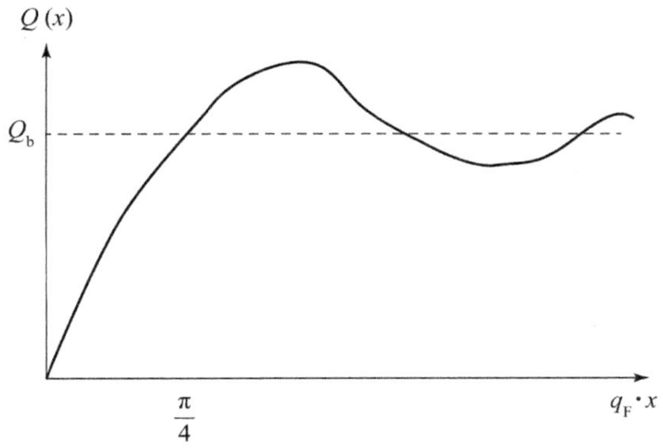

图 4.2.1　表面电荷分布

此处考虑了电子的自旋。现引入另一个概念 – 积分态密度。定义为

$$\rho_l(E) = \int_0^d \rho(E,x)\,\mathrm{d}x \tag{4.2.20}$$

有

$$\begin{aligned}\rho_l(E) &= \int_0^d \frac{1}{\pi}\frac{\mathrm{d}q}{\mathrm{d}E}[1-\cos(2x\sqrt{2E})]\,\mathrm{d}x \\ &= \frac{d}{\pi\sqrt{2E}}\left[1-\frac{\sin(2d\sqrt{2E})}{2d\sqrt{2E}}\right]\end{aligned} \tag{4.2.21}$$

式中第一项是体态效应，表示 0 ~ d 范围中能量为 E 的所有局域态密度总和；第二项与表面效应有关。对任何 d 值，有

$$-\int_0^\infty \frac{d}{\pi\sqrt{2E}}\frac{\sin(2d\sqrt{2E})}{2d\sqrt{2E}}\mathrm{d}E = -\frac{1}{4} \tag{4.2.22}$$

此式说明 0 ~ ∞ 的所有能量状态由于表面效应而减少 1/4。此式得出的结果与式（4.2.12)结论相同。

当 E 很大时，即电子能量在能带顶附近时，可将式（4.2.21）中的第二项忽略，则有

$$\frac{\rho_l(E)}{d} = \frac{1}{\pi\sqrt{2E}} \tag{4.2.23}$$

由 $E=\frac{1}{2}q^2$，有

$$\frac{1}{\pi}\frac{\mathrm{d}q}{\mathrm{d}E} = \frac{1}{\pi\sqrt{2E}} \tag{4.2.24}$$

此为体态密度，不呈现表面效应。

当 $E\to 0$ 时，相当于能带底，式（4.2.21）中的 $\sin(2d\sqrt{2E})$ 可按级数展开：

$$\sin(2d\sqrt{2E}) = 2d\sqrt{2E} - \frac{1}{3!}(2d\sqrt{2E})^2 + \cdots \tag{4.2.25}$$

略去高阶无穷小项，则有

$$\frac{\rho_\mathrm{d}(E)}{d} = \frac{2d^2}{3\pi}\cdot\sqrt{2E} \tag{4.2.26}$$

这意味着表面效应仅发生在低能($E\to 0$)区，图 4.2.2 所示为 $\frac{\rho_d(E)}{d}-E$ 曲线。

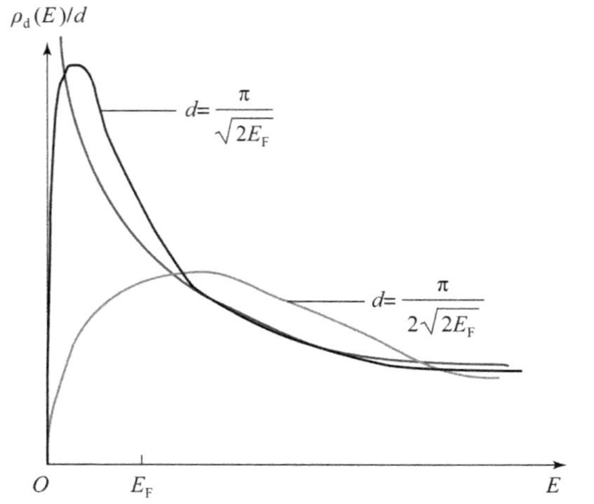

图 4.2.2　积分态密度分布

前面已经从两个不同的视角阐述了表面态密度。首先，研究了态密度随空间的变化，这是通过引入局域态密度来实现的。其次，探讨了态密度随能量的变化，这是通过引入积分态密度来描述的，这两个概念都具有极其重要的意义。

4.2.2　简单金属胶体表面电中性

金属中的正电荷均匀分布，并保持恒定直至边缘，形成了一维胶体模型。本节将研究一维情况下胶体表面的电中性问题。

在这个胶体中，正电荷均匀分布，不受空间变化的影响。以电子电荷单位表示，正电荷密度可用以下公式描述：

$$Q_+(E) = -\frac{2}{\pi}\sqrt{2E_F} \tag{4.2.27}$$

为了确保整个胶体系统的电中性，需要在体内确保存在电子电荷密度为$\frac{1}{\pi}\frac{\mathrm{d}q}{\mathrm{d}E}$来中和正电荷。而在表面，这个电中性应该由表面态密度 $\rho_s(E)$ 和正电荷抵消来实现。如果选择将坐标原点放在胶体边缘，那么总表面态密度必定等于零：

$$\int_{-\infty}^{E_F}\rho_s(E)\,\mathrm{d}E = \int_{-\infty}^{E_F}\left[-\frac{1}{4}\delta(E)+\frac{1}{\pi}\frac{\mathrm{d}\eta}{\mathrm{d}E}\right]\mathrm{d}E = -\frac{1}{4}+\frac{1}{\pi}\eta(E_F) = 0 \tag{4.2.28}$$

式中：$\eta(E)$为“相移因子”，对于无限势垒 $\eta=0$，对于有限势垒 $\eta\neq 0$，由电中性的要求，有

$$\eta(E_F) = \frac{1}{4}\pi \tag{4.2.29}$$

胶体和表面势垒的相对位置可以通过电中性原理来确定。在最简单的情况下，即无限势垒，l 表示从势垒到胶体边缘的距离，则波函数为 $\psi(z)\sim\sin[q(z+l)]$，相当于 $\eta = l\cdot q = l\sqrt{2E}$。由式（4.2.21）得

$$l=\frac{\pi}{4}\sqrt{2E_F} \tag{4.2.30}$$

若胶体由势垒位置移动长度 l，则胶体在长度 l 中损失的电荷总量为

$$l\cdot Q_+=\frac{\pi}{4\sqrt{2E_F}}\cdot\left(-\frac{2\sqrt{E_F}}{\pi}\right)=-\frac{1}{2} \tag{4.2.31}$$

若再考虑自旋，则式（4.2.31）为 δ 函数项损失$\frac{1}{4}$状态的效果。

4.3　半导体表面态和界面态

为了研究半导体表面的电子态，需要分析半导体的能带结构。本节首先使用量子力学的方法分析能带结构，然后探讨表面态密度分布，并简要介绍半导体－金属界面。

4.3.1　简单半导体表面态模型

与其他晶体类似，半导体单晶材料是由周期性排列的原子组成。采用单电子近似法（NFE）描述多原子相互作用，假设每个电子在周期性排列的原子核势场和其他电子的平均势场中运动。这个势场周期性与晶格相同。在一维情况下，其势函数为

$$V(x)=V(x+na) \tag{4.3.1}$$

式中：a 为一维晶格常数。

根据布洛赫定理，在周期性势场中运动的电子波函数，在一维情况下应满足：

$$\begin{cases}\psi_k(x+a)=\exp(\mathrm{i}2\pi ka)\psi_k(x)\\ \psi_k(x)=\exp(\mathrm{i}2\pi kx)u_k(x)\\ u_k(x)=u_k(x+na)\end{cases} \tag{4.3.2}$$

以上说明电子的波函数不再是普通的平面波，而是由周期函数 $u_k(x)$ 调幅的平面波。

现讨论一维有限突变势垒模型。假设在 x 方向的周期性势场按傅里叶级数展开，有

$$V(x)=V_0+\sum_g V_{gz}\exp(\mathrm{i}g_z x) \tag{4.3.3}$$

式中：x 的方向与表面垂直；g_z 为倒格矢，取 $g_z=\frac{2\pi n}{a}$，最简单的情况 $n=1$，则有

$$V(x)=V_g\exp(\mathrm{i}gx)+V_0 \tag{4.3.4}$$

其中 $g=\frac{2\pi}{a}$，为只有一个禁带和两个能带的双能带情况。设 $V_g<0$，并且 $\left(\frac{1}{2}g\right)^2\gg 2|V_g|$，这正是窄禁带、束缚能带，此处仍采用原子单位。

图 4.3.1 所示为一维突变势垒模型，其中体内势场一直延伸至 $x=x_0$ 点中断，从而形成真空能级。如果以布里渊区边界$\left(\pm\frac{1}{2}g\right)$为准动量 q 的基准，那么体内波函数的具体形式为

$$\psi(x)=\alpha\exp\left[\mathrm{i}\left(q+\frac{1}{2}g\right)\cdot x\right]+\beta\exp\left[\mathrm{i}\left(q-\frac{1}{2}g\right)\cdot x\right] \tag{4.3.5}$$

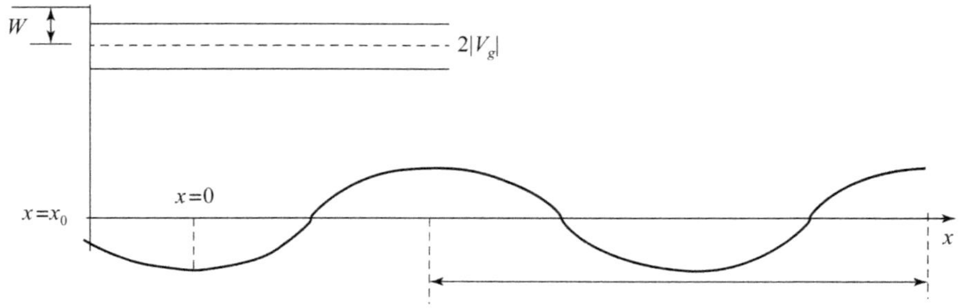

图 4.3.1　一维突变势垒模型

应用简并态微扰法，可以得到久期方程：

$$\begin{pmatrix} -E+\frac{1}{2}\left(q+\frac{1}{2}g\right)x & V_g \\ V_g & -E+\frac{1}{2}\left(q-\frac{1}{2}g\right)x \end{pmatrix}\begin{pmatrix}\alpha\\ \beta\end{pmatrix}=0 \tag{4.3.6}$$

从而得到本征能量为

$$\begin{aligned} E &= \frac{1}{2}\left(q^2+\frac{1}{4}g^2\right)\pm\frac{1}{2}[q^2g^2+4V_g^2]^{1/2} \\ &= \frac{1}{2}\left(\frac{1}{2}g\pm q\right)^2\pm\left[\left(V_g^2+\frac{1}{4}q^2g^2\right)^{1/2}-\frac{1}{2}qg\right] \end{aligned} \tag{4.3.7}$$

用禁带表示的双能带函数关系如图 4.3.2 所示。当 $qg \gg |V_g|$ 时，也就是在远离禁带的区域，自由电子的情况呈现为抛物线，其能量可被表达为

$$E=\frac{1}{2}\left(q\pm\frac{1}{2}g\right)^2 \tag{4.3.8}$$

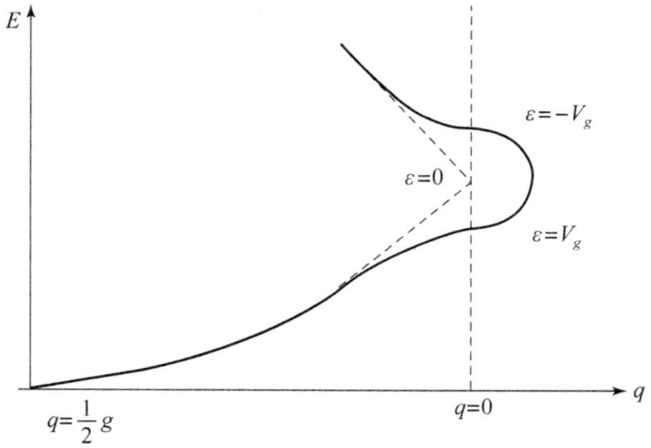

图 4.3.2　$E-q$ 色散关系

当接近 V_g 即 $qg\approx|V_g|$ 时，电子能量可近似地写为

$$E=\frac{1}{2}q^2+\frac{1}{2}\left(\frac{1}{2}g\right)^2\pm\sqrt{V_g^2+\frac{1}{4}g^2q^2} \tag{4.3.9}$$

若用 ε 表示以禁带中央为基准的电子能量，令禁带中央 $\frac{1}{2}\left(\frac{1}{2}g\right)^2=0$，在禁带边缘

附近 $q^2 \ll V_g^2/g^2$ 的范围内，可以忽略$\frac{1}{2}q^2$，则

$$\varepsilon = \pm\left[V^2 + \frac{1}{4}q^2g^2\right]^{1/2} \tag{4.3.10}$$

$$= \pm(2/g)(\varepsilon^2 - V_g^2)^{1/2} \tag{4.3.11}$$

当 $|\varepsilon| > |V_g|$ 时，实数动量（波矢）q 对应邻近禁带的能量体连续态，确保了体态波函数具有合理性，即体现出布洛赫波的特性。然而，当更加关注 $|\varepsilon| < |V_g|$ 时，取虚数动量 q 的情况。在这种情况下，与虚数动量 q 相关的波函数可能呈现出指数衰减或指数增长的特性，具体取决于 x 方向。由于动量 q 可以既是实数又可以是虚数，而能带的能量必须是实数，因此可以借助一个实数能量封闭线将两个能带连接在一起，从而构建一个连续的能谱。虚数动量 q 对应于实数能量封闭线上的虚部。这种方法有助于研究材料中电子能带结构的性质，特别是在涉及能带之间相互作用和电子行为的情况下。

在体内，q 不可取虚数，因为这可能破坏布洛赫性质。但对于表面而言，如果存在一个向体内迅速衰减的波函数，其对应于虚数的 q 值是可取的。若用 $x>0$ 表示体内波函数，在式（4.3.11）中应取正值，以确保其指数项指向体内的衰减。将这个表达式代入久期方程，可以解出 α/β 比值，随后确定出一个归一化的波函数，并采用 $\psi_1(x)$ 来表示体内的波函数。因此，有

$$\psi_1(x) \propto \exp\left[-x\frac{2(V_g^2 - g^2)^{1/2}}{g}\right] \times \left[\exp\left(-\frac{1}{2}\mathrm{i}gx + C(\varepsilon)\right) \cdot \exp\left(\frac{1}{2}\mathrm{i}gx\right)\right] \tag{4.3.12}$$

式中

$$C(\varepsilon) = [\varepsilon + \mathrm{i}(V_g^2 - \varepsilon^2)^{1/2}]/V_g \tag{4.3.13}$$

假设表面势垒处于 $x = x_0$ 处，则式（4.3.10）所描述的只是 $x > x_0$ 区域内的状态波函数。这个波函数应和 $x < x_0$ 区域内的状态波函数相匹配，即波函数 $x \to -\infty$ 时的指数衰减。根据量子力学，对于 $x < x_0$ 区域，势垒高为 Φ（此处为材料的功函数，并且处于禁带中央），当电子能量 $\varepsilon < \Phi$ 时的波函数为

$$\psi_1(x) \propto \exp[x\sqrt{2(\Phi - \varepsilon)}] \tag{4.3.14}$$

如果存在表面态，则在 $x = x_0$ 处波函数连续为

$$\left.\frac{\psi_1'(x)}{\psi_1(x)}\right|_{x=x_0} = \left.\frac{\psi_2'(x)}{\psi_2(x)}\right|_{x=x_0} \tag{4.3.15}$$

可求出匹配方程为

$$C(\varepsilon) = \frac{1 + \mathrm{i}g/[2\sqrt{2(\Phi - \varepsilon)}]}{1 - \mathrm{i}g/[2\sqrt{2(\Phi - \varepsilon)}]} \cdot \exp(-\mathrm{i}gx_0) \tag{4.3.16}$$

考虑到式（4.3.13），有

$$\frac{1}{C(\varepsilon)} = \frac{1 - \mathrm{i}\sqrt{(|V_g| - \varepsilon)/(|V_g| + \varepsilon)}}{1 + \mathrm{i}\sqrt{(|V_g| - \varepsilon)/(|V_g| + \varepsilon)}} \tag{4.3.17}$$

并考虑窄禁带近似 $\varepsilon \ll \Phi$，则式中的 ε 可略去，有

$$C(\varepsilon) = \frac{1 - i_g/[2\sqrt{2\Phi}]}{1 + i_g/[2\sqrt{2\Phi}]}\exp(igx_0) \tag{4.3.18}$$

对于给定的数值 x_0，方程表明右侧的幅角是一个与能量无关的常数，而左侧的幅

角在能量 ε 为 $-|V_g| \sim +|V_g|$ 时，其值应为 $0 \sim \pi$。这表明表面态的存在，其能级值取决于表面势垒的位置。图 4.3.3 所示为幅角 $(-gx_0 + 2\arctan(g/2\sqrt{2(\Phi)}))$ 的表面能态本征值在禁带中的位置。在给定 Φ 的情况下，表面态的能量本征值仅出现在 qx_0 一半范围内的数值内。

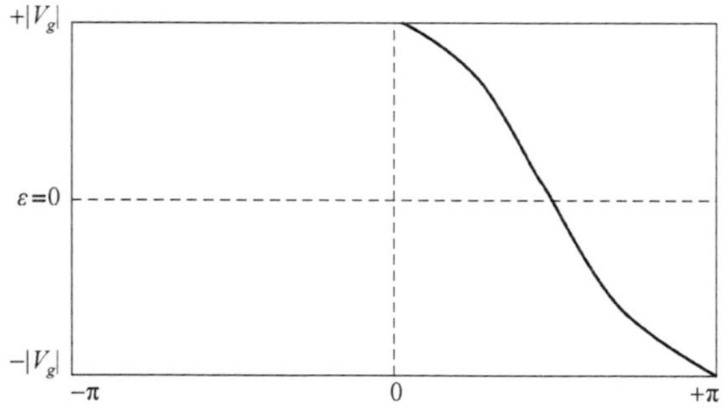

图 4.3.3　表面态本征值能级位置

若 x_0 置于两相邻原子之间，其表面态密度分布可用以下过程分析。

取 $g = 2\sqrt{2\Phi}$，由式（4.3.12）和式（4.3.14），得

$$x > 0: |\psi_1(x)|^2 \propto \left[1 + \cos\left(gx - \frac{1}{2}\pi\right)\right]\exp(-4|V_g|x/g)$$

$$x < 0: |\psi_2(x)|^2 \propto \exp(2x\sqrt{2\Phi}) \tag{4.3.19}$$

如果这些态被电子占据，这两个方程将给出电荷密度 $Q(x)$，其定性变化如图 4.3.4 所示。两个峰值依次出现在 $x = \frac{a}{4}$ 和 $x = \frac{5a}{4}$ 处，它们的比率为 $\exp(-8\pi V_g/g^2)$。对于共价半导体，这个比率的典型值是 $\exp\left(-\frac{\pi}{5}\right) \approx 0.53$。这反映了靠近表面状态的局域程度，与该状态相关的电荷密度较大部分局限在靠近表面的第一个振荡区域。

4.3.2　p－n 结

当 p 型半导体和 n 型半导体结合形成 p－n 结时，由于交界面处存在载流子浓度的差异，电子和空穴开始从浓度高的区域向浓度低的区域扩散。然而，由于电子和空穴都携带电荷，这一扩散过程破坏了 p 和 n 区域最初的电中性条件。在这个过程中，p 区域失去了一些空穴，形成不能移动的负离子，而 n 区域失去了一些电子，形成不能移动的正离子。这些不可移动的带电粒子通常被称为空间电荷，它们聚集在 p 区域和 n 区域的交界面附近，形成了一个极薄的空间电荷区，即所称的 p－n 结。这个结构的形成导致了一个内建电场，形成了势垒，决定了 p－n 结的电子和空穴在正向和反向偏置条件下的导电性质。

p－n 结具有单向导电的特性，当 p－n 结处于正向偏置状态时，即电源的正极连接 p 区，负极连接 n 区，电流从 p 型半导体一侧流向 n 型半导体一侧。在这种情况下，空穴和电子被引导向 p－n 结的交界面，导致空间电荷区域的收缩。由于电流方向与 p－n 结内的电场方向相反，内电场的影响减弱。这导致内电场对多子扩散运动的阻碍减小，使得扩散电流成为主导，而漂移电流相对较小。因此，p－n 结呈现出低阻性，电流能够轻松通过。

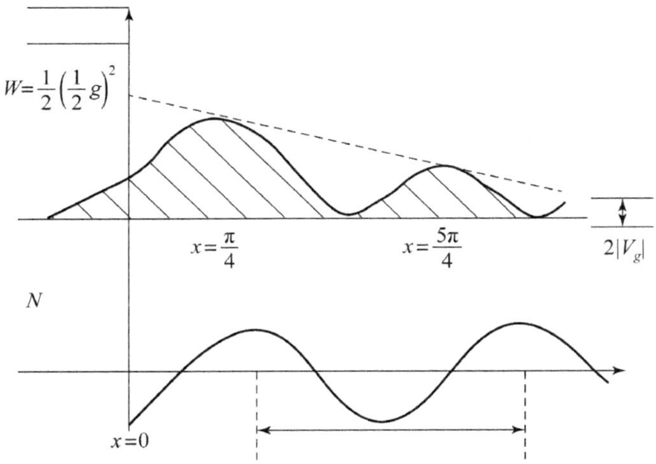

图 4.3.4　表面电荷密度分布

相反，当 p-n 结处于反向偏置状态时，即电源的正极连接 n 区，负极连接 p 区，空穴和电子开始向远离交界面的方向运动，导致空间电荷区域的扩展。此时，电流受到阻碍，因为电流方向与 p-n 结内的电场方向相同，导致内电场增强。增强的内电场对多子扩散运动的阻碍加强，使得扩散电流显著减小。在这种情况下，p-n 结区域的少子主要通过内电场引起的漂移电流传输，而扩散电流相对较小，导致 p-n 结呈现高阻性。

p-n 结加正向电压时，呈现低电阻，具有较大的正向扩散电流；p-n 结加反向电压时，呈现高电阻，具有很小的反向漂移电流。由此可以得出结论：p-n 结具有单向导电性。此外 p-n 结还具有别的特性，当光辐照 p-n 结时，可以产生电子和空穴对。这种光电效应被广泛应用于光电二极管和太阳能电池等器件。详细的介绍可以参见半导体物理等有关内容。

4.3.3　半导体-金属界面态

金属和半导体在接触时，它们的功函数不同，会引起电子的转移，从而导致接触界面的能带结构发生变化。图 4.3.5 所示为金属-半导体界面能带结构。在图（a）中，描述了金属（M）和半导体（S）各自的孤立态的能带结构；图（b）则展示了它们在接触后的能带结构。此图中还呈现了金属中的恒定势场和半导体中的周期性势场。其中，ϕ_M 代表金属的功函数，ϕ_0 表示半导体的费米能级与价带顶端之间的能量差，E_g 代表禁带的宽度，E_0 代表真空能级，同时，图中还展示了空间电荷层。

金属的功函数是体本征化学势 $\bar{\mu}$ 与表面偶极矩 D_E^M 之和，即

$$\phi_M = -\bar{\mu} + D_E^M \tag{4.3.20}$$

表面偶极矩 D_E^M 与表面取向有关，这就是不同晶面功函数有差别的主要原因。将 D_E^M 写为

$$D_E^M = D_0^M + D_L^M \tag{4.3.21}$$

式中：D_0^M 为用胶体模型算出的静电偶极矩电势；D_L^M 为结晶取向效应修正项。

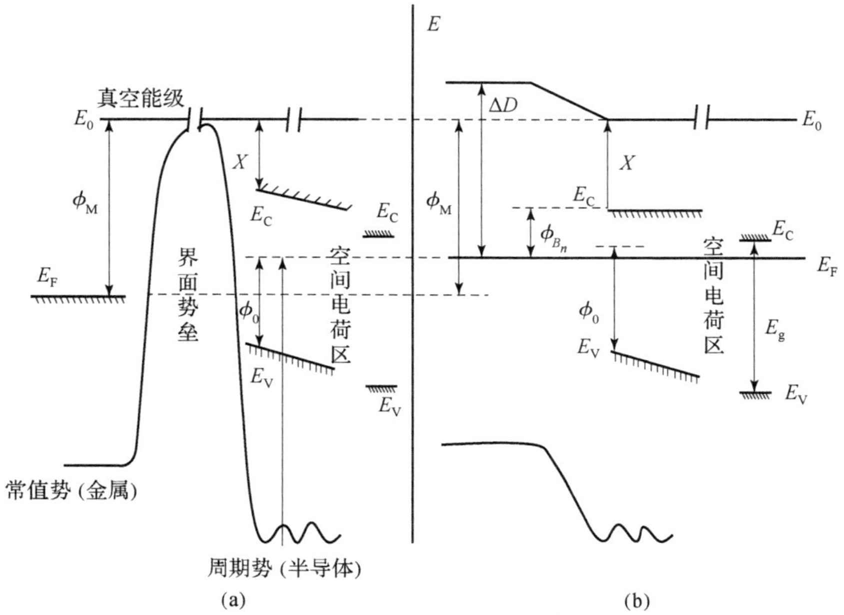

图 4.3.5　金属 – 半导体界面能带结构

（a）接触前；（b）接触后。

当涉及半导体物理和电子特性的研究时，关键因素包括半导体材料本身的性质以及与掺杂相关的参数。一般来说，半导体的电子特性受到导带中电子浓度和表面态密度的影响。导带电子浓度通常表征半导体中导电性的主要载流子浓度，它在一般情况下约为 $10^{18}/cm^3$ 的数量级。这一参数对于半导体的电导率以及导电性能起着关键作用。

另一个关键因素是表面态密度，它表示半导体表面上存在的电子态的密度，通常以 eV/m^3 为单位。表面态密度是半导体 – 介质界面的一个重要性质，影响界面上的电子传输和电荷分布。它可以通过泊松方程的应用来估算，该方程用于描述电荷分布与电场之间的关系。

在半导体器件中，掺杂是一种常见的技术，它可以改变半导体的电子浓度和电导率。重度掺杂的半导体通常具有高导电性，其导带中电子浓度较高，大约在 $10^{18}/cm^3$ 数量级，这使其在电子器件中具有良好的导电性能。相反，轻度掺杂的半导体通常具有较低的导带电子浓度，这对于特定应用非常重要，因为它们可以具有更高的电阻性能。

此外，表面空间电荷层是在半导体 – 介质界面附近形成的电荷层，其中包括表面过剩电荷。这些电荷对半导体器件的性能产生重要影响，特别是在轻度掺杂的半导体中必须考虑表面空间电荷层的影响，以便更准确地预测器件性能。而在强度掺杂半导体中，通常可以忽略表面空间电荷层的效应，因为导带中电子浓度较高，可以抵消其影响。

最后，表面费米能级是表面态密度相当高的情况下的一个重要参数。它通常保持基本不变，同时表面态的占据情况也相对稳定。这使得研究半导体的表面区域（微区域）以及它们在金属 – 半导体接触中的作用变得更加有趣和重要。

总之，这些因素在半导体研究和电子器件设计中都起着关键作用，影响了半导体材料的电子特性。了解它们的相互关系和影响有助于更好地理解半导体行为并优化器件设计。

将半导体表面微区看成具有相同价电子浓度的金属，则半导体的电子亲和势也与表面偶极矩有关，即

$$D_{\mathrm{E}}^{\mathrm{S}} = D_0^{\mathrm{S}} + D_{\mathrm{L}}^{\mathrm{S}} \tag{4.3.22}$$

式中：D_0^{S} 为用胶体模型算出来的静电偶极矩电势，它与表面势垒的静电势变化有关；$D_{\mathrm{L}}^{\mathrm{S}}$ 为结晶取向效应修正项。

在金属与半导体的接触达到平衡后，确保费米能级的一致性是至关重要的。为了实现费米能级的一致性，不可避免地会发生电子或空穴的转移，这导致在金属－半导体界面区域形成一个电子势垒或势阱。我们在此探讨的是金属－半导体界面的一维模型，即在金属－半导体接触区域存在一个对称性质的势场，这样可以在理论上分析金属－半导体界面态密度，如图 4.3.6 所示。

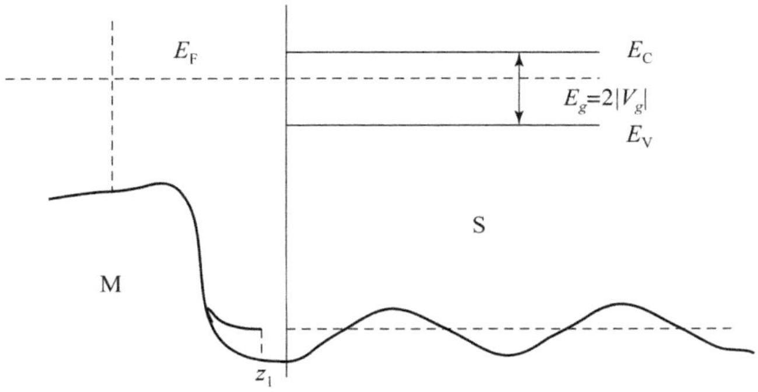

图 4.3.6　金属－半导体一维模型

在研究中，选定匹配平面位于特定的位置 $z = z_0$。同时提出一个假设，即在金属－半导体的交界处，也就是金属侧的 $z = z_1$ 位置，半导体周期势存在一个极小值。这个极小值代表了从金属到半导体的方向表面势逐渐减小的情况。此外，进一步考虑了系统中的 3 个无限势垒或势阱，它们位于 $z = z_0$ 以及 $z = z_0 \pm L$ 的位置，其中 L 的取值是 Na，N 代表半导体的晶胞总数，而 a 则代表晶格常数。

在进行界面态的计算时，采用的方法是首先将一个无限势垒放置在所研究的界面位置上，然后逐渐将这个势垒降低为一个真空势垒。同时，还引入了波函数的相移因子，这是为了考虑波函数随势垒变化的效应。接着，进行了界面态密度的计算。值得注意的是，如今，半导体表面不再是与真空接触，而是与金属相接触。此外，根据之前的设定，整个界面已经位于金属内部。因此，在金属侧，电子波函数不再是单纯的金属电子波函数，而必须考虑界面势能的扰动。为简单起见，假设界面势能的扰动可用 WKB 近似来描述，则金属一侧电子波函数（没有归一化）可表示为

$$\psi^{\mathrm{M}} \propto P^{\frac{1}{2}} \sin\left[\int_{z_0}^{z} P(z')\,\mathrm{d}z'\right] \quad (z < z') \tag{4.3.23}$$

式中

$$P(z') = \sqrt{2[E - V(z')]} \tag{4.3.24}$$

对于在 $z = z_0$ 和 $z = z_0 - L$ 处具有两个无限势垒的匹配平面左侧，本征值条件为

$$\int_{z_0-L}^{z_0} P(z')\mathrm{d}z' = n\pi \tag{4.3.25}$$

对于半导体侧（$z>z_0$），由窄禁带半导体表面态理论可知，具有任意表面势垒的价带状态波函数为

$$\psi^{\mathrm{M}} \propto \sin\left[\left(q-\frac{g}{2}\right)(z-z_0)+\eta\right]+a\sin\left[\left(q+\frac{1}{2}qz\right)(z-z_0)+\eta\right] \tag{4.3.26}$$

对于在 $z=z_0$ 和 $z=z_0+L$ 处存在有两个无限势垒的匹配平面右倾系统，$\eta=0$，其本征条件为

$$qL=n'\pi \quad (0<n'<N) \tag{4.3.27}$$

式中：q 为 Brillouin 区的准动量，它与波矢 k 的关系为 $q=2\pi k$。

进一步计算 $-L$ 区有金属存在时波函数和界面态的情况。研究结果指出，在禁带内，界面态呈现出连续分布的特征，而在接近导带底和价带顶的区域，其密度达到最大值。这一现象在图 4.3.7 中得到了详细呈现。

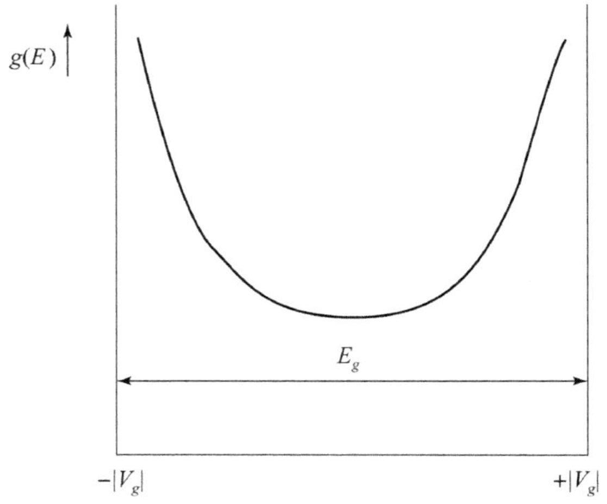

图 4.3.7　金属 – 半导体界面态密度（在半导体禁带范围内）

4.3.4　半导体 – 氧化物界面态

众多半导体的表面通常都被一薄层氧化物所覆盖，从而形成氧化物 – 半导体界面（oxide – semiconductor），由于氧化物中许多是绝缘体，因此这类界面有时也被称为绝缘体 – 半导体（insulator – semiconductor）界面或 I – S 界面。最初，这种 O – S 界面的电子态特性在硅 – 氧化硅（Si – SiO_2）系统中被首次发现。硅材料表面经过化学处理后，通常会形成一极薄的 SiO_2 层，因此实际上，硅系统可以看作由 SiO_2 和 Si 两个子系统构成，具有一个表面，实际上是 SiO_2 与空气之间的界面，以及 SiO_2 – Si 的 O – S 界面。与硅表面相关的电子态包括表面态和界面态两种。

在 SiO_2 表面的电子态通常位于离 Si 真实表面较远的位置，它们被一个 SiO_2 内表面隔开，这使得它们与 Si 之间的电子交换速率较慢。因此，这些态在外部电场的作用下，具有相对长的弛豫时间，一般为 10^{-3}~10^2s，因此被称为慢态（slow state）。另外，SiO_2 – Si 的界面态位于离 Si 较近的位置，这使得它们在外部电场作用下具有相

对较短的弛豫时间，为 $10^{-7} \sim 10^{-5}$s，因此通常被称为快态（fast state）。这种习惯性的命名方式将前者称为表面态，而将后者称为界面态，如图 4.3.8 所示。

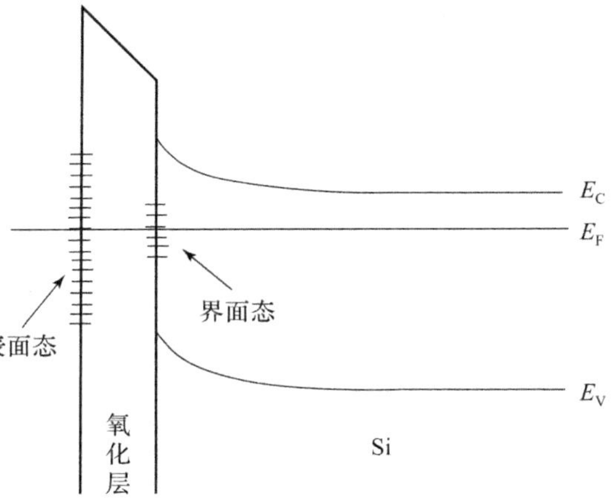

图 4.3.8　SiO_2 – Si 的表面态和界面态

需要指出的是，不仅在元素半导体中，许多化合物半导体的表面也存在氧化层，因此它们同样具有快态和慢态电子态。接下来以 SiO_2 – Si 界面为例，深入研究 O – S（或 I – S）界面态的性质。

1. 界面态的来源和物理模型

表面态是由于表面附近的周期性电势场中断引起的，Tamm 和 Schokley 理论估算其能级密度约为 $10^{-5}/cm^2$，接近硅（Si）的悬挂键密度。这一现象在经过超高真空处理的干净硅表面上已被观察到。

在 Si – SiO_2 界面中，周期性电势场并未完全中断，而是出现了明显的畸变，导致额外的界面电子态的生成。这些界面态与表面态在价键断裂的角度上有所不同。在界面上，由于不可能每个硅原子都平均拥有一个悬挂键，实际的 Si – SiO_2 界面态密度约为 $10^{17}/cm^2$。通过优化工艺，目前能将 Si – SiO_2 界面态密度降低到 $10^{10}/cm^2$ 或更小，有时最近的文献将其称为“界面陷阱”。

Yudurain 和 Rubio 利用 Green 函数计算了一维 Si – SiO_2 真空双界面系统中的界面态能级。研究结果显示，这些能级的位置与 SiO_2 的厚度密切相关，如图 4.3.9 所示。由图可见，临界厚度（L_c）估计为 4Å，大致等于一层 SiO_2 原子的厚度。当 SiO_2 厚度超过 L_c 时，界面态能级会进入价带，意味着在带隙内不会产生附加能级。因此，在形成一层 SiO_2 时，硅的未饱和悬挂键会得到饱和（通过 $O \rightarrow O_2^+ + 2e^-$ 提供电子），使 Si – SiO_2 界面态密度大幅降低。

下面介绍几种与界面态有关的物理模型。

1）有效质量近似模型

Goetzberger 等着眼于界面态与固定氧化物电荷之间的紧密关联，他们认为，这些界面态是由 SiO_2 中的电离杂质所形成的，这些杂质含有数量近似相等的正负电中心，如图 4.3.10 所描述。当这些带电的库仑中心靠近 Si – SiO_2 界面（距离为 D）时，它们形成了界面态。而当这些带电中心远离界面（距离大于 D）时，则构成了固定的氧化物电荷。Goetzberger 的研究关注了 SiO_2 材料中微观层面的细节，特别是在界面处可能存在的电荷分布情况，提出了杂质带电中心距离 Si－SiO_2 界面的影响，从而区分了界面态和固定氧化物电荷之间的关联，并解释了它们随距离变化而产生的不同物理现象。这一模型对于理解半导体界面特性及其在电子器件中的影响具有重要意义。

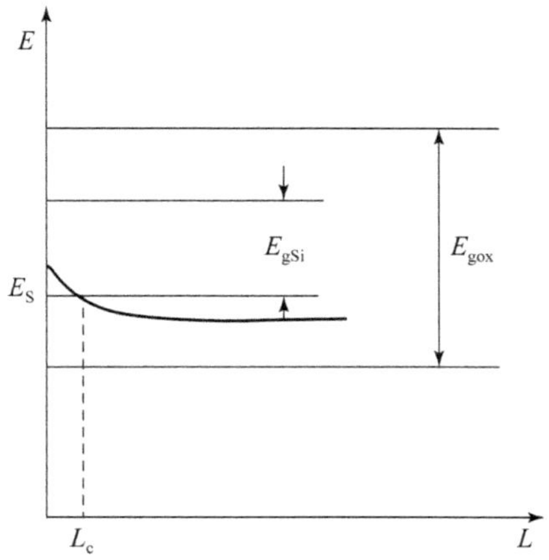

图 4.3.9　界面态物理模型

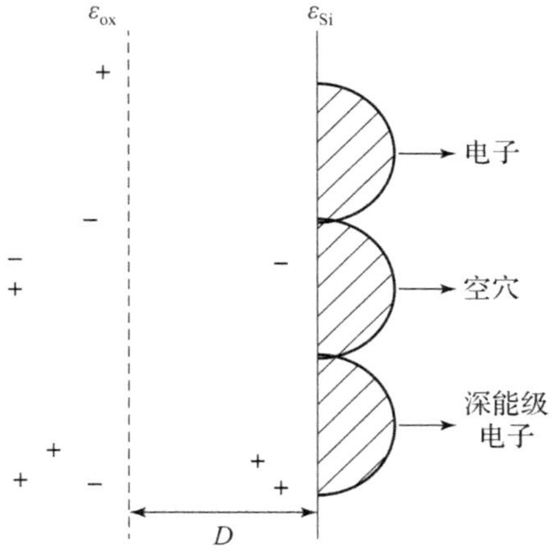

图 4.3.10　有效质量近似模型

在 Si－SiO_2 界面附近电荷可写为

$$V(r)=\frac{q}{\left(\frac{\varepsilon_{ox}+\varepsilon_s}{2}\right)r}=\frac{Zq}{\varepsilon_s r} \tag{4.3.28}$$

式中：$Z=\frac{2\varepsilon_s}{\varepsilon_{ox}+\varepsilon_s}$，将上式代入定态 Schrodinger 方程，有

$$\left[-\frac{\hbar}{2m^*}\nabla^2+V(r)\right]\Phi(r)=E\Phi(r) \tag{4.3.29}$$

这是一个有心势场的 Schrodinger 方程，其本征能量为

$$E_n=Z^2\frac{m^*}{m_0}\cdot\frac{1}{n^2}\cdot\frac{m_0}{2\hbar^2}\left(\frac{q^2}{\varepsilon_s}\right)^2 \tag{4.3.30}$$

2）氧模型

图 4.3.10 中，SiO_2 起到了关键作用，界面态是由 SiO_2 中非化学计量氧或者在界面上与硅结合松弛的氧所形成。如图 4.3.11 所示，硅表面上的独立氧原子或氧原子团可以构建受主或施主能级。这种界面陷阱被视为电中性中心，其与电子或空穴的相互作用涉及带电载流子与被极化后的电中性中心之间的相互作用，其势能按距离的四次方倒数而变化。

这一模型考虑到氧模型和有效质量近似模型对载流子相互作用的不同影响。由于载流子的电荷性质，它们与界面态的相互作用涉及电中性中心的俘获特性，即俘获截面。而由于氧模型和有效质量近似模型的不同，它们对这些俘获特性与温度之间的关系也各自产生不同的影响。通过实验测定俘获截面 $\sigma(\sigma_m,\sigma_p)$ 随温度的变化，可以区分出界面态的来源。

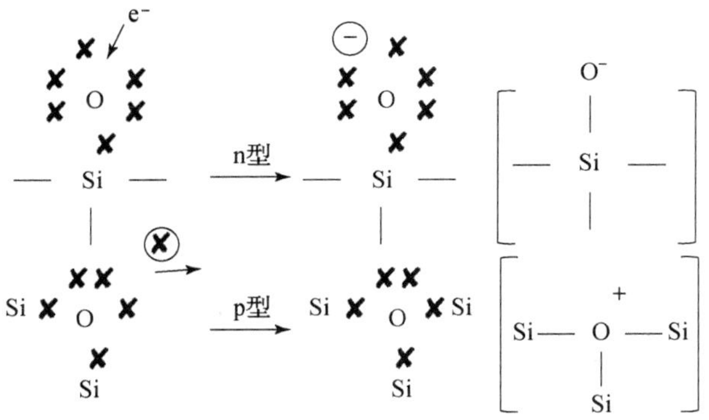

图 4.3.11　界面态的氧模型

3）失配位错模型

Neumork 关注晶体界面的特性，着重探究界面态与失配位错之间的密切联系。失配位错通常分布在界面处，是晶格在界面处不匹配所导致的缺陷。这种失配位错线往往聚集了界面态，主要是晶格不匹配导致晶体界面的缺陷。

他们的研究表明界面态密度与位错密度之间存在联系，可以用位错密度乘以每个位错引发的界面态数量来表示。值得关注的是，Neumork 的失配位错模型提出了几个关键观点。

①晶向对界面态密度有显著影响，因为不同晶向导致不同程度的失配。例如，在（111）晶向，位错密度最高，而在（100）晶向，位错密度最低，因此也导致了界面态密度的规律性差异。

②主界面态和施主界面态的区域与硅内部的位错特性密切相关，这表明了界面态与晶体内部位错的关联性。

③失配位错可能形成界面态能带的观点。这种现象在 MOS 器件的 $1/f$ 噪声实验中得到了观察和验证。

Neumork 的研究对理解晶体界面中的失配位错与界面态之间的关系提供了见解，并对材料科学和器件物理学领域具有重要的启发意义。

4）Deal 模型

Deal 模型将 SiO_2-Si 系统划分为氧化硅、界面过渡区和硅。根据该模型，界面态主要与位于界面过渡区内与硅相连的非饱和硅键相关的缺陷密切相关。通过减少这些非饱和硅键，可以有效地降低表面态密度。Deal 模型还对氢退火如何降低界面态密度提出了解释。值得明确的是，上述模型是基于对一系列实验结果的研究提出的，它们属于定性描述，因此只能在某种程度上解释相关现象。

2. 界面态在硅禁带中的分布

1）施主界面态、受主界面态及其分布函数

施主型界面态在电子存在时呈中性，释放电子后呈正电性；受主型界面态在没有电子时呈电中性，接受电子后呈负电性。类似于表面态，施主型界面态能级在费米能级以下，受主型界面态能级在费米能级以上。

电离能主界面态能级的分布函数为

$$f_{\mathrm{ilD}}(E_{\mathrm{ilD}})=1-\frac{1}{1+\frac{1}{g}e^{\frac{E_{\mathrm{ilD}}-E_F}{kT}}}=\frac{1}{1+ge^{\frac{E_F-E_{\mathrm{ilD}}}{kT}}} \tag{4.3.31}$$

式中：E_{ilD}为施主界面态能级；g 为基态简并度，对施主，$g=2$。若界面态是禁带中的某一能级，单位面积上界面态数目为 N_{il}，则电离施主（带正电）界面态密度为

$$N_{\mathrm{ilD}}^{+}=f_{\mathrm{ilD}}(E_{\mathrm{ilD}})N_{\mathrm{il}}=\frac{N_{\mathrm{il}}}{1+ge^{\frac{E_F-E_{\mathrm{ilD}}}{kT}}} \tag{4.3.32}$$

若界面态在禁带中连续分布，设单位表面积单位能量间隔内的界面态数目为 $D_{\mathrm{il}}(E)$（界面态密度），则电离施主界面态密度应以积分表示为

$$N_{\mathrm{ilD}}^{+}=\int_{E_{\mathrm{ilD}}}^{E'_{\mathrm{ilD}}}\frac{D_{\mathrm{il}}(E)\,\mathrm{d}E}{1+ge^{\frac{E_F-E}{kT}}} \tag{4.3.33}$$

式中：E'_{ilD}，E_{ilD}分别为连续施主界面态能级的上、下限。

电离受主界面态（被电子填充后带负电）的分布函数为

$$f_{\mathrm{ilA}}(E_{\mathrm{ilA}})=\frac{1}{1+ge^{\frac{E_{\mathrm{ilA}}-E_F}{kT}}} \tag{4.3.34}$$

式中：E_{ilA}为受主界面态能级。每个受主界面态都能够容纳一个电子，并且在两个自旋态中可选其一。由于硅的价带在波矢 $k=0$ 处存在两个简并的子能带，因此在式（4.3.31）中，受主界面态的 $g=4$。对于电离的受主（带负电）界面态密度，可以采用类似于式（4.3.32）和式（4.3.33）的方法进行计算。

2）界面态在禁带中的分布

许多研究者采用各种不同的方法来研究硅－二氧化硅（$Si-SiO_2$）界面态在禁带内的分布情况。早期的研究发现，在硅的禁带内存在两个高密度的峰，如图 4.3.12 所示。其中一个峰位于导带底部附近，起到受主的作用；另一个峰位于价带顶部附近，充当施主的角色。这些峰值的密度相对于禁带中的平坦区域高出一个数量级。然而，近年来对 $Si-SiO_2$ 界面态分布进行了更为精确的测量，发现这种分布很复杂。

依据图 4.3.13，禁带中部区域的界面态密度相对较低。随着距离导带底和价带顶的逼近，界面陷阱密度迅速上升，形成一种 V 字形的分布曲线。当前普遍认为，这种 V 形分布更接近本征态的情形。

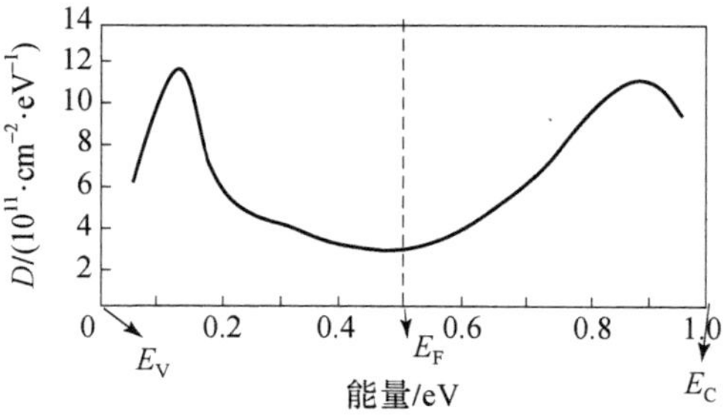

图 4.3.12　界面态在禁带中的分布（双峰形）

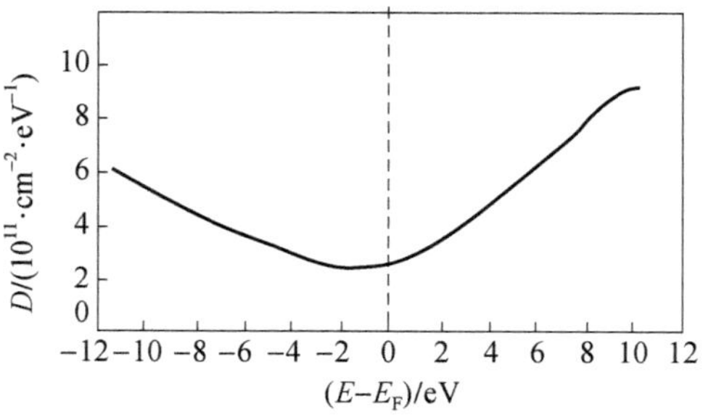

图 4.3.13　界面态在禁带中的分布（V 字形）

3）$Si-SiO_2$ 界面区杂质界面态

当 $Si-SiO_2$ 界面存在杂质或其他缺陷时，在禁带内会出现额外的界面态峰，这些

峰的位置和形状受杂质种类和浓度的影响。现在认为，早期测得的双峰分布，实际上是由杂质引起的界面态。表 4.3.1 所列为本征界面态和杂质界面态的主要区别。

表 4.3.1　本征界面态与杂质界面态的比较

类别	界面态密度	界面态分布	物理来源	控制方法
本征界面态	随氧化化退火条件和晶面取向而变	呈 V 字形	与三价硅（Si +）或不饱和键有关	经 300 ~ 500℃ 氧退火可减小界面态密度
杂质界面态	随 $Si-SiO_2$ 界面处的杂质浓度及退火条件而变化	在禁带中不同位置出现界面态峰值，峰的位置与杂质种类和工艺方式有关	与表面处的杂质和缺陷的互作用有关	控制界面处的杂质可减小界面态密度

除了受杂质的影响外，晶面取向、热处理的温度、气氛和时间等都能影响界面态。

4.4　表面电导

在材料科学领域，研究固体材料的电导性质至关重要，在绝缘体和半导体处理中，特别要注意表面载流子传输，因为它是总电导的一个关键方面。表面电导涵盖两个主要方面，即表面态电导和表面空间电荷层电导。本节将深入分析半导体的表面电导现象，通过推导载流子迁移率与电导率之间的关系，来揭示载流子传输与表面电性能之间的紧密联系。

4.4.1　表面势电导

依照体电导率的定义，可定义表面态电导率 $\sigma_{\delta s}$ 为

$$j=\sigma_{\delta s}E \tag{4.4.1}$$

式中：j 为表面上单位宽度的电流强度；E 为电场强度。

对于薄且确实是三维的层状晶体的体电导率可以在厚度上积分，设厚度为 d，则

$$\sigma = \int_0^d \sigma_{\delta s}\mathrm{d}x \tag{4.4.2}$$

在周期性的表面上，表面态形成了一种能带结构。这些表面态能带中的电子波矢 k，在与表面平行的方向上具有实数分量 $k_{/\!/}$，允许电子在表面上自由运动，而在垂直于表面的方向上具有复数分量 $k_{\perp}$，限制了电子在表面区域内的运动。由 $k_{/\!/}$ 的可能值构成的能带中，电子像在体能带中的电子沿表面运动。电导率受表面能带结构和费米能级位置的影响，这决定了材料是金属、半导体还是绝缘体。例如，像石墨这样的层状晶体，在层内具有高电导率，而在层间电导率较低。如果设定表面的厚度为 0.3nm，并使用 $\sigma_{金}$ 来表示材料内部的电导率，则

$$\sigma_{\delta s}=\sigma_{金}\times 0.3\mathrm{nm}=10^{-5}\sim 10^{-4}\mathrm{A/V} \tag{4.4.3}$$

对于高电导率的半导体，其电导性质相对容易实验测定。当费米能级位于表面态能带的带隙内时，半导体的电导率会显著降低若干数量级。

不同类型的表面可能呈现不同的表面电导模型。在理想的周期性表面条件下，可以假设单位表面积上的表面态数量大致等于表面上的原子密度，约为 $10^{22}/\mathrm{cm}^2$。在自由电子近似的情况下，二维能带中单位面积和单位能量范围内的态密度为

$$\rho(E) \approx 4\pi m/h^2 = 4.2\times10^{22}\mathrm{cm}^{-2}\cdot\mathrm{eV}^{-1}\cdot(m/m_0) \tag{4.4.4}$$

式中：m_0 为自由电子的质量；m 为表面态电子的有效质量。如果采用 $m=0.3m_0$，则 $\rho(E)\approx10^{22}\mathrm{cm}^{-2}\cdot\mathrm{eV}^{-1}$。

特别是对于接近能带边缘的情况，它可以提供一个相对准确的估计。对于硅，其两个表面态能带之间存在一个 0.3eV 的带隙。

表面点缺陷在半导体中具有显著的影响，它们对电导率产生双重影响。首先，这些点缺陷能够引起半导体中载流子浓度的提高，导致非本征电导的出现。其次，表面点缺陷对载流子施加散射作用，从而在导电过程中引起电子的散射，最终导致电导率的降低。特别值得注意的是，产生表面电导的载流子在半导体表面是在二维空间中运动的。因此，与内部点缺陷相比，表面点缺陷对表面态电导的影响要远远大于内部点缺陷对其的影响。

另外，线缺陷在原理上与点缺陷相似，但在表面上，它们将半导体表面分割成一些微小的区域，也称为畴。这些线缺陷的作用可以类比于晶粒之间的内部晶界。这些周期性的破坏，电子在这些微区域之间必须进行跃迁，类似于内部晶粒之间的晶界过渡，最终导致电子迁移率的降低。

因此，在半导体材料中，点缺陷和线缺陷的存在对电导性质产生复杂而显著的影响，需要综合考虑各种因素来理解和调控半导体的电导率。

当表面结构受到较大破坏时，需要采用“非晶态”模型。在这种情况下，电子的迁移是从一个局部态跃迁到另一个局部态，从而导致迁移率显著下降，尤其在低温情况下更为明显。采用非晶态模型，如果假设表面的厚度为 0.3nm，可以估算出在室温下，表面态电导率大致为 $10^{-8}\sim10^{-13}\mathrm{A}\cdot\mathrm{V}^{-1}$，而在 100K 时 σ_{ss} 则为 $10^{-11}\sim10^{-13}\mathrm{A}\cdot\mathrm{V}^{-1}$，这与实验值相符。

4.4.2 表面空间电荷层

在无限均匀的半导体材料中，若费米能级位于适当位置，使表面态呈电中性，这一位置被称为电中性能级 E_0。

当体费米能级 E_F 和电中性能级 E_0 不重合时，会引发电荷输运现象，包括电子从体内向表面输运，以及从表面向体内的输运。若 $E_F>E_0$，则有电子从体内向表面输运；若 $E_F<E_0$，则电子从表面向体内输运。实际上 E_0 和 E_F 相差不是很大，所以输运的电子数量是有限的。输运过程引发了偶极电场作用，导致输运主要局限于表面附近，从而在靠近表面的区域内形成空间电荷区。

当存在表面空间电荷层时，这会导致垂直于表面的电场形成。将体内深处的电势设定为零，并假设空间电荷层与体内相比的电势差为 V。这个电势差 V 是离开表面距离 x 的函数，即 $V(x)$。因此，电子在这个电场中的势能可以用 $-eV(x)$ 表示，其中 e 是电子

的电荷。由于空间电荷层的存在，材料的能带会发生弯曲。这种弯曲反映了表面电荷分布对电子结构的影响，进而影响了电子在材料中的运动和行为。这对于理解材料的电学性质和表面现象至关重要，特别是在半导体和其他电子器件中。因此，通过考虑空间电荷层引起的电势变化和能带弯曲，这样能够更全面地了解表面效应对材料性质的影响，如图 4.4.1 所示，图（a）描述了在表面态和体内态未达到平衡时，电中性能级与费米能级不重合；图（b）表示电荷输运达到平衡，此时表面态和体内态的费米能级相同，导致能带弯曲。

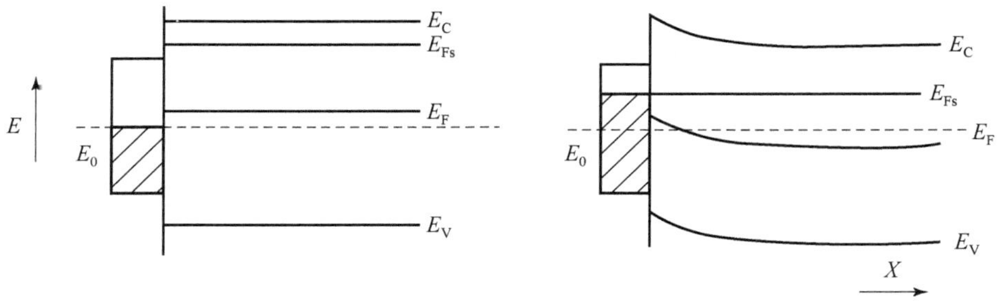

图 4.4.1　半导体表面能带弯曲

若用 Q_{SC} 表示空间电荷层中的电荷密度，Q_{SS} 表示表面态电荷密度，在没有外电场的情况下，由于电中性条件可知：

$$Q_{SS}+Q_{SC}=0 \tag{4.4.5}$$

若存在外电场，感应电荷密度为 Q_{in}，则电中性条件为

$$Q_{SS}+Q_{SC}=Q_{in} \tag{4.4.6}$$

随着相对于本征费米能级的距离增加，Q_{SS} 和 Q_{SC} 单调减小。由于 Q_{SS} 和 Q_{SC} 分别为零的情况所对应的 E_F 位置也不同，因此要满足电中性条件，必然存在一个唯一的费米能级位置。在这个位置上，体内和表面的费米能级相等，使得体内和表面整体达到平衡状态。

表面层电荷引起的电场会在表面区域和体内之间形成电势差 V，这个电势差与离开表面的距离 x 有关。电子势能随着 $-eV(x)$ 的变化而变化，导带、价带和本征费米能级也将发生相应变化，导致能带发生弯曲。

$$E(x)=E-eV(x) \tag{4.4.7}$$

若表面空间电荷层的载流子为非简并系统，则有 $E_C(x)-E_{Fs}\gg kT$，根据经典统计，距表面为 x 点的载流子密度为

$$\begin{cases} n(x)=n_i\exp\dfrac{E_{Fs}-E_F(x)}{kT} \\ p(x)=n_i\exp\dfrac{E_F(x)-E_{Fs}}{kT} \end{cases} \tag{4.4.8}$$

式中：n_i 为本征电子的浓度；$p(x)$ 为 x 点的空穴浓度；$n(x)$ 为 x 点的电子浓度。

引入 $u_b=\dfrac{E_{Fs}-E_F}{kT}$ 表示体内项，得

$$u=\frac{E_{\mathrm{Fs}}-E_{\mathrm{F}}}{kT}=u_{\mathrm{b}}+\frac{eV(x)}{kT} \tag{4.4.9}$$

$$v=\frac{eV(x)}{kT} \tag{4.4.10}$$

则

$$n_{\mathrm{b}}=n_{\mathrm{i}}\exp(u_{\mathrm{b}}),p_{\mathrm{b}}=n_{\mathrm{i}}\exp(-u_{\mathrm{b}}) \tag{4.4.11}$$

$$\begin{cases}n(x)=n_{\mathrm{i}}\exp(u)=n_{\mathrm{i}}\exp(u_{\mathrm{b}}+v)\\p(x)=n_{\mathrm{i}}\exp(-u)=n_{\mathrm{i}}\exp[-(u_{\mathrm{b}}+v)]\end{cases} \tag{4.4.12}$$

当 $x=0$ 时给出在表面处的载流子浓度，以 u_{s} 与 v_{s} 表示表面项，则

$$\begin{cases}n_{\mathrm{s}}=n_{\mathrm{i}}\exp(u_{\mathrm{s}})=n_{\mathrm{i}}\exp(u_{1}+v_{\mathrm{s}})\\p_{\mathrm{s}}=n_{\mathrm{i}}\exp(-u_{\mathrm{s}})=n_{\mathrm{i}}\exp[-(u_{\mathrm{b}}+v_{\mathrm{s}})]\end{cases} \tag{4.4.13}$$

图 4.4.2 所示为 $u_{\mathrm{b}},u,u_{\mathrm{s}},v,v_{\mathrm{s}}$ 的能带图，由式（4.4.11）~式（4.4.13）可以看出，对于任何 x，有

$$n_{\mathrm{s}}p_{\mathrm{s}}=n(x)\cdot p(x)=n_{\mathrm{b}}p_{\mathrm{b}}=n_{\mathrm{i}}^{2} \tag{4.4.14}$$

以上是平衡状态下，电子浓度和空穴浓度的基本关系式。

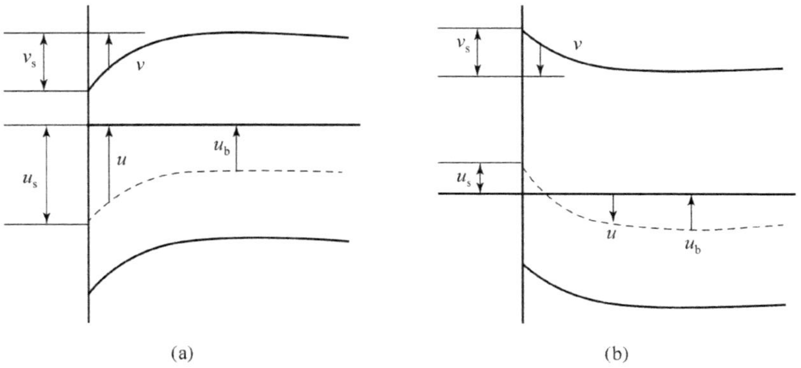

图 4.4.2　半导体表面能带弯曲类型

(a) $u_{\mathrm{b}}>0$，$u_{\mathrm{s}}>0$，$v_{\mathrm{s}}>0$；(b) $u_{\mathrm{b}}>0$，$u_{\mathrm{s}}<0$，$v_{\mathrm{s}}<0$。

根据表面载流子的浓度与体内比较，可以把表面空间电荷层分为 4 个类型。对 n 型材料：

（1）积累层：满足

$$n_{\mathrm{s}}>n_{\mathrm{b}} \tag{4.4.15}$$

（2）平带：满足

$$n_{\mathrm{s}}=n_{\mathrm{b}} \tag{4.4.16}$$

（3）耗尽层：满足

$$n_{\mathrm{s}}<n_{\mathrm{b}}\quad p_{\mathrm{s}}\leqslant n_{\mathrm{b}} \tag{4.4.17}$$

（4）反型层：满足

$$p_{\mathrm{s}}>n_{\mathrm{b}} \tag{4.4.18}$$

若为 p 型材料，可用 $p_{\mathrm{s}},p_{\mathrm{b}}$ 代替 $n_{\mathrm{s}},n_{\mathrm{b}}$ 进行同样的定义。运用式（4.4.11）及式（4.4.13）可将以上 4 式以 $u_{\mathrm{s}},u_{\mathrm{b}}$ 表示。图 4.4.3 为空间电荷层示意图。

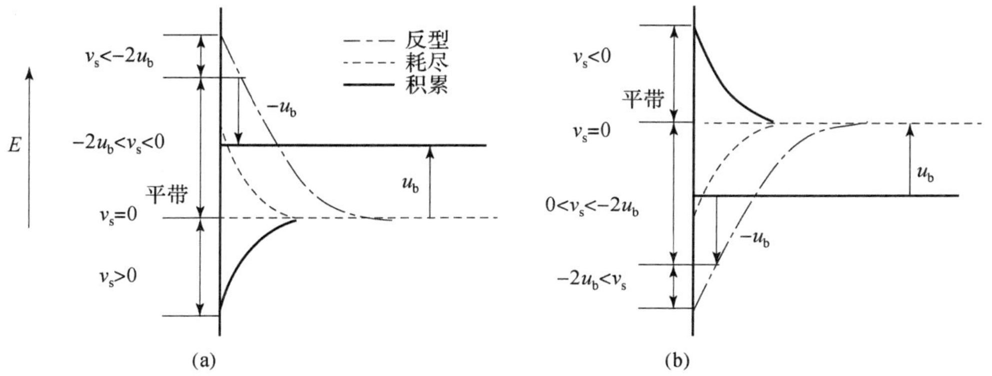

图 4.4.3　半导体表面空间电荷层示意图

(a) n 型($u_b>0$)；(b) p 型($u_b<0$)。

4.4.3　表面空间电荷层载流子输运

考虑一厚度为 d_1 任意边长的正方形薄片材料，其整体电导由内部电导和表面电导两部分组成，即

$$\sigma=\sigma_b+\sigma_s \tag{4.4.19}$$

式中：σ_b 为体电导率；σ_s 为体能带在表面发生的电导率。

需要强调的是，表面电导率 σ_s 和表面态导率在物理上有着不同的解释。表面态导率 σ_{ss} 描述了材料表面态中电子的传导，而表面电导率 σ_s 则用于描述由于能带在材料表面附近的弯曲而引起的额外电子传导。因此，这两种电导机制在性质上是不同的，因此在描述时应当清楚地进行区分。

表面电导率 σ_s 源于表面过剩载流子的传输，若仍用体内载流子的迁移率 μ_n,μ_p，表面电导率可写为

$$\sigma_s=e\mu_n\Delta N+e\mu_p\Delta P \tag{4.4.20}$$

图 4.4.4 所示为一个代表性的例子。图中示出了 n 型锗表面电导率随 v_s 的变化曲线（300K）。

当表面空间电荷层处于积累层时，即 $v_s\gg1$ 时，可得 $\Delta N\gg\Delta P$，则 $\sigma_s\approx e\mu_n\Delta N$；当表面空间电荷层处于强反型层时，即 $v_s\ll-2\mu_b-1$ 时，$\Delta P\gg\Delta N$，则 $\sigma_s\approx e\mu_p\Delta P$。

当表面空间电荷层处于耗尽层和弱反型层时，由于表面附近自由载流子的密度很低，σ_s 为负值。这表明表面电导率相对于体内电导率而言贡献较小。

若在表面附近的载流子除了受到体内散射的影响外，还受到表面附加散射机构的影响，那么过剩载流子的表面迁移率将会小于体内迁移率。因此，实际的表面电导率应该重新描述为

$$\sigma_s=e\mu_{ns}\Delta N+e\mu_{ps}\Delta P \tag{4.4.21}$$

式中：μ_{ns},μ_{ps}为实际表面电子和空穴的迁移率。

在表面通常存在附加的散射源，例如由于表面的不均匀性、表面声子、离子杂质以及表面附近带电状态的随机分布而引起的电势波动。由于这些散射源的存在，表面层中的载流子迁移率 μ_{ns} 和 μ_{ps} 比体内的低。

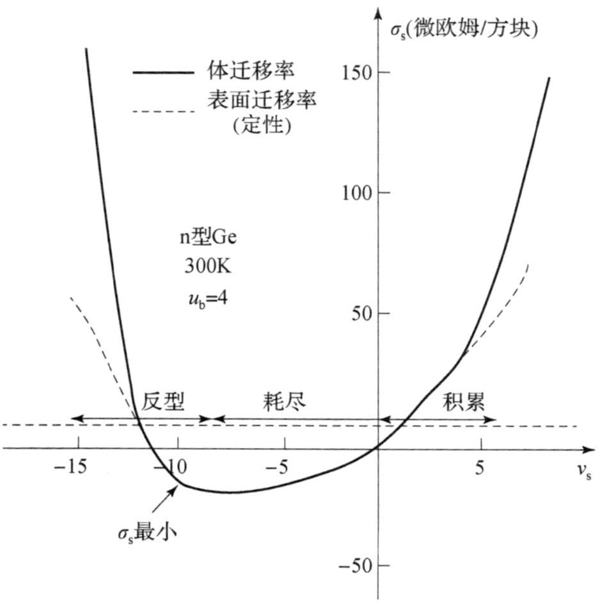

图 4.4.4 n 型 Ge 表面电导

4.5 表面复合

当表面受到光照或注入时，会引发非平衡载流子的产生。然而，一旦这些外部激发因素消失，非平衡载流子会迅速发生复合。无论是在材料内部还是在表面，非平衡载流子都会发生复合。在这个复合过程中，特别是对于薄片材料或薄膜材料，表面的作用至关重要。本节将讨论复合的一般规律以及表面态在复合过程中所扮演的角色。

4.5.1 表面态的复合

表面复合是一种间接复合过程，其效果取决于禁带内存在的各种表面态（也称为表面能级）的分布情况。这种复合过程的强度受到这些表面态分布和表面势大小的影响。

在平衡状态下，表面态的占用概率 f_l 可以用 F－D 分布函数来描述，即

$$f_l = \left(1 + \exp\frac{E_{ls} - E_F}{kt}\right)^{-1} = \left(1 + \exp\frac{E_l - E_F - qV_s}{kt}\right)^{-1} \tag{4.5.1}$$

式中：E_l 为表面态在平带状态下的能级；E_{ls} 为能带发生弯曲后的表面态能级，$E_{ls} = E_l - qV_s$。通常情况下，f_l 由表面态与表面层的自由载流子间的相互作用来决定。这些相互作用有图 4.5.1 所示的 4 种类型。

（1）表面态（每单位面积上）以 K_n 的速率俘获来自导带的电子。

（2）表面态以 E_n 的速率将电子发射到导带。

（3）表面态以 K_p 的速率俘获来自价带的空穴（也就是发射同价带空穴复合的电子）。

(4) 表面态以 E_p 的速率将空穴发射到价带（也就是俘获价带的电子，因而产生空穴）。

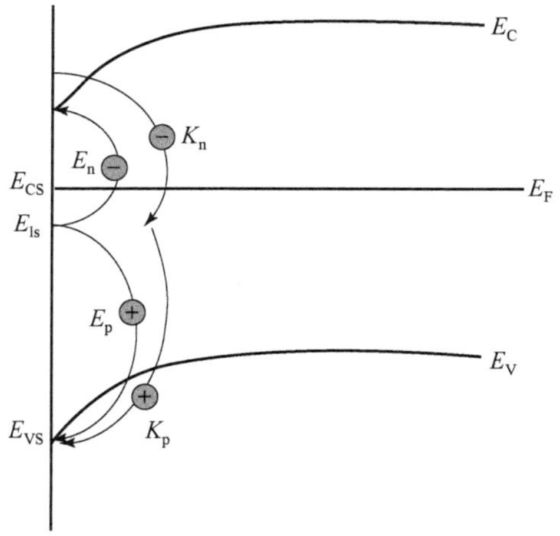

图 4.5.1　表面态对电子、空穴的发射与俘获

对于导带电子和价带空穴，每单位面积的净俘获率为

$$U_n = K_n - E_n \tag{4.5.2}$$

$$U_p = K_p - E_p \tag{4.5.3}$$

由此可见，表面态占有几率 f_1 随时间的变化应满足以下关系式：

$$N_1 \frac{df_1}{dt} = U_n - U_p \tag{4.5.4}$$

显然俘获速率应与表面未被占的表面态数目 $N_1(1-f_1)$ 及表面电子数 n_s 成正比，可以写为

$$K_n = N_1(1-f_1)C_n n_s \tag{4.5.5}$$

式中：C_n 为一个电子在单位时间内被一个空表面态俘获的概率，有

$$C_n = \sigma_n v_n \tag{4.5.6}$$

其中：σ_n 为表面态对电子的俘获截面；v_n 为电子的热速度沿垂直于表面方向的分量。在室温下，v_n 约为 10^7cm/s，σ_n 的值在 10^{-12}cm^2（吸引中心）和 10^{-25}cm^2（排斥中心）之间。对于一个中性中心来说，σ_n 约为 10^{-15}cm^2。

同样可写出

$$E_n = N_1 f_1 e_n \tag{4.5.7}$$

式中：e_n 为占据表面态发射电子的概率。

对于非简并情况来说，由于自由电子只占据导带中有效状态的一小部分，所以 e_n 基本上不受 n_s 的影响。可以由平衡条件来推导出 e_n 的表示式。根据细致平衡原理，在平衡时 $U_n=0$（以及 $U_p=0$），由式（4.5.2）、式（4.5.5）和式（4.5.6），得

$$N_1(1-f_1^0)C_n n_s^0 = N_1 f_1^0 e_n \tag{4.5.8}$$

式中上标“0”表示平衡值，则

$$e_n = C_n n_s^0 \frac{1-f_1^0}{f_1^0} \tag{4.5.9}$$

令

$$\begin{cases} n_1 = N_C \exp \dfrac{E_1 - E_C}{kT} \\ p_1 = N_V \exp \dfrac{E_V - E_1}{kT} \end{cases} \tag{4.5.10}$$

式（4.5.9）可简化为

$$e_n = C_n n_1 \tag{4.5.11}$$

将式（4.5.11）代入式（4.5.7），得

$$E_n = N_1 f_1 C_n n_1 \tag{4.5.12}$$

将式$\dfrac{dn}{dz} = \dfrac{n}{kT}\left(\dfrac{dE_{Fn}}{dz} - \dfrac{dE_i}{dz}\right)$和式（4.5.12）代入式（4.5.2）中，得

$$U_n = N_1 C_n [(1 - f_1) n_s - f_1 n_1] \tag{4.5.13}$$

同样，对于空穴可以得到类似的表达式，即

$$K_p = N_1 f_1 C_p p_s \tag{4.5.14}$$

$$E_p = N_1 (1 - f_1) C_p p_s \tag{4.5.15}$$

$$U_p = N_1 C_p [f_1 p_1 - (1 - f_1) p_s] \tag{4.5.16}$$

将式（4.5.13）、式（4.5.16）代入式（4.5.4），得

$$\frac{df_1}{dt} = C_n n_s + C_p p_1 - f_1 [C_n (n_s + n_1) + C_p (p_s + p_1)] \tag{4.5.17}$$

式中：n_s, p_s 在非稳态条件下为时间的函数。根据已知条件，在由上式求得 f_1 后，可以进一步求出表面复合速度等参数。

4.5.2 载流子在表面的复合

如果光照射到半导体的表面，假设半导体是一薄片，光子的能量（$h\nu$）高于半导体的禁带宽度 E_g，这将导致在半导体表面生成多余的电子－空穴对。很明显，表面存在许多陷阱和复合中心，因此表面过剩载流子的浓度会明显低于材料内部。在复合的过程中，部分载流子会朝向表面流动，随后进一步发生复合。

在研究 n 型半导体时，如果表面处的复合中心浓度为 N_1，过剩载流子会显著影响少子浓度。表面处的空穴浓度为 $p_n(0)$，平衡态下的空穴浓度为 p_{n0}，则过剩载流子的俘获速率可以表示为

$$U = \sigma_p v_{1h} N_1 [p_n(0) - p_{n0}] \tag{4.5.18}$$

式中：v_{1h}为载流子的热速度；σ_p 为空穴俘获截面；N_{sl}为单位面积的复合中心。

$$N_1 = N_{sl} \tag{4.5.19}$$

单位表面的复合（俘获）率为

$$U_s = \sigma_p v_{1h} N_{sl} [p_n(0) - p_{n0}] \tag{4.5.20}$$

如果认为复合率就是体内少子流向表面的反映，则

$$D_p \frac{\partial p_n}{\partial x}\bigg|_{x=0} = \sigma_p v_{1h} N_{sl} [p_n(0) - p_{n0}] \tag{4.5.21}$$

式中：D_p 为 n 型半导体中空穴的扩散系数。

上式中右边方括号前面的项具有速度的量纲和速度的物理意义，一般称它为空穴表面复合速度（surface recombination velocity of holes），用 s_p 表示，有

$$s_p = \sigma_p v_{lh} N_{sl} \tag{4.5.22}$$

这样，在表面被复合掉的过剩载流子，就像浓度为 $\Delta p = \Delta n = [p_n(0) - p_{n0}]$ 的载流子以速度 s_p 流出表面一样。

在研究表面复合时，表面复合速度 $s(s_p、s_n)$ 是一个关键参数，而 s 值受材料结构的影响显著。以锗为例，不同的表面处理方法会导致 s 值在 10^2 至 10^6cm/s 之间变化。通常情况下，经过喷砂处理的表面表现出较高的 s 值。相较之下，硅（Si）在经过热氧化并覆盖 SiO_2 薄膜后，其表面复合速度通常在 100cm/s 以下。

思考题

1. 请简要说明表面电子运动时受到的 3 种作用，并给出相应的势函数表达式。
2. 请画出 Ashcroft 模型势的图形，并说明其参数的物理意义。
3. 请用 Bloch 波函数的形式描述表面态的波函数，并说明其与体态的区别。
4. 请推导出表面态的能量范围的表达式，并说明其与表面势垒的关系。
5. 请用数学公式表示表面态的密度分布，并说明其与表面势垒和能带结构的关系。
6. 请解释表面电子态和表面共振态的概念，并说明它们的区别和联系。
7. 根据 Ashcroft 模型势，计算离子芯半径为 0.5nm、价电荷为 2 的金属的势垒高度。
8. 请介绍半经典理论和量子理论中常用的吸附表面态的模型，并比较它们的优缺点。
9. 一个晶格常数为 0.5nm 的半导体，其 Bloch 波的波矢为(0.5,0.5,0.5)时，其准动量为多少?
10. 请说明半导体－氧化物界面态的来源和影响，并介绍如何通过表面处理来改善界面质量。

参考文献

[1] TSUKADA M, ADACHI H, SATOKO C. Theory of electronic structure of oxide surfaces [J]. Progress in Surface Science, 1983, 14: 113 - 174.

[2] WIESENDANGER R, TARRACH G, BURGLER D, et al. An ultrahigh vacuum scanning tunneling microscope for surface science studies [J]. Vacuum, 1990, 41: 386.

[3] WANG H, JING J, HENRIKSEN P N. Onset of crystal growth of bismuth on graphite: An atomic force microscopy study [J]. Journal of Vacuum Science & Technology A, 1993, 11, 1987 - 1991.

[4] AGRANOVICH V M. Crystal optics of suface polaritons and the properties of surfaces [J]. Soviet Physics - Solid State, 1975, 18: 99.

[5] 汪兆平，韩和相，李国华，等. GaAs/AlAs 超晶格中的纵光学声子模的近共振散射研究 [J]. 半导体学报，1991, 12: 317.

[6] BRAUN O M, PASHITSKII E A. Vibrations of a chemisorbed atom [J]. Soviet Physics - Solid State, 1982, 24: 1127.

[7] LAUBEREAU A, VON DER LINDE D, KAISER W. Direct measurement of the vibrational lifetimes of molecules in liquids [J]. Physical Review Letters, 1972, 28: 1162.
[8] WILLIS R F. Vibrational Spectroscopy of Adsorbates [M]. Heidelberg: Springer, 1980.
[9] EINSTEIN T L. Theory of indirect interaction between chemisorbed atoms [J]. Critical Reviews in Solid State and Materials Sciences, 1978, 7: 261.
[10] GADZUK J W, LUNTZ A C. On vibrational lineshapes of adsorbed molecules [J]. Surface Science, 1984, 144: 429.
[11] ARIYASU J C, MILLS D L, LLOYD K G, et al. Anharmonic damping of adsorbate vibrational modes [J]. Physical Review B, 28: 6123.
[12] BRAUN O M. Interaction between vibrational modes of an adsorbed atom [J]. Poverkhonost, 1987, 11: 5.
[13] BRAUN O M. Evolution of vibrational excitation of an adsorbed atom [J]. Radiophys, Quantum Electron, 1987, 30: 590.
[14] RAHMAN T S, MILLS D L, BLACK J E, et al. Surface phonons and the $c(2\times2)$ oxygen overlayer on Ni (100): Theory and experiment [J]. Physical Review B, 1984, 30: 589.